全国高等院校土建类应用型规划教材
住房和城乡建设领域关键岗位技术人员培训教材

建筑工程项目施工管理

主　　编：胡英盛　缪同强
副 主 编：林　丽　张丹莉
组编单位：住房和城乡建设部干部学院
　　　　　北京土木建筑学会

中国林业出版社

图书在版编目（CIP）数据

建筑工程项目施工管理/《住房和城乡建设领域关键岗位技术人员培训教材》编写委员会编. — 北京：中国林业出版社，2017.7

住房和城乡建设领域关键岗位技术人员培训教材

ISBN 978-7-5038-9200-4

Ⅰ. ①建… Ⅱ. ①住… Ⅲ. ①建筑工程－施工管理－技术培训－教材 Ⅳ. ①TU71

中国版本图书馆CIP数据核字（2017）第172496号

本书编写委员会
主　　编：胡英盛　缪同强
副主编：林　丽　张丹莉
组编单位：住房和城乡建设部干部学院、北京土木建筑学会

国家林业和草原局生态文明教材及林业高校教材建设项目
策　　划：杨长峰　纪　亮
责任编辑：陈　惠　王思源　吴　卉　樊　菲

出版：中国林业出版社
　　　（100009 北京西城区德内大街刘海胡同7号）
网站：http://lycb.forestry.gov.cn/
印刷：固安县京平诚乾印刷有限公司
发行：中国林业出版社发行中心
电话：(010)83143610
版次：2017年7月第1版
印次：2018年12月第1次
开本：1/16
印张：18.5
字数：300千字
定价：70.00元

编写指导委员会

组编单位：住房和城乡建设部干部学院　北京土木建筑学会
名誉主任：单德启　骆中钊
主　　任：刘文君
副 主 任：刘增强
委　　员：许　科　陈英杰　项国平　吴　静　李双喜　谢　兵
　　　　　李建华　解振坤　张媛媛　阿布都热依木江·库尔班
　　　　　陈斯亮　梅剑平　朱　琳　陈英杰　王天琪　刘启泓
　　　　　柳献忠　饶　鑫　董　君　杨江妮　陈　哲　林　丽
　　　　　周振辉　孟远远　胡英盛　缪同强　张丹莉　陈　年
参编院校：清华大学建筑学院
　　　　　大连理工大学建筑学院
　　　　　山东工艺美术学院建筑与景观设计学院
　　　　　大连艺术学院
　　　　　南京林业大学
　　　　　西南林业大学
　　　　　新疆农业大学
　　　　　合肥工业大学
　　　　　长安大学建筑学院
　　　　　北京农学院
　　　　　西安思源学院建筑工程设计研究院
　　　　　江苏农林职业技术学院
　　　　　江西环境工程职业学院
　　　　　九州职业技术学院
　　　　　上海市城市科技学校
　　　　　南京高等职业技术学校
　　　　　四川建筑职业技术学院
　　　　　内蒙古职业技术学院
　　　　　山西建筑职业技术学院
　　　　　重庆建筑职业技术学院
策　　划：北京和易空间文化有限公司

前 言

"全国高等院校土建类应用型规划教材"是依据我国现行的规程规范，结合院校学生实际能力和就业特点，根据教学大纲及培养技术应用型人才的总目标来编写。本教材充分总结教学与实践经验，对基本理论的讲授以应用为目的，教学内容以必需、够用为度，突出实训、实例教学，紧跟时代和行业发展步伐，力求体现高职高专、应用型本科教育注重职业能力培养的特点。同时，本套书是结合最新颁布实施的《建筑工程施工质量验收统一标准》（GB50300—2013）对于建筑工程分部分项划分要求，以及国家、行业现行有效的专业技术标准规定，针对各专业应知识、应会和必须掌握的技术知识内容，按照"技术先进、经济适用、结合实际、系统全面、内容简洁、易学易懂"的原则，组织编制而成。

考虑到工程建设技术人员的分散性、流动性以及施工任务繁忙、学习时间少等实际情况，为适应新形势下工程建设领域的技术发展和教育培训的工作特点，一批长期从事建筑专业教育培训的教授、学者和有着丰富的一线施工经验的专业技术人员、专家，根据建筑施工企业最新的技术发展，结合国家及地方对于建筑施工企业和教学需要编制了这套可读性强，技术内容最新，知识系统、全面，适合不同层次、不同岗位技术人员学习，并与其工作需要相结合的教材。

本教材根据国家、行业及地方最新的标准、规范要求，结合了建筑工程技术人员和高校教学的实际，紧扣建筑施工新技术、新材料、新工艺、新产品、新标准的发展步伐，对涉及建筑施工的专业知识，进行了科学、合理的划分，由浅入深，重点突出。

本教材图文并茂，深入浅出，简繁得当，可作为应用型本科院校、高职高专院校土建类建筑工程、工程造价、建设监理、建筑设计技术等专业教材；也可做为面向建筑与市政工程施工现场关键岗位专业技术人员职业技能培训的教材。

目 录

第一章 概述 ... 1
- 第一节 建筑工程项目管理基础知识 ... 1
- 第二节 建筑工程项目管理组织 ... 10
- 第三节 建筑工程项目经理 ... 21
- 第四节 建筑工程项目管理的产生与发展 ... 25

第二章 建筑工程项目施工成本管理 ... 29
- 第一节 建筑工程项目成本管理概述 ... 29
- 第二节 施工成本预测 ... 34
- 第三节 施工成本计划 ... 38
- 第四节 施工成本控制 ... 47
- 第五节 施工成本核算 ... 57
- 第六节 施工成本分析 ... 65
- 第七节 施工成本考核 ... 72

第三章 建筑工程项目进度管理 ... 75
- 第一节 建筑工程项目进度控制概述 ... 75
- 第二节 建筑工程项目进度计划的编制 ... 81
- 第三节 建筑工程项目进度计划的实施与检查 ... 99
- 第四节 建筑工程项目进度计划的调整 ... 109

第四章 建筑工程项目质量管理 ... 112
- 第一节 建筑工程项目质量管理概述 ... 112
- 第二节 建筑工程项目质量控制 ... 121
- 第三节 建筑工程项目质量过程验收 ... 143
- 第四节 建筑工程项目质量事故处理 ... 145
- 第五节 建筑工程项目质量改进 ... 153

第五章　建筑工程职业健康安全与环境管理……155
第一节　建筑工程职业健康安全管理概述……155
第二节　建筑工程职业健康安全技术措施计划与实施……163
第三节　建筑工程职业健康安全隐患和事故处理……170
第四节　建筑工程项目环境管理概述……176
第五节　文明施工与环境保护……180

第六章　建筑工程项目合同管理……188
第一节　建筑工程项目合同管理概述……188
第二节　建筑工程项目合同评审……198
第三节　建筑工程项目合同的实施……202
第四节　建筑工程项目合同实施控制……207
第五节　建筑工程项目索赔管理……214
第六节　建筑工程项目合同的终止和评价……226

第七章　建筑工程项目信息管理……229
第一节　建筑工程项目信息管理概述……229
第二节　建筑工程项目信息管理计划与实施……232
第三节　项目信息安全管理……239

第八章　建筑工程项目风险管理……242
第一节　建筑工程项目风险管理概述……242
第二节　建筑工程项目风险识别……248
第三节　建筑工程项目风险评估……254
第四节　建筑工程项目风险响应……257
第五节　建筑工程项目风险控制……262

第九章　建筑工程项目收尾管理……265
第一节　建筑工程项目收尾管理概述……265
第二节　建筑工程项目竣工验收……267
第三节　建筑工程项目竣工结算与决算……271
第四节　建筑工程项目回访与保修……276
第五节　建筑工程项目管理考核评价……280

第一章 概 述

第一节 建筑工程项目管理基础知识

一、项目的概念及特征

1. 项目的概念

"项目"一词在社会经济和文化活动的各个方面都被广泛地使用,目前国际上还没有公认的统一定义,不同机构、不同专业从自己的认识角度出发,各自有对项目定义的表达。

美国项目管理协会(Project Management Institute,PMI)在其出版的《项目管理知识体系指南》(Project Management Body of Knowledge,PMBOK)中为项目所做的定义是:项目是为创造独特的产品、服务或成果而进行的临时性工作。以下活动都可以称为一个项目:

(1)建造一栋建筑物;

(2)开发一项新产品;

(3)计划举行一项大型活动(如策划组织婚礼、大型国际会议等);

(4)策划一次自驾车旅游;

(5)ERP 的咨询、开发、实施与培训。

德国国家标准 DIN69901 则将项目定义为:项目是指在总体上符合如下条件的唯一性的任务(计划):

(1)具有预定的目标;

(2)具有时间、财务、人力和其他限制条件;

(3)具有专门的组织。

可见,项目是指在一定约束条件(主要是限定时间、限定资源、限定质量)下完成的,具有明确目标的非常规性、非重复性的一次性任务。当然,现实项目的具体定义依赖于该项目的范围、过程、对结果的明确要求及其具体的组织条件。

2. 项目的特征

项目通常具有以下特征:

(1) 项目的一次性

项目的一次性也叫做单件性，是指每个项目具有与其他项目不同的特点，特别表现在项目本身与最终成果上，而且每个项目都有其明确的终点。当一个项目的目标已经实现，或者该项目的目标不再需要，或不可能实现时，该项目即达到了它的终点。一次性并不意味着时间短，有的项目几天、几小时即可完成，有的项目却要持续好几年，甚至几十年。然而在任何情况下项目的期限都是确定的。

(2) 项目目标的明确性

项目目标的明确性是指项目必须有明确的成果性目标和约束性目标，成果性目标是指项目的功能性要求，如一座钢铁厂的炼钢能力及其技术经济指标。约束性目标是指限制条件，如工期、预算、质量等。

(3) 项目作为管理对象的整体性

项目作为管理对象的整体性是指在管理一个项目、配备资源时，必以总体效益的提高为标准，做到数量、质量、结构的整体优化。由于项目内外环境是变化的，所以管理和资源的配备也是动态的。

(4) 项目的进行具有一定约束条件

任何项目都具有一定的约束条件，如资源条件的约束（人力、物力、财力）和人为的约束，其中时间、成本、质量是普遍存在的约束条件。时间约束是指每一个项目都有明确的开始和结束。当项目的目标都已经达到时，该项目就结束了；当项目的目标确定不能达到时，该项目就会终止。时间约束是相对的，并不是说每个项目持续的时间都短，而是仅指项目具有明确的开始和结束时间，有些项目需要持续几年，甚至更长时间。项目的实施是企业或者组织调用各种资源和人力来实施的，但这些资源都是有限的，而且组织为维持日常的运作，不会把所有的人力、物力和财力都放于这一项目上，投入的仅仅是有限的资源。

(5) 项目的不确定性

在日常运作中，企业或组织拥有较为成熟的丰富的经验，对产品和服务的认识比较丰富；而项目的实施过程中，企业或组织所面临的风险就更多了，一方面是因为经验不丰富，环境不确定；另一方面就是生产的产品和服务具有独特性，在生产之前对这一过程并不熟悉，因此项目实施过程中，所面临的风险比较多，具有明显的不确定性。

二、建设工程项目

1. 建设工程项目的基础知识

(1) 建设工程项目的概念

建设工程项目是指为完成依法立项、扩建、改建的各类工程（土木工程、建筑工程及安装工程等)而进行的、有起止日期的、达到规定要求的、一组相互联系的受控活动组成的特定过程,它包括策划、勘察、设计、采购、施工、试运行、竣工验收和考核评价等。建设工程项目强调项目的过程,有起止时间。具体地讲,建设项目是指一个总体设计或初步设计范围内,由一个或几个单项工程组成,经济上独立核算、行政上统一管理的建设单位工程。

(2)建设工程项目的特征

建设项目除了具备一般项目特征外,还具有以下特征:

1)投资额巨大,生产周期长。

2)在一个总体设计或初步设计范围内,由一个或若干个可以形成生产能力或使用价值的单项工程组成。

3)一般在行政上实行统一管理,在经济上实行统一核算。

(3)建设工程项目的分类

1)按照建设性质划分

按照建设性质划分,建设工程项目可分为新建、扩建、改建、迁建、恢复项目。

①新建项目是指根据国民经济和社会发展的近远期规划,按照规定的程序立项,从无到有、"平地起家"的建设项目。现有企、事业和行政单位一般不应有新建项目。有的单位如果原有基础薄弱需要再兴建的项目,其新增加的固定资产价值超过原有全部固定资产价值(原值)3倍以上时,才可算新建项目。

②扩建项目是指现有企业、事业单位在原有场地内或其他地点,为扩大产品的生产能力或增加经济效益而增建的生产车间、独立的生产线或分厂的项目;事业和行政单位在原有业务系统的基础上扩充规模而进行的新增固定资产投资项目。

③迁建项目是指原有企业、事业单位,根据自身生产经营和事业发展的要求,按照国家调整生产力布局的经济发展战略的需要或出于环境保护等其他特殊要求,搬迁到异地而建设的项目。

④恢复项目是指原有企业、事业和行政单位,因在自然灾害或战争中使原有固定资产遭受全部或部分报废,需要进行投资重建来恢复生产能力和业务工作条件、生活福利设施等的建设项目。这类项目,不论是按原有规模恢复建设,还是在恢复过程中同时进行扩建,都属于恢复项目。但对尚未建成投产或交付使用的项目,受到破坏后,若仍按原设计重建的,原建设性质不变;如果按新设计重建,则根据新设计内容来确定其性质。

基本建设项目按其性质分为上述四类,一个基本建设项目只能有一种性质,在项目按总体设计全部建成以前,其建设性质是始终不变的。更新改造项目包括挖潜工程、节能工程、安全工程、环境保护工程等。

2）按建设规模划分

为适应对工程建设项目分级管理的需要，国家规定基本建设项目分为大型、中型、小型三类；更新改造项目分为限额以上和限额以下两类。不同等级标准的工程建设项目国家规定的审批机关和报建程序也不尽相同。划分项目等级的原则如下：

①按批准的可行性研究报告（初步设计）所确定的总设计能力或投资总额的大小，依据国家颁布的《基本建设项目大中小型划分标准》进行分类。

②凡生产单一产品的项目，一般按产品的设计生产能力划分；生产多种产品的项目，一般按其主要产品的设计生产能力划分；产品分类较多，不易分清主次、难以按产品的设计能力划分时，可按投资总额划分。

③对国民经济和社会发展具有特殊意义的某些项目，虽然设计能力或全部投资不够大、中型项目标准，经国家批准已列入大、中型计划或国家重点建设工程的项目，也按大、中型项目管理。

④更新改造项目一般只按投资额分为限额以上和限额以下项目，不再按生产能力或其他标准划分。

⑤基本建设项目的大、中、小型和更新改造项目限额的具体划分标准，根据各个时期经济发展和实际工作中的需要而有所变化。

3）按照投资作用划分

按照投资作用划分，工程建设项目可分为生产性建设项目和非生产性建设项目。

①生产性建设项目。是指直接用于物质资料生产或直接为物质资料生产服务的工程建设项目。

②非生产性建设项目。是指用于满足人民物质和文化、福利需要的建设和非物质资料生产部门的建设。

4）按照投资效益划分

按照投资效益划分可分为竞争性项目、基础性项目和公益性项目。

①竞争性项目。主要是指投资效益比较高、竞争性比较强的一般性建设项目。这类建设项目应以企业作为基本投资主体，由企业自主决策、自担投资风险。

②基础性项目。主要是指具有自然垄断性、建设周期长、投资额大而收益低的基础设施和需要政府重点扶持的一部分基础工业项目，以及直接增强国力的符合经济规模的支柱产业项目。对于这类项目，主要应由政府集中必要的财力、物力，通过经济实体进行投资。同时，还应广泛吸收地方、企业参与投资，有时还

可吸收外商直接投资。

③公益性项目。主要包括科技、文教、卫生、体育和环保等设施，公、检、法等政权机关以及政府机关、社会团体的办公设施、国防建设等。公益性项目的投资主要来自政府用财政资金。

(4) 建设工程项目的组成

建设工程项目可分为单项工程、单位(子单位)工程、分部(子分部)工程和分项工程。

1) 单项工程

单项工程是指在一个建设工程项目中，具有独立的设计文件，竣工后可以独立发挥生产能力或效益的一组配套齐全的工程项目。单项工程是建设工程项目的组成部分，一个建设工程项目有时可以仅包括一个单项工程，也可以包括多个单项工程。

2) 单位(子单位)工程

单位工程是指具备独立施工条件并能形成独立使用功能的建筑物及构筑物。对于建筑规模较大的单位工程，可将其能形成独立使用功能的部分作为一个子单位工程。具有独立施工条件和能形成独立使用功能是单位(子单位)工程划分的基本要求。

单位工程是单项工程的组成部分。按照单项工程的构成，又可将其分解为建筑工程和设备安装工程。如工业厂房工程中的土建工程、设备安装工程、工业管道工程等分别是单项工程中所包含的不同性质的单位工程。

3) 分部(子分部)工程

分部工程是单位工程的组成部分，应按专业性质、建筑部位确定。一般工业与民用建筑工程的分部工程包括：地基与基础工程、主体结构工程、装饰装修工程、屋面工程、给排水及采暖工程、通风与空调工程、电气工程、智能建筑工程、建筑节能、电梯工程。

4) 分项工程

分项工程是分部工程的组成部分，一般按主要工程、材料、施工工艺、设备类别等进行划分。如平整场地、人工挖土方、回填土、基础垫层、内墙砌筑、外墙抹灰、地面找平层、外保温节能墙体、内墙大白乳胶漆、外墙涂料、塑钢窗制作安装、防盗门安装等。

2. 建设工程项目的生命周期

建设工程项目的生命周期是指建设工程项目从设想、研究决策、设计、建造、使用，直到项目报废所经历的全部时间，通常包括项目的决策阶段、实施阶段和使用阶段，如图1-1所示。

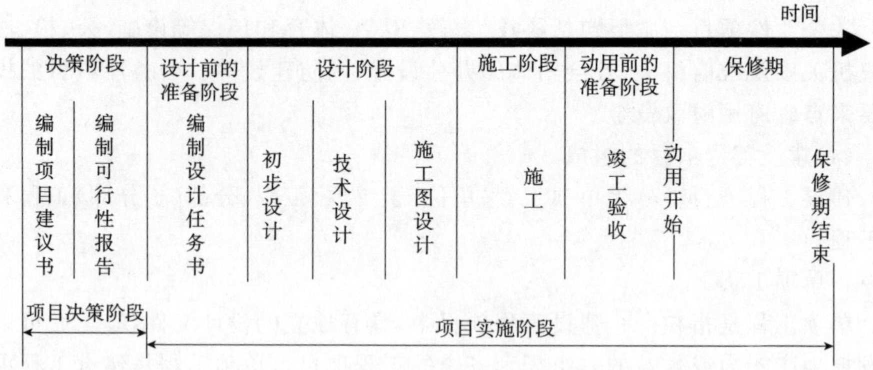

图 1-1　建设工程项目的生命周期

（1）决策阶段

建设工程项目决策阶段需要从总体上考虑问题，提出总目标、总功能要求。这个阶段从工程构思到批准立项为止，其工作内容包括编制项目建议书和编制项目可行性研究报告。项目建议书阶段进行投资机会分析，提出建设项目投资方向的建议，是投资决策前对拟建项目的轮廓设想。可行性研究阶段是在项目建议书的基础上，综合应用多种学科方法对拟建项目从建设必要性、技术可行性和经济合理性等方面进行深入调查、分析和研究，为投资决策提供重要依据。该阶段在建设工程项目生命周期中的时间不长，往往以高强度的能量、信息输入和物质迁移为主要特征。

（2）实施阶段

建设工程项目实施阶段的主要任务是完成建设任务，并使项目的建设目标尽可能好地实现。该阶段可进一步细分为设计准备阶段、设计阶段、施工阶段、动用前准备阶段。其中设计准备阶段的主要工作是编制设计任务书；设计阶段的工作内容是进行初步设计、技术设计和施工图设计；施工阶段的主要工作是按照设计图和技术规范的要求，在建设场地上将设计意图付诸实施，形成工程项目实体；动用前准备阶段的主要工作是进行竣工验收和试运转，全面考核工程项目的建设成果，检验设计文件和过程产品的质量。

（3）使用阶段

建设工程项目使用阶段的工作包括项目运行初期的质量保修和设施管理等工作。保修阶段的主要工作是维修工程因建设问题所产生的缺陷，了解用户的意见和工程的质量。通过设施管理，确保项目的运行或运营，使项目保值和增值。这个阶段是工程在整个生命历程中较为漫长的阶段之一，是满足其消费者使用的阶段。

3. 建设工程项目管理

一般而言,项目管理是一种具有特定目标、资源及时间限制和复杂的专业工程技术背景的一次性管理事业,即通过一个临时性的、专门的柔性组织,对项目进行高效率的计划、组织、指导和控制,以实现项目全过程的动态管理和项目目标的综合协调与优化。

具体来说,建设工程项目管理是以建设工程项目为对象,在既定的约束条件下,为令人满意地实现项目目标,根据建设工程项目的内在规律,对从项目构思到项目完成(指工程项目竣工并交付使用)的全过程进行的计划、组织、协调、控制等一系列活动,以确保建设工程项目按照规定的费用目标、时间目标和质量目标完成。

英国皇家特许建造协会(CIOB)对建设工程项目管理的表述为:自项目开始至项目完成,通过项目策划和项目控制,以使项目的费用目标、进度目标和质量目标得以实现。

项目实施过程中主客观条件的变化是绝对的,不变则是相对的;在项目进展过程中平衡是暂时的,不平衡则是永恒的,因此在项目实施过程中必须随着情况的变化进行项目目标的动态控制,动态控制原理如图 1-2 所示。

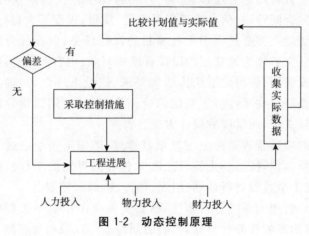

图 1-2 动态控制原理

三、建筑工程项目管理概述

建筑工程项目是建设工程项目的一个专业类型,这里主要指把建设工程项目中的建筑安装施工任务独立出来形成的一种项目。建筑工程项目是建筑施工企业对一个建筑产品的施工过程及成果,也就是建筑施工企业的生产对象。这里所指的"建筑工程项目",可能是一个建设项目的施工,也可能是其中的一个单项工程或单位工程的施工。

1. 建筑工程项目管理的概念

建筑工程项目管理是针对建筑工程而言的，即在一定约束条件下，以建筑工程项目为对象，以最优实现建筑工程项目目标为目的，以建筑工程项目经理负责制为基础，以建筑工程承包合同为纽带，对建筑工程项目进行高效率的计划、组织、协调、控制和监督的系统管理活动。

2. 建筑工程项目管理的类型

在建筑工程项目的生产过程中，一个项目往往由许多参与方承担不同的建设任务，而各参与方的工作性质、工作任务和利益不同，因此就形成了不同类型的项目管理。由于业主方在整个建筑工程项目生产过程中负总责，是建筑工程项目生产过程的总组织者和总协调者，因此，对一个建筑工程项目而言，虽然有代表不同利益方的项目管理，但是，业主方的项目管理是建筑工程项目管理的核心。

按照建筑工程项目不同参与方的工作性质和组织特征进行划分，项目管理可以分成如下类型：业主方的项目管理；设计方的项目管理；施工方的项目管理；供货方的项目管理；建设项目总承包方的项目管理。

业主方的项目管理是全过程、全方位的，包括项目实施阶段的各个环节，主要有：组织协调、合同管理、信息管理以及投资、质量、进度三大目标控制。

设计单位受业主方委托承担工程项目的设计任务，以设计合同所界定的工作目标及其责任义务作为该项工程设计管理的对象、内容和条件，将业主或建设项目法人的建设意图、住房建设法律法规要求、建设条件作为"输入"，经过智力的投入进行建设项目技术经济方案的综合创作，编制出用以指导建设项目施工安装活动的设计文件，通常简称设计方项目管理。

施工企业的项目管理简称施工方项目管理，即施工企业通过工程施工投标取得工程施工承包权，按与业主签订工程承包合同界定的工程范围组织项目管理，内容是对施工全过程进行计划、组织、指挥、协调和控制。

从建筑项目管理的系统分析角度看，物资供应工作也是工程项目实施的一个子系统，它有明确的任务和目标，明确的制约条件以及项目实施子系统的内在联系。因此，供货单位的项目管理通常称为"供货方项目管理"。

业主在项目决策之后，通过招标择优选定总承包方全面负责建筑工程项目的实施全过程，直至最终交付使用功能和质量标准符合合同文件规定的工程项目，即建筑工程项目总承包模式。建筑工程项目总承包有多种形式，如设计和施工任务综合的承包、设计、采购和施工任务综合的承包等。

建筑工程项目管理的各参与方由于工作性质、工作任务不尽相同，其项目管理目标及主要任务也存在差异，具体如表1-1所示。

表 1-1 项目管理各参与方项目管理目标及主要任务

比较内容	业主方	设计方	施工方	供货方	总承包方
服务对象	服务于业主的利益。	项目的整体利益和设计方本身的利益。	项目的整体利益和施工方本身的利益。	项目的整体利益和供货方本身的利益。	项目的整体利益和总承包方身的利益。
项目管理目标。	项目的投资目标、进度目标和质量目标。	设计的成本目标、进度目标、质量目标和项目的投资目标。	施工的成本目标,进度目标和质量目标。	供货的成本目标、进度目标和质量目标。	项目的总投资目标和总承包方的成本目标、进度目标、质量目标。
阶段	项目实施阶段的全过程。	主要在设计阶段进行,也涉及其他阶段。	主要在施工阶段进行,也涉及其他阶段。	主要在施工阶段进行,也涉及其他阶段。	项目实施阶段的全过程。
项目管理任务	安全管理;投资控制;进度控制;质量控制;合同管理;信息管理;组织和协调。安全管理是项目管理中的最重要的任务。	设计成本控制和与设计工作有关的工程造价控制;设计方的进度控制、质量控制、合同管理、信息管理;与设计工作有关的安全管理及组织和协调。	施工安全管理;施工成本控制;施工进度控制;施工质量控制;施工合同管理;施工信息管理;与施工有关的组织与协调。	供货的安全管理;供货方的成本控制;供货的进度控制;供货的质量控制;供货合同管理;供货信息管理;与供货有关的组织与协调。	安全管量;投资控制和总承包方的成本控制;进度控制;质量控制;合同管理;信息管理;与建设工程项目总承包方有关的组织和协调。

3. 建筑工程项目管理的程序

(1)编制项目管理规划大纲。项目管理规划分为项目管理规划大纲和项目管理实施规划。当承包方以编制施工组织设计代替项目管理规划时,施工组织设计应满足项目管理规划的要求。

项目管理规划大纲由企业管理层在投标之前编制,旨在作为投标依据,满足招标文件要求及签订合同要求的文件,其具体内容包括:项目概况;项目实施条件分析;项目投标活动及签订施工合同的策略;项目管理目标;项目组织结构;质量目标和施工方案;工期目标和施工总进度计划;成本目标;项目风险预测和安全目标；项目现场管理和施工平面图；投标和签订施工合同；文明施工及环境保护。

(2) 编制投标书并进行投标。

(3) 签订施工合同。

(4) 选定项目经理。由企业采用适当的方式选聘称职的施工项目经理。

(5) 项目经理接受企业法定代表人的委托参与组建项目经理部。根据施工项目经理部组织原则，选用适当的组织形式，组建施工项目管理机构，明确项目经理的责任、权限和义务。

(6) 企业法定代表人与项目经理签订项目管理目标责任书。项目管理目标责任书是由企法定代表人根据施工合同和经营管理目标要求明确规定项目经理部应达到的成本、质量、进度和安全等控制目标的文件。

(7) 项目经理部编制项目管理实施规划。项目管理实施规划由项目经理组织项目经理部在工程开工之前编制完成，旨在指导施工项目实施阶段管理文件，其具体内容包括：项目概况；总体工作计划；组织方案；技术方案；进度计划；质量计划；职业健康安全与环境管理计划；成本计划；资源需求计划；风险管理计划；信息管理计划；项目沟通管理计划；项目收尾管理计划；项目现场平面布置图；项目目标控制措施；技术经济指标。

(8) 进行项目开工前的准备工作。

(9) 施工期间按项目管理实施规划进行管理。

(10) 在项目竣工验收阶段进行竣工结算，清理各种债权债务，移交资料和工程。

(11) 进行工程项目经济分析。

(12) 做出项目管理总结报告并送企业管理层有关职能部门审计。

(13) 企业管理层组织考核委员会。对项目管理工作进行考核评价，并兑现项目管理目标责任书中的奖惩承诺。

(14) 项目经理部解体。

(15) 在保修期满前，根据工程质量保修书的约定进行项目回访、保修。

第二节 建筑工程项目管理组织

建筑工程项目管理的基本原理就是组织论。它是关于组织应当采取何种组织结构才能提高效率的观点、见解和方法的集合。组织论主要研究系统的组织结构模式、组织分工以及工作流程组织，它是人类长期实践的总结，是管理学的重要内容。

一、建筑工程项目管理组织概述

1. 建筑工程项目管理组织的概念

建筑工程项目管理组织泛指参与工程项目建设各方的项目管理组织，包括建设单位、设计单位、施工单位的项目管理组织，也包括工程总承包单位、代建单位、项目管理单位等参建方的项目管理组织。由于建设单位是工程项目建设的投资者与组织者，建设单位所确定的项目实施模式必然对参建各方的项目管理组织产生重大影响。

2. 建筑工程项目管理组织建立遵循的原则

建筑工程项目管理组织的建立应遵循下列原则：
(1)组织结构科学合理。
(2)有明确的管理目标和责任制度。
(3)组织成员具备相应的职业资格。
(4)保持相对稳定，并根据实际需要进行调整。

建筑工程项目管理组织构架科学合理指的是组织构架与其履行的职责相适应、能顺畅的运行集约化的工作流程。具体包含两层含义：一是参建各方项目管理组织自身内部构架应科学合理；二是指同一工程项目参建各方所形成的项目团队的整体构架也应科学合理。

组织的目标和责任明确是高效工作的前提。项目管理组织管理工作人员的职业素质是高效工作的基础，而工作人员具备相应的从业、执业资格则是其职业素质的基本保证。

在项目实施全过程的各个不同阶段将有不相同的管理需求，因此项目管理组织可根据实际需要作适当调整，但这种调整应以不影响组织机构的稳定为前提。

组织应确定各相关项目管理组织的职责、权限、利益和应承担的风险。

组织管理层应按项目管理目标对项目进行协调和综合管理。

建筑工程项目管理组织的高效运行和工程项目的成功实施，有赖于参建各方围绕工程建设的共同目标相互协调配合。这里所指的参建单位包括建设单位、咨询单位、设计单位、监理单位、总承包单位、分包单位以及设备材料供应单位等。为此，各相关单位之间应在公正、公平的原则下通过有效的合同关系合理分解项目目标、分担项目责任、分享项目利益，并承担相应风险。作为工程项目的发起者、投资者和组织者——建设单位的项目组织应在参建各方的项目管理组织中发挥其核心作用。

组织管理层应分别站在组织和项目管理全局的角度对项目管理活动进行指导、监督、服务和管理。一方面履行组织职能、表达组织意图、规范项目管理行为；另一方面为项目经理部的正常运行提供技术、资源、政策、外协等保障。

3. 建筑工程组织管理层的项目管理活动

建筑工程组织管理层的项目管理活动应符合下列规定：
(1)制定项目管理制度；
(2)实施计划管理,保证资源的合理配置和有序流动；
(3)对项目管理层的工作进行指导、监督、检查、考核和服务。

组织管理层的项目管理活动主要应从建立项目管理规章制度、严格制订计划、有效实施计划、为项目管理提供技术服务和管理服务的角度进行综合性的项目管理活动。

二、建筑工程项目管理的组织机构

项目管理组织机构主要是由完成工程项目各种管理工作的人员、单位、部门组织起来的群体。建筑工程项目管理组织机构一般按照项目管理的职能设置职位或部门,按照工程项目管理的流程进行工作,各自完成属于自己管理职能范围内的工作；其核心部门通常是项目管理小组或项目经理部。

1. 建筑工程项目管理的组织机构设置原则

按照基本程序设置建筑工程项目的组织机构时,一般应当遵循以下原则：
(1)管理跨度与管理层次相统一原则。项目管理组织机构设置、人员编制是否得当合理,关键是根据项目大小制定管理跨度的科学性。同时大型项目经理部的设置,要注意适当划分几个层次,使每一个层次都能保持适当的工作跨度,以便各级领导集团力量在职责范围内实施有效的管理。管理层次多,信息传递容易失真；管理跨度大,上下级、同级之间不易沟通、协调。遵循管理跨度适中原则,即要建立一个规模适度、组织结构层次较少、结构简单、能高效率运作的项目组织。

(2)业务系统化管理和协作一致的原则。项目管理作为一种整体,是由众多小系统组成的；各子系统之间,在系统内部各单位之间,不同组织、工种、工序之间存在着大量的结合部,这就要求项目组织又必须是个完整的组织结构系统。协作一致是指在专业分工和业务系统管理的基础上,将各部门的分目标与企业的总目标协调起来,使各级和各个机构在职责和行动上相互配合。

(3)合理授权原则。首先,依据所要完成的任务和预期要取得的结果进行授权,构成目标、任务、职权之间的逻辑关系,并订立完成程度考核的指标。其次,根据要完成的工作任务选择人员,分配职位和任务(分权需要强有力的下层管理人员)。再次,采用适当的控制手段,确保下层恰当地使用权力,以防止失控,这时要特别注意保持信息渠道的开放和畅通,使整个组织运作透明。最后,对有效的授权和有工作成效的下层单位给予奖励。谨慎地进行合理授权,其分权的有效性与组织文化有关。

(4)适用性和灵活性原则。选择与项目的范围、项目班组的大小、环境条件及业主的项目战略相适应的项目组织结构和管理模式。项目组织结构应考虑到与原组织(企业)的适应性。顾及项目管理者过去的项目管理经验,应充分利用这些经验,选择最合适的组织结构。同时,项目组织结构应有利于项目所有参与者的交流和合作,便于领导。项目组要保持最小规模,并最大可能地使用现有部门中的职能人员,在履行必要职能的前提下,尽量简化机构、因事设岗、以责定权,达到机构简单、人员少、效率高的目标。

2. 建筑工程项目的组织机构设置程序

建筑工程项目组织机构应以实现项目的总目标为宗旨进行设置,具体程序包括:

(1)确定合理的项目目标;
(2)确定项目工作内容;
(3)确定组织目标和组织工作内容;
(4)组织结构设计;
(5)工作岗位与工作职责确定;
(6)人员配置;
(7)工作流程与信息流程;
(8)制定考核标准。

三、项目经理部的概念和作用

1. 项目经理部的概念

项目经理部是由项目经理在施工企业的支持下组建的项目管理组织机构。项目经理部由项目经理领导,接受企业职能部门的指导、监督、检查、服务和考核,并负责对项目资源进行合理使用和动态管理,负责施工项目从开工到竣工的全过程管理工作,是履行施工合同的主体机构。

施工现场设置项目经理部,有利于各项管理工作的顺利进行。因此,大中型施工项目,承包方必须在施工现场设立项目经理部,并根据目标控制和管理的需要设立专业职能部门;小型施工项目一般也应设立项目经理部,但可简化。

2. 项目经理部的作用

项目经理部是施工项目管理的核心,其职能是对施工项目实行从开工到竣工全过程的综合管理。对企业来讲,项目经理部既是企业的一个下属单位,又是企业施工项目的管理层。项目经理部对劳务作业层担负着管理和服务的双重职能。为了充分发挥项目经理部在项目管理中的主体作用,必须对项目经理部的机构设置加以特别重视,从而发挥其应有作用,具体如下:

(1)项目经理部是项目经理的办事机构,为项目经理决策提供信息依据,当好参谋,同时又要执行项目经理的决策意图,向项目经理全面负责;

(2)项目经理部是一个组织体,应完成企业所赋予的基本任务,即项目管理任务;

(3)项目经理部是代表企业履行工程承包合同的主体,对建设项目和建设单位全过程负责。通过履行主体与管理主体地位的体现,每个工程项目经理部应成为企业进行市场竞争的主体成员。

四、项目经理部的设置

1. 项目经理部设置的基本原则

项目经理部的设置应围绕着完成组织目标来进行,其基本原则具体如下:

(1)根据所设计的项目组织形式设置项目经理部;

(2)根据项目的规模、复杂程度和专业特点设置;

(3)项目经理部是为特定工程项目组建的,应根据施工工程任务需要进行调整;

(4)根据现场施工的需要设置,项目经理部的人员配置应面向施工项目现场;

(5)应建立有益于组织运转的管理制度。

2. 项目经理部的设置步骤

设置项目经理部应遵循下列步骤:

(1)根据企业批准的"项目管理规划大纲",确定项目经理部的管理任务和组织形式;

(2)确定项目经理部的层次,设立职能部门与工作岗位;

(3)确定人员及其职责、权限;

(4)根据项目管理目标责任书进行目标分解与责任划分;

(5)制定工作制度、考核制度与奖惩制度。

3. 项目经理部的规模等级

目前,国家对项目经理部的设置规模尚无具体规定。结合有关企业推行施工项目管理的实际,一般按项目的使用性质和规模分类,有些试点单位把项目经理部分为三个等级,具体如表 1-2 所示。

表 1-2　项目经理部的规模等级

施工项目 经理部等级	施工项目规模		
	群体工程 建筑面积/m²	或单体工程 建筑面积/m²	或各类工程 项目投资/万元
一级	15 万及以上	10 万及以上	8000 及以上
二级	10 万～15 万	5 万～10 万	3000～8000
三级	2 万～11 万	1 万～5 万	500～3000

4. 项目经理部的部门设置和人员配置

项目经理部是项目管理的重心,同时也是成本核算的中心,代表企业履行合同,因此在项目经理部的部门设置和人员配置上应体现上述指导思想,具体配置如表 1-3 所示。

表 1-3　项目经理部的部门设置和人员配置

等级	人数	项目领导	职能部门	主要工业
一级 二级 三级	30～45 20～30 15～20	项目经理 总工程师 总经济师 总会计师	经营核算部门	预算、资金收支、成本核算、合同、索赔、劳动分配等。
			工程技术部门	生产调试、施工组织设计、进度控制技术管理、劳动力配置计划,统计等。
			物资设备部门	材料工具询价、采购、计划供应、运输、保管、管理、机械设备租赁及配套使用等。
			监控管理部门	施工质量、安全管理、消防、保卫、文明施工、环境保护等。
			测试计量部门	计量、测量、试验等。

5. 项目经理部的组织形式

项目管理组织结构形式应根据项目规模及特点、项目承包模式、项目管理单位自身情况等确定。常见的建筑工程项目管理组织机构形式有直线式、职能式、直线职能式、矩阵式和事业部式等。

(1)直线式组织机构

直线式组织机构是一种最简单的组织机构形式。在这种组织机构中,各种职位均按直线垂直排列,项目经理直接进行单线垂直领导。直线式组织机构形式如图 1-3 所示。

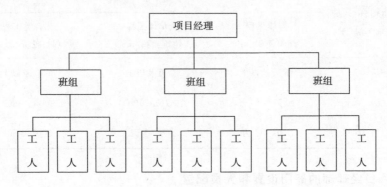

图 1-3　直线式组织机构

直线式组织机构的主要优点是结构简单,权力集中,易于统一指挥,隶属关系明确,职责分明,决策迅速。缺点是由于不设职能部门,领导没有参谋和助手,要求领导者通晓各种业务,成为全能人才。

(2)职能式组织结构模式

职能式组织机构是在各管理层次之间设置职能部门,各职能部门分别从职能角度对下级执行者进行业务管理。在职能式组织机构中,各级领导不直接指挥下级,而是指挥职能部门。各职能部门可以在上级领导的授权范围内,就其所辖业务范围发布命令和指示。职能式组织机构的形式如图 1-4 所示。

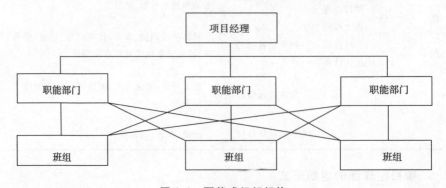

图 1-4　职能式组织机构

职能式组织机构的主要优点是强调管理业务的专门化,注意发挥各类专家在项目管理中的作用。由于管理人员工作单一,易于提高工作质量,同时可以减轻领导者的负担。但是,由于这种机构没有处理好管理层次和管理部门的关系,形成多头领导,使下级执行者接受多方指令,容易造成职责不清。

(3) 直线职能式组织结构模式

直线职能式组织机构的形式是吸收了直线式和职能式两种组织机构的优点而形成的一种组织结构形式。与职能式组织结构形式相同的是,在各管理层次之间设置职能部门,但职能部门只作为本层次领导的参谋,在其所辖业务范围内从事管理工作,不直接指挥下级,和下一层次的职能部门构成业务指导关系。职能部门必须经过同层次领导的批准才能下达指令。各管理层次之间应按直线式的原理构成直接上下级关系,直线职能式组织结构的形式如图1-5所示。

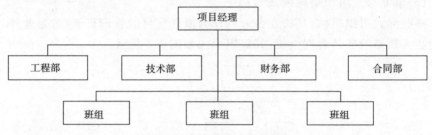

图1-5 直线职能式组织机构

直线职能式组织结构既保持了直线式统一指挥的特点,又满足了职能式对管理工作专业化分工的要求。其主要优点是集中领导、职责清楚,有利于提高管理效率。但这种组织机构中各职能部门之间的横向联系差,信息传递路线长,职能部门与指挥部门之间容易产生矛盾。

(4) 矩阵式组织结构模式

矩阵式组织机构是把按职能划分的部门和按工程项目设立的管理机构,依照矩阵方式有机地结合起来的一种组织机构形式。这种组织机构以工程项目为对象设置,各项目管理机构内的管理人员从各职能部门临时抽调,归项目经理统一管理,待工程完工交付后又回到原职能部门或到另外工程项目的组织机构中工作。矩阵式组织机构的形式如图1-6所示。

矩阵式组织机构的优点是能根据工程任务的实际情况灵活地组建与之相适应的管理机构,具有较大的机动性和灵活性。它实现了集权与分权的最优结合,有利于调动各类人员的工作积极性,使工程项目管理工作顺利地进行。但矩阵制组织机构经常变动,稳定性差,尤其是业务人员的工作岗位频繁调动。此外,矩阵中每一个成员都受项目经理和职能部门经理的双重领导,如果处理不当,会造成矛盾,产生扯皮现象。

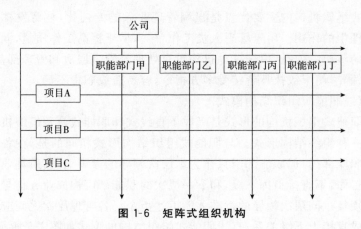

图 1-6 矩阵式组织机构

(5)事业部式组织结构模式

事业部式组织机构,是指在企业内作为派往项目的管理班子,对企业外具有独立法人资格的项目管理组织,其组织形式如图 1-7 所示。

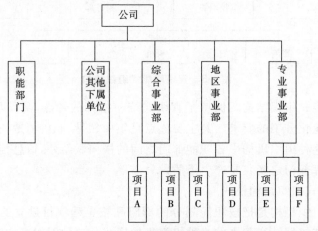

图 1-7 事业部式组织机构

事业部式组织机构的优点是能迅速适应环境变化,提高企业的应变能力和决策效率,有利于延伸企业的经营管理职能,拓展企业的业务范围和经营领域。其缺点是企业对项目经理部的约束力减弱,协调指导的机会少,从而使企业结构变得松散。

6. 项目经理部组织形式的选择

选择什么样的项目管理组织形式,应由建筑工程施工企业做出决策。要将企业的素质、任务、条件、基础,同施工项目的规模、性质、内容、要求的管理方式结合起来分析,选择最适宜的项目组织形式,不能生搬硬套某一种形式,更不能

不加分析地盲目做出决策。一般建筑施工企业,可按下列框架结构进行:

(1)大型综合企业,人员素质好,管理基础强,业务综合性强,可以承担大型任务,宜采用矩阵式、直线式、事业部式的项目组织机构形式;

(2)简单项目、小型项目、承包内容专一的项目,应采用职能式项目组织机构;

(3)在同一企业内可以根据项目情况采用几种组织形式,如将事业部式与矩阵式的项目组织结合使用,将直线式项目组织与事业部式组织结合使用等。但不能同时采用矩阵式及混合工作队式,以免造成管理渠道和管理秩序的混乱,表1-4可供建筑施工企业在选择项目管理组织机构形式时参考。

表 1-4　选择项目管理组织机构形式的参考因素

项目组织形式	项目性质	施工企业类型	企业人员素质	企业管理水平
直线式	大型项目、复杂项目、工期紧的项目。	大型综合建筑企业、项目经理能力较强。	人员素质较高、专业人才多、职工技术素质较高。	管理水平较高、基础工作较强,管理经验丰富。
职能式	小型项目、简单项目、只涉及个别少数部门的项目。	小型建筑企业,任务单一的企业,大中型基本保持直线职能制的企业。	素质较差,力量薄弱,人员构成单一。	管理水平较低,基础工作较差,缺乏有经验的项目经理。
矩阵式	多工种、多部门、多技术配合的项目,管理效率要求很高的项目。	大型综合建筑企业,经营范围很宽、实力很强的建筑企业。	文化素质、管理素质、技术素质很高,管理人才多、人员一专多能。	管理水平很高,管理渠道畅通,信息沟通灵敏,管理经验丰富。
事业部式	大型项目,运输企业基地项目,事业部制企业承揽的项目。	大型综合建筑企业,经营能力很强的企业,海外承包企业,跨地区承包企业。	人员素质高,项目经理强,专业人才多。	经营能力强,信息手段先进,管理经验丰富,资金实力雄厚。

五、项目经理部的运行

1. 项目经理部的规章制度

为保证组织任务的完成和目标的实现,关于例行性活动应当遵循的方法、程序、要求及标准所做出的规定即规章制度。它是完善施工项目组织关系、保证组

织机构正常运行的基本手段。项目经理部的规章制度主要包括:

(1)项目管理人员岗位责任制度。

(2)项目技术管理制度。

(3)项目质量管理制度。

(4)项目安全管理制度。

(5)项目计划、统计与进度管理制度。

(6)项目成本核算制度。

(7)项目材料、机械设备管理制度。

(8)项目现场管理制度。

(9)项目分配与奖励制度。

(10)项目例会及施工日志制度。

(11)项目分包及劳务管理制度。

(12)项目组织协调制度。

(13)项目信息管理制度。

2. 项目经理部的运行程序

(1)中标后,由公司确定项目经理及项目班子,由项目经理参与组建项目经理部。

(2)项目经理与公司法定代表人签订《项目管理目标责任书》,确认项目的工作范围、质量标准、预算及进度计划的标准和限制。

(3)项目经理部编制"项目管理实施规划",明确人员安排和职责。

(4)进行开工前的各项施工准备工作。

(5)组织工程分包、材料采购、施工机械租赁,选择或批准分包施工队伍、租赁商,签订工程分包、机械租赁合同。

(6)组织项目竣工验收、工程资料移交工作。

(7)组织竣工结算、分包结算工作,清理各种债权债务。

(8)进行经济活动分析,写出项目管理工作总结和项目审计申请报告,接受项目审计、考核。

(9)项目经理部解体和善后工作。

3. 项目经理部的解体

项目经理部是施工现场管理的一次性且具有弹性的施工生产经营管理机构,随项目的开始而产生,随项目的完成而解体。在工程项目竣工且审计完成后,其使命便告完成。项目经理部要根据工作需要向企业工程管理部提交项目经理部解体申请报告,按规定程序予以解体,企业必须高度重视项目经理部的解体和善后工作。

项目经理部的解体有利于企业公平公正地评价项目管理的实际效果;有利于适应不同类型的施工项目对管理层的需求,便于施工项目管理层的重组和匹配;有利于打破传统的管理模式,改变传统的思想观念;有利于促进施工项目管理的发展和管理人才的职业化。

项目经理部的解体应具备下列条件:
(1)工程已经竣工验收。
(2)与各分包单位已经结算完毕。
(3)已协助企业管理层与发包方签订了《工程质量保修书》。
(4)《项目管理目标责任书》已经履行完成,经企业管理层审核合格。
(5)已与企业管理层办理了有关手续,例如在文件上签字、档案资料的移交、账目的清结、材料设备的回收、人员的遣散移交及现场环卫等。
(6)现场清理完毕。

项目经理部解体时若项目经理部与企业有关职能部门发生矛盾,由企业经理裁决;项目经理部与劳务、专业分公司及作业队发生矛盾时,按业务分工由企业劳动人事管理部门、经营部门和工程管理部门裁决。所有仲裁的依据原则上是双方签订合同内有关的签证。

第三节 建筑工程项目经理

一、项目经理责任制概述

1. 项目经理责任制的基本概念

项目经理是企业法定代表人在所承包的建筑工程项目上的授权委托代理人。项目经理是建筑工程项目的责任主体,直接负责项目施工的组织实施者,是对建筑工程项目施工全过程全面负责的项目管理者。

项目经理责任制是指企业制定的,以项目经理为责任主体,确保项目管理目标实现的责任制度。项目经理责任制是项目管理目标实现的具体保障和基本条件,用以确定项目经理部与企业、职工三者之间的责、权、利关系。它是以施工项目为对象,以项目经理全面负责为前提,以项目管理目标责任书为依据,以创优质工程为目标,以求得项目产品的最佳经济效益为目的,实行从施工项目开工到竣工验收的一次性全过程的管理。

2. 项目经理责任制的作用

项目经理责任制在建筑工程项目管理中的作用,主要表现在以下几个方面:
(1)有利于明确项目经理与企业、职工三者之间的责、权、利关系。

(2)有利于运用经济手段强化对施工项目的管理。

(3)有利于项目规范化、科学化管理和提高工程质量。

(4)有利于促进和提高企业项目管理的经济效益和社会效益,不断解放和发展生产力。

3. 项目经理责任制的实行条件

在建筑工程项目管理过程中,实行项目经理责任制必须具备下列条件:

(1)项目任务落实、开工手续齐全,具有切实可行的项目管理规划大纲或施工组织总设计。

(2)各种工程技术资料、施工图、劳动力配备、三大主材落实,能按计划提供等。

(3)有一批懂法律、会管理、敢负责并掌握施工项目管理技术的人才,组织一个精干、得力、高效的项目管理班子。

(4)建立企业业务工作系统化管理,使企业具有为项目经理部提供人力资源、材料、设备及生活设施等各项服务的功能。

二、项目经理

1. 项目经理的地位

项目经理应由法定代表人任命,并根据法定代表人授权的范围、期限和内容,履行管理职责,并对项目实施全过程、全面管理。大中型项目的项目经理必须取得工程建设类相应专业注册执业资格证书。

项目经理在建筑工程项目管理中占据着重要地位,具体表现为以下几个方面:

(1)项目经理是建设工程项目唯一的最高决策者。

(2)项目经理是建设工程项目各方关系的协调者。

(3)项目经理是企业法定代表人在项目上的全权委托代理人。

(4)项目经理是建设工程项目实施过程目标的控制者。

2. 项目经理的作用

项目经理在建筑工程项目管理中的作用,主要表面在以下几个方面:

(1)建立健全精干高效的工程项目管理组织(项目经理部)。

(2)组织制定阶段性目标和控制目标,拟订项目实施计划。

(3)通过开展有效的、动态的目标控制,确保施工项目目标实现,使业主满意。

(4)建立有效、快捷的信息流通渠道,通过信息的集散达到控制的目的,使施工项目管理取得成功。

（5）作为施工项目责、权、利的主体，对施工项目管理目标的实现承担全部责任，即承担履行合同责任，履行合同义务，执行合同条款，处理合同纠纷，受法律的约束和保护。

3. 项目经理的素质

项目经理应具备下列素质：
(1)符合项目管理要求的能力，善于进行组织协调与沟通。
(2)相应的项目管理经验和业绩。
(3)项目管理需要的专业技术，管理、经济、法律和法规知识。
(4)良好的职业道德和团结协作精神，遵纪守法、爱岗敬业、诚信尽责。
(5)身体健康。

三、项目管理目标责任书

项目管理目标责任书是企业法定代表人根据施工合同和经营管理目标要求明确规定项目经理部应达到的成本、质量、进度和安全等控制目标的文件。项目管理目标责任书应在建设工程项目实施之前，由法定代表人或其授权人与项目经理协商制定。

1. 项目管理目标责任书的编制依据

项目管理目标责任书的编制应依据下列资料：
(1)项目的合同文件。
(2)组织的项目管理制度。
(3)项目管理规划大纲。
(4)组织的经营方针和目标。

2. 项目管理目标责任书的内容

项目管理目标责任书应包括下列内容：
(1)项目的进度、质量、成本、职业健康安全与环境目标。
(2)组织与项目经理部之间的责任、权限和利益分配。
(3)项目需用资源的供应方式。
(4)项目经理部应承担的风险。
(5)项目管理目标评价的原则、内容和方法。
(6)对项目经理部进行奖惩的依据、标准和办法。
(7)项目经理解职和项目经理部解体的条件及办法。
(8)法定代表人向项目经理委托的特殊事项。

3. 项目管理目标的制定原则

项目管理目标的制定应遵循下列原则：

(1)满足组织管理目标的要求。
(2)满足合同的要求。
(3)考虑相关的风险。
(4)具有可操作性。
(5)便于考核。

四、项目经理的责、权、利

1. 项目经理的职责

项目经理应履行下列职责：
(1)项目管理目标责任书规定的职责。
(2)主持编制项目管理实施规划，并对项目目标进行系统管理。
(3)对资源进行动态管理。
(4)建立各种专业管理体系并组织实施。
(5)进行授权范围内的利益分配。
(6)搜集工程资料，准备结算资料，参与工程竣工验收。
(7)接受审计，处理项目经理部解体的善后工作。
(8)协助组织进行项目的检查、鉴定和评奖申报工作。

2. 项目经理的权限

项目经理应具有下列权限：
(1)参与项目招标、投标和合同签订。
(2)参与组建项目经理部。
(3)主持项目经理部工作。
(4)决定授权范围内项目资金的投入和使用。
(5)制定内部计酬办法。
(6)参与选择并使用具有相应资质的分包人。
(7)参与选择物资供应单位。
(8)在授权范围内协调与项目有关的内、外部关系。
(9)法定代表人授予的其他权力。

3. 项目经理的利益与奖罚

项目经理的利益与奖罚包括以下几个方面：
(1)获得工资和奖励。
(2)项目完成后，按照项目管理目标责任书规定，经审计后给予奖励或处罚。
(3)获得评优表彰、记功等奖励。

第四节　建筑工程项目管理的产生与发展

一、项目管理的产生

随着人类社会的发展,社会各方面如政治、经济、文化、宗教、生活、军事对某些工程产生需要,同时当社会生产力的发展水平又能实现这些需要时,就出现了工程项目。历史上的工程项目最主要的是建筑工程项目,例如:房屋(如皇宫、庙宇、住宅等)工程、水利(如运河、沟渠等)工程、道路桥梁工程、陵墓工程、军事工程等。

有项目必然有项目管理,在如此复杂的项目中必然有相当高的项目管理水平相配套,否则将难以想象。虽然现在人们从史书上看不到当时项目管理的情景,但可以肯定在这些工程建设中各工程活动之间必然有统筹的安排,必有一套严密的甚至是军事化的组织管理,必有时间(工期)上的安排(计划)和控制,必有费用的计划和核算,必有预定的质量要求、质量检查和控制。但是由于当时科学技术水平和人们认识能力的限制,历史上的项目管理是经验型的、不系统的,不可能有现代意义上的项目管理。

近代项目管理的萌芽是在19世纪末20世纪初"科学管理"与经济学领域发展成就的基础上产生的。当时的项目管理着重于计划和协调。20世纪50年代末美国出现了关键路线法(CPM)和计划评审技术(PERT)。20世纪60年代这类方法在有42万人参加,耗资400亿美元的"阿波罗"载人登月计划中应用,取得了巨大成功。从那时起项目管理有了科学的系统方法。近代项目管理走向成熟,主要应用在国防和建筑领域,项目管理的任务主要是项目的执行。

20世纪70年代初,计算机网络技术的发展已相当成熟,人们将信息系统方法引入到项目管理中,提出项目管理信息系统。这使人们对网络技术有了更深的理解,扩大了项目管理的研究深度和广度,同时扩大了网络技术的作用和应用范围,在工期计划的基础上实现了用计算机进行资源和成本的计划、优化和控制。

20世纪70年代末、80年代初,微型计算机得到了普及,这使项目管理理论和方法的应用走向了更广阔的领域。人们进一步扩大了项目管理的研究领域,包括合同管理、界面管理、项目风险管理、项目组织行为和沟通。在计算机应用上则加强了决策支持系统、专家系统和互联网技术应用的研究。

20世纪90年代以后,项目管理有了更新的发展。其更加注重人的因素,注重顾客、柔性管理,力求在变革中生存和发展。应用领域进一步扩大,尤其在新兴产业中得到了迅速发展,如电信、软件、信息、金融、医药等领域。

随着社会的进步,市场经济体制的进一步完善,生产社会化程度的提高,人们对项目的需求也越来越多,而项目的目标、计划、协调和控制也更加复杂,从而促进项目管理理论和方法进一步发展。

二、项目管理在我国的发展

我国从引进项目管理理论、开始项目管理实践活动至今,仅有十几年的时间。然而在这十几年中,发展是非常快的,取得的成就也是非常大的。这就证明了项目管理是适应我国国情的,是可以应用成功并能得到发展的。项目管理在我国的发展有以下特点:

(1)引进项目管理时,正是改革开放开始向纵深方向发展的时候。改革的内容是多方面的,这集中体现在1984年全国人民代表大会的政府工作报告中,其中包括建筑施工企业的体制改革、基本建设投资包干、成立综合开发公司、供料体制的改革、招标投标的开展等。这些改革均与建设项目、施工项目有关,都是项目管理引进到我国后遇到的新问题。探求项目管理与改革相结合的问题,在改革中发展我国的项目管理科学,这就是当时的现实。

(2)由于我国实行开放政策,国外投资者在我国进行项目管理的同时,也带来了项目管理经验,又给我们做出了项目管理的典范,使我们少走许多弯路,鲁布革工程的项目管理经验就是典型的代表。同时我们也走出国门,迈进世界建筑市场,进行综合输出,在国外进行项目管理实践,进行项目管理的学习。

(3)我国推行项目管理,是在政府的领导和推动下进行的,是有规划、有步骤、有法规、有制度、有号召地推进。这与国外进行项目管理的自发性和民间性是有原则性区别的。

(4)项目管理学术活动非常活跃。我国在1992年就成立了项目管理研究组织,大学里开设了项目管理课程,国内的、国际性的项目管理学术交流活动十分频繁,一批很有价值的项目管理研究成果已开花结果。

(5)迅速产生了一大批项目管理典型。除鲁布革工程项目管理经验外,还有北京的中国国际贸易中心工程、京津塘高速公路工程、葛洲坝水利工程、引滦入津工程等。这些经验大部分都已推广。

(6)自1988年以来,项目管理的两个分支——建设监理、施工项目管理同时试点,因此在每个项目中,两者能同时进行,形成互相促进的局面,既能使项目得以成功,又能推进项目管理学科发展。

(7)我国的工程项目管理特别注重不断总结经验,以典型经验推动全面发展。

(8)我国的工程项目管理大力推进计算机化。随着信息化大潮的到来和我国向市场经济的迅速推进,计算机在管理中的应用迅速普及,集约化的精细管理已成为每个企业追求的目标。所以用计算机进行工程项目全过程管理的研究和实践进展非常快,它将使工程项目管理水平跃上新的平台。

三、现代工程项目管理的发展趋势

目前,项目管理的发展主要呈现以下四大趋势。

1. 国际化趋势

由于项目管理的普遍规律和许多项目的跨国性质,各国专家都在探讨项目管理的国际通用体系,包括通用术语。国际项目管理协会的各成员国之间每年都要举办很多行业性和学术性的研讨会,交流和研究项目管理的发展问题。对于项目管理活动,目前国际上已形成了一套较完整的国际法规、标准和惯例,制定了严格的管理制度,形成了通用性较强的国际惯例,各国专家正在探讨完整的通用体系。随着贸易活动的全球化发展趋势和跨国公司、跨国项目的增多,项目管理的国际化趋势日益明显。

2. 关注"客户化"趋势

与传统的项目管理相比,现代项目管理越来越关注以客户为中心的管理。2000年版ISO9000质量标准中阐述的八项管理原则的第一条就是"以客户为关注焦点"。在当今市场竞争激烈的时代,任何经济组织的生存和发展的关键不仅仅是生产产品,还要赢得客户并保持这些客户。在项目的实施和管理过程中,应该充分贯彻"以客户满意为关注焦点"的质量标准,充分满足客户明确的需求,挖掘客户隐含的需求,实现并超越客户的期望。只有让客户满意,项目组织才有可能更快地结束项目;只有尽可能地减少项目实施过程中的修改和调整,真正地实现节约成本、缩短工期,才能够增加同客户再次合作的可能性。

3. 新方法应用普及化趋势

纵观项目管理近年来的发展过程,一个显著的变化是项目管理包括的知识内容大大增加了,如增加了项目管理知识体系中的范围管理、质量管理、风险管理和沟通管理等;项目管理概念也拓宽了,如提出了基于项目的管理、客户驱动型项目的管理(CDPM)等不同类别的项目管理;项目管理的应用层面已不再是传统的建筑和工程建设部门,而是拓宽普及到了各行业的各个领域。目前,尤其是在以下两个方面的进展最为突出。

(1)风险评估小组的出现。在传统的项目管理中,项目中出现的问题通常归咎于项目实施不利(如项目组中的成员不能胜任工作)。然而现在,风险管理变得越来越重要了。不切实际的项目估算也被认为是项目中出现问题的主要原因。通过成立风险评估小组(RAGS)来减少项目估算方面的问题和进行风险管理日益得到普及。例如,在正式签署执行项目合同之前,由风险评估小组成员来审查合同中的某些承诺是否切实可行,如不切实际的话,风险评估小组的代表将建议不要签署该协议。

(2)设立项目办公室。越来越多的不同规模的企业或组织开始设立项目办公室。项目办公室的作用包括:行政支持,咨询,建立项目管理标准,开发和更新工作方法和工作程序,指导、培训项目人员等。

4. 网络化、信息化趋势

随着计算机技术、信息技术和网络技术的飞速发展,为了提高项目管理的效率、降低管理成本、加快项目进度,项目管理越来越依赖于计算机手段。目前,西方发达国家的项目管理公司已经运用项目管理软件进行项目管理的动作,利用网络技术进行信息传递,实现了项目管理的自动化、网络化、虚拟化;同时,许多项目管理公司也开始大量使用项目管理软件进行项目管理,积极组织人员开发研究更高级的项目管理软件,力争用较少的自然资源和人才资源,实现经济效益的最大化。21世纪的项目管理将更多地运用计算机技术、信息技术和网络技术,通过资源共享,运用集体的智慧来提高项目管理的应变能力和创新能力。伴随着网络技术的发展,项目管理的网络化、信息化将成为必然趋势。

第二章 建筑工程项目施工成本管理

第一节 建筑工程项目成本管理概述

施工成本是指在建设工程项目的施工过程中所发生的全部生产费用的总和,包括:所消耗的原材料、辅助材料、构配件等费用;周转材料的摊销费或租赁费;施工机械的使用费或租赁费;支付给生产工人的工资、奖金、工资性质的津贴;以及进行施工组织与管理所发生的全部费用支出等。

建筑工程施工成本管理应从工程投标报价开始,直至项目保证金返还为止,贯穿于项目实施的全过程。施工成本管理就是要在保证工期和质量满足要求的情况下,采取相应管理措施,包括组织措施、经济措施、技术措施、合同措施,把成本控制在计划范围内,并进一步寻求最大程度的成本节约。

一、施工成本的分类

1. 按生产费用计入成本的方式来划分

(1)直接成本

直接成本是直接耗用的并能直接计入工程对象的费用。直接成本指施工过程中耗费的构成工程实体和有助于工程完成的各项费用支出,包括直接工程费、措施费。当直接费用发生时就能够确定其用于哪些工程时,可以直接计入该工程成本。

1)直接工程费。

①人工费。人工费指直接从事建筑安装工程施工的生产工人开支的各项费用,内容包括基本工资、工资性补贴、生产工人的辅助工资、职工福利费、生产工人劳动保护费。

②材料费。材料费指施工过程中耗用的构成工程实体的原材料、辅助材料、构配件、零件、半成品的费用和周转材料的摊销费用,内容包括材料原价、供销部门手续费、包装材料费,以及自来源地运至工地仓库或指定堆放地点的装卸费及途耗、采购和保管费。

③施工机械使用费。施工机械使用费指使用施工机械作业所发生的机械使

用费以及机械安装、拆卸和进出场费用,内容包括折旧费、大修理费、经常修理费、安拆费及场外运输费、燃料动力费等。

2)措施费。

措施费指除直接工程费以外的施工过程中所发生的直接用于工程的费用,是进行工程施工所采取各种措施的费用,包括通用措施项目和专业措施项目两项。

(2)间接成本

间接成本指非直接耗用的、也无法直接计入工程对象的,但为进行工程施工所必须发生的费用,包括规费和企业管理费。

2. 按成本计价的定额标准来划分

(1)预算成本:指按照建筑安装工程的实物量和国家或地区制定的预算定额单价及取费标准计算的社会平均成本。它是以施工图预算为基础进行分析、归集、计算确定的,是确定工程成本的基础,也是编制计划成本、评价实际成本的依据。

(2)计划成本:项目经理部在一定时期内,为完成一定建筑安装施工任务而计划支出的各项生产费用的总和。它是成本管理的目标,也是控制项目成本的标准。它是在预算成本基础上,根据上级下达的降低工程成本指标,结合施工生产的实际情况和技术组织措施而确定的企业标准成本。

(3)实际成本:为完成一定数量的建筑安装任务实际所消耗的各类生产费用的总和。

3. 按生产费用与工程量关系来划分

(1)固定成本:在一定期间和一定的工程量范围内,发生的成本额不受工程量增减变动的影响而相对固定的成本,如折旧费、大修理费、管理人员工资。

(2)变动成本:发生总额随着工程量的增减变动而成正比例变动的费用,如直接用于工程的材料费。

二、施工成本管理的任务

施工成本管理的任务和环节主要包括:施工成本预测、施工成本计划、施工成本控制、施工成本核算、施工成本分析、施工成本考核。

建筑工程项目成本管理中每一个环节都是相互联系和相互作用的。成本预测是成本决策的前提,成本计划是成本决策所确定目标的具体化。成本控制则是对成本计划的实施进行监督,保证决策的成本目标实现,而成本核算又是成本计划是否实现的最后检验,它所提供的成本信息又对下一个项目成本预测和决策提供基础资料。成本考核是实现成本目标责任制的保证和实现决策目标的重要手段。

1. 施工成本预测

施工成本预测是在工程施工前对成本进行的估算,它是根据成本信息和施工项目的具体情况,运用一定的专门方法,对未来的成本水平及其发展趋势做出科学的估计。通过成本预测,可以在满足项目业主和本企业要求的前提下,选择成本低、效益好的最佳成本方案,并能够在施工项目成本形成过程中,针对薄弱环节,加强成本控制,克服盲目性,提高预见性。因此,施工成本预测是施工项目成本决策与计划的依据。施工成本预测,通常是对施工项目计划工期内影响其成本变化的各个因素进行分析,比照近期已完施工项目或将完工施工项目的成本(单位成本),预测这些因素对工程成本中有关项目(成本项目)的影响程度,预测出工程的单位成本或总成本。

2. 施工成本计划

施工成本计划是以货币形式编制施工项目在计划期内的生产费用、成本水平、成本降低率以及为降低成本所采取的主要措施和规划的书面方案。它是建立施工项目成本管理责任制、开展成本控制和核算的基础,此外,它还是项目降低成本的指导文件,是设立目标成本的依据,即成本计划是目标成本的一种形式。

3. 施工成本控制

施工成本控制是在施工过程中,对影响施工成本的各种因素加强管理,并采取各种有效措施,将施工中实际发生的各种消耗和支出严格控制在成本计划范围内;通过动态监控并及时反馈,严格审查各项费用是否符合标准,计算实际成本和计划成本之间的差异并进行分析,进而采取多种措施,减少或消除施工中的损失浪费。

建设工程项目施工成本控制应贯穿于项目从投标阶段开始直至保证金返还的全过程,它是企业全面成本管理的重要环节。施工成本控制可分为事先控制、事中控制(过程控制)和事后控制。在项目的施工过程中,需按动态控制原理对实际施工成本的发生过程进行有效控制。

合同文件和成本计划规定了成本控制的目标,进度报告、工程变更与索赔资料是成本控制过程中的动态资料。成本控制的程序体现了动态跟踪控制的原理。成本控制报告可单独编制,也可以根据需要与进度、质量、安全和其他进展报告结合,提出综合进展报告。

4. 施工成本核算

施工成本核算包括两个基本环节:一是按照规定的成本开支范围对施工费用进行归集和分配,计算出施工费用的实际发生额;二是根据成本核算对象,采用适当的方法,计算出该施工项目的总成本和单位成本。施工成本管理需要正确及时地核算施工过程中发生的各项费用,计算施工项目的实际成本。施工项目成本核算所提供的各种成本信息,是成本预测、成本计划、成本控制、成本分析和成本考核等各个环节的依据。

施工成本核算一般以单位工程为对象,但也可以按照承包工程项目的规模、工期、结构类型、施工组织和施工现场等情况,结合成本管理要求,灵活划分成本核算对象。

5. 施工成本分析

施工成本分析是在施工成本核算的基础上,对成本的形成过程和影响成本升降的因素进行分析,以寻求进一步降低成本的途径,包括有利偏差的挖掘和不利偏差的纠正。施工成本分析贯穿于施工成本管理的全过程,它是在成本的形成过程中,主要利用施工项目的成本核算资料(成本信息),与目标成本、预算成本以及类似的施工项目的实际成本等进行比较,了解成本的变动情况;同时也要分析主要技术经济指标对成本的影响,系统地研究成本变动的因素,检查成本计划的合理性,并通过成本分析,深入研究成本变动的规律,寻找降低施工项目成本的途径,以便有效地进行成本控制。成本偏差的控制,分析是关键,纠偏是核心;要针对分析得出的偏差发生原因,采取切实措施,加以纠正。

成本偏差分为局部成本偏差和累计成本偏差。局部成本偏差包括按项目的月度(或周、天等)核算成本偏差、按专业核算成本偏差以及按分部分项作业核算成本偏差等;累计成本偏差是指已完工程在某一时间点上实际总成本与相应的计划总成本的差异。分析成本偏差的原因,应采取定性和定量相结合的方法。

6. 施工成本考核

施工成本考核是指在施工项目完成后,对施工项目成本形成中的各责任者,按施工项目成本目标责任制的有关规定,将成本的实际指标与计划、定额、预算进行对比和考核,评定施工项目成本计划的完成情况和各责任者的业绩,并以此给予相应的奖励和处罚。通过成本考核,做到有奖有惩,赏罚分明,才能有效地调动每一位员工在各自施工岗位上努力完成目标成本的积极性,从而降低施工项目成本,提高企业的效益。

施工成本考核是衡量成本降低的实际成果,也是对成本指标完成情况的总结和评价。成本考核制度包括考核的目的、时间、范围、对象、方式、依据、指标、组织领导、评价与奖惩原则等内容。

三、施工成本管理的措施

1. 施工成本管理的基础工作

施工成本管理的基础工作是多方面的,成本管理责任体系的建立是其中最根本最重要的基础工作,涉及成本管理的一系列组织制度、工作程序、业务标准和责任制度的建立。除此之外,应从以下各方面为施工成本管理创造良好的基础条件。

(1)统一组织内部工程项目成本计划的内容和格式。其内容应能反映施工成本的划分、各成本项目的编码及名称、计量单位、单位工程量计划成本及合计金额等。这些成本计划的内容和格式应由各个企业按照自己的管理习惯和需要进行设计。

(2)建立企业内部施工定额并保持其适应性、有效性和相对的先进性,为施工成本计划的编制提供支持。

(3)建立生产资料市场价格信息的收集网络和必要的派出询价网点,做好市场行情预测,保证采购价格信息的及时性和准确性。同时,建立企业的分包商、供应商评审注册名录,发展稳定、良好的供方关系,为编制施工成本计划与采购工作提供支持。

(4)建立已完项目的成本资料、报告报表等的归集、整理、保管和使用管理制度。

(5)科学设计施工成本核算账册体系、业务台账、成本报告报表,为施工成本管理的业务操作提供统一的范式。

2. 施工成本管理的措施

为了取得施工成本管理的理想成效,应当从多方面采取措施实施管理,通常可以将这些措施归纳为组织措施、技术措施、经济措施、合同措施。

(1)组织措施

组织措施是从施工成本管理的组织方面采取的措施。施工成本控制是全员的活动,如实行项目经理责任制,落实施工成本管理的组织机构和人员,明确各级施工成本管理人员的任务和职能分工、权力和责任。施工成本管理不仅是专业成本管理人员的工作,各级项目管理人员都负有成本控制责任。

组织措施的另一方面是编制施工成本控制工作计划,确定合理详细的工作流程。要做好施工采购计划,通过生产要素的优化配置、合理使用、动态管理,有效控制实际成本;加强施工定额管理和施工任务单管理,控制活劳动和物化劳动的消耗;加强施工调度,避免因施工计划不周和盲目调度造成窝工损失、机械利用率降低、物料积压等现象。成本控制工作只有建立在科学管理的基础之上,具备合理的管理体制、完善的规章制度、稳定的作业秩序、完整准确的信息传递,才能取得成效。组织措施是其他各类措施的前提和保障,而且一般不需要增加额外的费用,运用得当可以取得良好的效果。

(2)技术措施

施工过程中降低成本的技术措施,包括:进行技术经济分析,确定最佳的施工方案;结合施工方法,进行材料使用的比选,在满足功能要求的前提下,通过代用、改变配合比、使用外加剂等方法降低材料消耗的费用;确定最合适的施工机械、设备使用方案;结合项目的施工组织设计及自然地理条件,降低材料的库存成本和运输成本;应用先进的施工技术,运用新材料,使用先进的机械设备等。在实践中,也要避免仅从技术角度选定方案而忽视对其经济效果的分析论证。

技术措施不仅对解决施工成本管理过程中的技术问题是不可缺少的,而且对纠正施工成本管理目标偏差也有相当重要的作用。因此,运用技术纠偏措施的关键,一是要能提出多个不同的技术方案;二是要对不同的技术方案进行技术经济分析比较,以选择最佳方案。

(3)经济措施

经济措施是最易为人们所接受和采用的措施。管理人员应编制资金使用计划,确定、分解施工成本管理目标。对施工成本管理目标进行风险分析,并制定防范性对策。对各种支出,应认真做好资金的使用计划,并在施工中严格控制各项开支。及时准确地记录、收集、整理、核算实际支出的费用。对各种变更,及时做好增减账,及时落实业主签证,及时结算工程款。通过偏差分析和未完工工程预测,可发现一些潜在的可能引起未完工程施工成本增加的问题,对这些问题应以主动控制为出发点,及时采取预防措施。因此,经济措施的运用绝不仅仅是财务人员的事情。

(4)合同措施

采用合同措施控制施工成本,应贯穿整个合同周期,包括从合同谈判开始到合同终结的全过程。对于分包项目,首先是选用合适的合同结构,对各种合同结构模式进行分析、比较,在合同谈判时,要争取选用适合于工程规模、性质和特点的合同结构模式。其次,在合同的条款中应仔细考虑一切影响成本和效益的因素,特别是潜在的风险因素。通过对引起成本变动的风险因素的识别和分析,采取必要的风险对策,如通过合理的方式,增加承担风险的个体数量,降低损失发生的比例,并最终将这些策略体现在合同的具体条款中。在合同执行期间,合同管理的措施既要密切注视对方合同执行的情况,以寻求合同索赔的机会;同时也要密切关注自己履行合同的情况,以防被对方索赔。

第二节 施工成本预测

一、施工成本预测的作用

成本预测是对施工活动实行事前控制的重要手段。成本预测是根据施工项目的具体情况及成本信息,按照程序,运用一定的方法、对未来的成本水平及其可能发展的趋势做出科学的估算。它是在工程施工前对成本进行的估算。成本预测主要有以下几个方面的作用:

1. 成本预测是进行成本决策和编制成本计划的基础

施工单位在进行成本预测时,首先要广泛收集经济信息资料,进行全面的、系统的分析研究,并通过以现代数学方法为基础的预测方法体系和电子计算机,对未来施工经营活动进行定性研究和定量分析,并做出科学判断,预测成本降低率和降低额,从而为成本决策和制订成本计划提供客观的、可靠的依据。

2. 成本预测为选择最佳成本方案提供科学依据

通过成本预测,对未来施工经营活动中可能出现的影响成本升降的各种因素进行科学分析,比较各种方案的经济效果,作为选择最佳成本方案和最优成本决策的依据。目前,我国实行招标、投标制度,建筑企业在选择投标项目时,就要进行成本预测,以便选定成本预测值最低、利润最大、经济效益最好的项目。此外,在施工过程中,由于施工方案、组织方式以及材料代用等方面不同,成本预测值也有所不同,通过成本预测,可以找出成本预测值最小的那种方案进行施工。

3. 成本预测是挖掘内部潜力,加强成本控制的重要手段

成本预测是对施工活动实行事前控制的一种手段,其最终目的是降低项目成本,提高经济效益。为了达到预定成本目标,就要切实做好成本预测工作,指明降低成本的方向,提出具体的施工技术组织措施。

二、施工项目成本预测的种类

1. 投标决策的成本预测

施工单位在选择投标工程项目时,首先要对其成本进行预测,确定成本数值,作为是否投标承包决策的依据。

2. 编制成本计划前的成本预测

在编制施工项目成本计划之前,应细致、准确地对施工项目成本进行预测,以便作为编制成本计划的依据。

3. 成本计划执行中的成本预测

在施工活动过程中,施工单位对成本计划的完成情况要及时检查、预测、分析、研究成本升降的原因和今后的发展趋势,从中总结经验、发现薄弱环节,并及时采取有效措施,保证成本计划的实现。

通过以上各方面的成本预测,就可以为制定决策方案、编制和实施成本计划

提供科学依据,从而加强对成本的控制力度,完成或超额完成降低成本的任务。

三、施工项目成本预测的要求

成本预测是一项十分复杂的工作,它涉及面广,需要的数据资料多。为了做好成本预测工作,一般应遵循以下各项要求:

1. 成本预测要全面考虑经济效益

在施工经营活动中,全面讲求经济效益,是企业进行经营管理的重要原则。因此,进行成本预测不仅要考虑降低成本,而且还要研究和正确处理工作量、竣工面积、工程质量、资金占用和工程成本的关系,全面考虑经济效益,确定最优成本方案。

2. 成本预测要与改进施工技术组织措施相结合

工程成本是综合反映施工经营管理活动的质量指标。对成本进行预测、确定最优的成本,必须同时研究如何改进施工技术和提高经营管理水平,提出各项施工技术组织措施,使降低成本有可靠的保证。所以,成本预测与改进施工技术组织措施相结合,是做好成本预测的重要原则。

3. 成本预测要准确可靠

成本预测的准确可靠,是对成本事前控制和事中控制的必要条件。因此,要求成本预测应尽可能准确可靠,接近客观实际。否则,靠"拍脑袋",主观估计、测算的成本数值就会脱离客观实际,这样的数据就不能用于控制成本和调动职工降低成本的积极性。所以,必须广泛调查研究,收集资料,了解和掌握市场情况、同行业的成本水平以及计划期内可能发生的情况等,这是保证成本预测准确性的基础。

四、施工项目成本预测的方法

施工项目成本预测方法主要有:基本方法、两点法、最小二乘法和专家预测法

1. 施工项目成本预测的基本方法

根据成本预测的内容和期限不同,成本预测的方法有所不同,但基本上可以归纳为以下两类:

(1)定性分析法。通过调查研究,利用直观的有关资料,个人经验和综合分析能力进行主观判断,对未来成本进行预测的方法,因而也称为直观判断预测法,或简称为直观法。这种方法使用起来比较简便,一般是在资料不多,或难以进行定量分析时采用,适用于中、长期预测。常用的定性预测方法有:管理人员

判断法、专业人员意见法、专家意见法及市场调查法等。具体的方式有开座谈会、访问、现场观察等。

(2)定量分析法。根据历史数据资料,应用数理统计的方法来预测事物的发展状况,或者利用事物内部因素发展的因果关系,来预测未来变化趋势的方法。这类方法又可分为下列两种:

①外推法。外推法是利用过去的历史数据来预测未来成本的方法。常用的是时间序列分析法,它是按时间(年或月)顺序排列历史数据,承认事物发展的连续性,从这种排列的数据中推测出成本降低的趋势。外推法的优点是简单易行,只要有过去的成本资料,就可以进行成本预测;缺点是撇开了成本各因素之间的因果关系。因为未来成本不可能是过去成本按某一模式的翻版,所以,用于长期预测时准确性较差,一般适用于短期预测。

②因果法。因果法是按照影响成本的诸因素变化的原因,找出原因与结果之间的联系,并利用这些因果关系来预测未来成本的方法。因果法的优点是测算的数值比较准确,缺点是计算比较复杂。

2. 两点法

两点法,是一种较为简便的统计方法。按照选点的不同,可分为高低点法和近期费用法。所谓高低点法,是指选取的两点是一系列相关值域的最高点和最低点,即以某一时期内的最高工作量与最低工作量的成本进行对比,借以推算成本中的变动与固定费用各占多少的一种简便方法。如果选取的两点是近期的相关值域,则称为近期费用法。

3. 最小二乘法

最小二乘法是采用线性回归分析,寻找一条直线,使该直线比较接近约束条件,用于预测总成本和单位成本的一种方法。

4. 专家预测法

专家预测法是依靠专家来预测未来成本的方法。这种预测值的准确性,取决于专家知识和经验的广度和深度。采用专家预测法,一般要事先向专家提供成本信息资料,由专家经过研究分析,根据自己的知识和经验,对未来成本做出个人的判断,然后再综合分析各专家的意见,形成预测的结论。

专家预测的方式一般有个人预测和会议预测两种。个人预测的优点能够最大限度地利用个人的能力,意见易于集中;缺点是受专家的业务水平、工作经验和成本信息的限制,有一定的局限性。会议预测的优点是经过充分讨论,所测数值比较准确;缺点是有时可能出现会议准备不周,走过场,或者屈从于领导意见的情况。

第三节 施工成本计划

成本计划通常包括从开工到竣工所必需的施工成本,它是以货币形式预先规定项目进行中的施工生产耗费的计划总水平,是实现降低成本费用的指导性文件。

一、施工成本计划的类型

对于施工项目而言,其成本计划的编制是一个不断深化的过程。在这一过程的不同阶段形成深度和作用不同的成本计划,若按照其发挥的作用可以分为竞争性成本计划、指导性成本计划和实施性成本计划。

1. 竞争性成本计划

竞争性成本计划是施工项目投标及签订合同阶段的估算成本计划。这类成本计划以招标文件中的合同条件、投标者须知、技术规范、设计图纸和工程量清单为依据,以有关价格条件说明为基础,结合调研、现场踏勘、答疑等情况,根据施工企业自身的工料消耗标准、水平、价格资料和费用指标等,对本企业完成投标工作所需要支出的全部费用进行估算。在投标报价过程中,虽也着力考虑降低成本的途径和措施,但总体上比较粗略。

2. 指导性成本计划

指导性成本计划即选派项目经理阶段的预算成本计划,是项目经理的责任成本目标。它是以合同标书为依据,按照企业的预算定额标准制订的设计预算成本计划,且一般情况下只是确定责任总成本指标。

3. 实施性成本计划

实施性成本计划即项目施工准备阶段的施工预算成本计划。它以项目实施方案为依据,落实项目经理责任目标为出发点,采用企业的施工定额,通过施工预算的编制而形成的实施性计划。

以上三类成本计划相互衔接、不断深化,构成了整个工程项目施工成本的计划过程。其中,竞争性成本计划带有成本战略的性质,是施工项目投标阶段商务标书的基础,而有竞争力的商务标书又是以其先进合理的技术标书为支撑的。因此,它奠定了施工成本的基本框架和水平。指导性成本计划和实施性成本计划,都是战略性成本计划的进一步开展和深化,是对战略性成本计划的战术安排。

二、施工成本计划的作用

成本计划是成本管理各项工作的龙头。实施成本计划的过程包括确定项目成本目标、优化实施方案,以及计划文件的编制等。由于这些环节是互动的过程,工程项目成本计划就具有了以下作用。

1. 支持工程项目成本目标决策

项目总成本目标的确定,通常是在组织提出初步成本方案的基础上,通过项目实施方案的制订,费用预测和各单位工程、分部分项工程计划成本的编制、汇总、分析论证和审批过程,形成成本管理的控制目标。因此,成本目标决策和成本计划是互动的过程,成本计划一方面起到支持成本目标决策的作用,另一方面也起到落实和执行成本决策意图的作用。

2. 促进工程项目实施方案的优化和开展增产节约

追求效益是成本管理的出发点,效益的取得是成本管理过程的必然结果。在建筑市场竞争日趋激烈的情况下,企业经营效益的来源在于自身技术与管理的综合优势,以最经济合理的实施方案,在规定的工期内提供质量满足要求的产品。项目效益与成本、合同造价成本的关系为

实际利润=造价成本-实际成本

然而,在成本计划阶段,管理者通常是先考虑项目盈利的预期,即在保证项目效益的前提下,千方百计地从技术、组织、经济、管理等方面采取措施,通过不断优化实施方案,采取降低成本的措施,寻求效率和效益。在此阶段,通常的观念是按以下方式反映其成本管理的效益:

计划成本=造价成本-计划利润

这一关系充分反映了成本计划对促进实施方案优化的重要作用。

3. 实行工程项目成本事前预控

在成本计划实施过程中,对总成本目标及各子项、单位工程、分部分项工程,甚至各个细部工程或作业成本目标的分解或确定,都要对任务量、消耗量、劳动效率及其影响成本变动的因素进行具体的分析,并编制相应的成本管理措施,使各项成本计划指标建立在技术可行、经济合理的基础上。当然,建立在科学预测和策划基础上的成本计划的预控作用,毕竟是主观的设想和意愿,要使其成为现实,还必须经过认真贯彻落实的过程。如果没有计划过程的预控基础,过程的动态控制将陷入一厢情愿和混乱的被动局面。

4. 为工程项目实施过程提供成本控制依据

成本计划的主要作用,还体现在为工程实施过程的各项作业技术活动和管理活动提供成本控制的依据。不能片面地理解为成本计划仅仅规定了明确的成本数量目标或指标,成本计划还提出了实现成本目标的各种措施和方案,对成本形成过程的各种作业活动和管理活动提供必要的指导。如果说成本预控是成本

控制的主观谋划过程，形成了成本计划；而具体作业活动和管理活动的展开，则是实际成本的发生和形成过程，属于执行成本计划。

因此，没有成本计划的过程也就是没有成本的预控过程，同时也会使各项作业活动和管理活动迷失成本控制的方向和途径。

三、施工成本计划的编制原则

1. 从实际情况出发

编制成本计划必须根据国家的方针政策，从企业的实际情况出发，充分挖掘企业内部潜力，使降低成本指标既积极可靠，又切实可行。施工项目管理部门降低成本的潜力在于正确选择施工方案，合理组织施工；提高劳动生产率；改善材料供应；降低材料消耗；提高机械利用率；节约施工管理费用等。但必须注意避免以下情况发生：

(1)为了降低成本而偷工减料，忽视质量；
(2)不顾机械的维护修理而过度、不合理使用机械；
(3)片面增加劳动强度，加班加点；
(4)忽视安全工作，未给职工办理相应的保险等。

2. 与其他计划相结合

施工成本计划必须与施工项目的其他计划，如施工方案、生产进度计划、财务计划、材料供应及消耗计划等密切结合，保持平衡。一方面，成本计划要根据施工项目的生产技术组织措施、劳动工资、材料供应和消耗等计划来编制；另一方面，其他各项计划指标又影响着成本计划，所以其他各项计划在编制时应考虑降低成本的要求，与成本计划密切配合，而不能单纯考虑单一计划本身的要求。

3. 采用先进技术经济定额

施工成本计划必须以各种先进的技术经济定额为依据，并结合工程的具体特点，采取切实可行的技术组织措施作保证。只有这样，才能编制出既有科学依据，又切实可行的成本计划，从而发挥施工成本计划的积极作用。

4. 统一领导、分级管理

编制成本计划时应采用统一领导、分级管理的原则，同时应树立全员进行施工成本控制的理念。在项目经理的领导下，以财务部门和计划部门为主体，发动全体职工共同进行，总结降低成本的经验，找出降低成本的正确途径，使成本计划的制定与执行更符合项目的实际情况。

5. 适度弹性

施工成本计划应留有一定的余地，保持计划的弹性。在计划期内，项目经理部的内部或外部环境都有可能发生变化,尤其是材料供应、市场价格等具有很大的不确定性,给拟定计划带来困难。因此在编制计划时应充分考虑到这些情况,使计划具有一定的适应环境变化的能力。

四、施工成本计划的编制依据

施工成本计划的编制依据有以下几种:
(1)投标报价文件;
(2)企业定额、施工预算;
(3)施工组织设计或施工方案;
(4)人工、材料、机械台班的市场价;
(5)企业颁布的材料指导价、企业内部机械台班价格、劳动力内部挂牌价格;
(6)周转设备内部租赁价格、摊销损耗标准;
(7)已签订的工程合同、分包合同(或估价书);
(8)结构件外加工计划和合同;
(9)有关财务成本核算制度和财务历史资料;
(10)施工成本预测资料;
(11)拟采取的降低施工成本的措施;
(12)其他相关资料。

五、施工成本计划的编制的程序和方法

1. 施工成本计划编制的程序

编制成本计划的程序,因项目的规模大小、管理要求不同而不同,大中型项目一般采用分级编制的方式,即先由各部门提出部门成本计划,再由项目经理部汇总编制全项目的成本计划;小型项目一般采用集中编制方式,即由项目经理部先编制各部门成本计划,再汇总编制全项目的成本计划。无论采用哪种方式,其编制的基本程序如下:

(1)收集和整理资料

广泛收集资料并进行归纳整理是编制成本计划的必要步骤。所收集的资料,应满足编制施工项目成本计划的要求。此外,还应深入分析当前情况和未来的发展趋势,了解影响成本升降的各种有利和不利因素,研究克服不利因素和降低成本的具体措施,为编制成本计划提供丰富、具体和可靠的资料。

(2)估算计划成本,确定目标成本

对所收集到的各种资料进行整理分析,根据有关的设计、施工等计划,按照工程项目应投入的物资、材料、劳动力、机械、能源及各种设施等,结合计划期内

各种因素的变化和准备采取的各种增产节约措施,进行反复测算、修订、平衡后,估算生产费用支出的总水平,进而提出全项目的成本计划控制指标,最终确定目标成本。

目标成本即是项目(或企业)对未来期产品成本规定的奋斗目标。目标成本有很多形式,在制定目标成本作为编制施工项目成本计划和预算的依据时,可能以计划成本或标准成本为目标成本,这将随成本计划编制方法的不同而变化。

目标成本的计算公式为:

项目目标成本＝预计结算收入－税金－项目目标利润

目标成本降低额＝项目的预算成本－项目的目标成本

$$目标成本降低率 = \frac{目标成本降低额}{项目的预算成本} \times 100\%$$

(3)编制成本计划草案

对大中型项目,各职能部门根据项目经理下达的成本计划指标,结合计划期的实际情况,挖掘潜力,提出降低成本的具体措施,编制各部门的成本计划和费用预算。

(4)综合平衡,编制正式的成本计划

在各职能部门上报了部门成本计划和费用预算后,项目经理部首先应结合各项技术组织措施,检查各计划和费用预算是否合理可行,并进行综合平衡,使各部门计划和费用预算之间相互协调、衔接;要从全局出发,在保证企业下达的成本降低任务或本项目目标成本实现的情况下,分析研究成本计划与生产计划、劳动力计划、材料成本与物资供应计划、工资成本与工资基金计划、资金计划等的相互协调平衡。经反复讨论多次综合平衡,最后确定的成本计划指标,即可作为编制成本计划的依据。项目经理部正式编制的成本计划,上报企业有关部门后即可正式下达至各职能部门执行。

2. 施工成本计划编制的方法

施工成本计划的编制以成本预测为基础,关键是确定目标成本。计划的制订,需结合施工组织设计的编制过程,通过不断地优化施工技术方案和合理配置生产要素,进行工料机消耗的分析,制定一系列节约成本和挖潜措施,确定施工成本计划。一般情况下,施工成本计划总额应控制在目标成本的范围内,并使成本计划建立在切实可行的基础上。施工总成本目标确定之后,还需通过编制详细的实施性施工成本计划把目标成本层层分解,落实到施工过程的每个环节,有效地进行成本控制。施工成本计划的编制方法有以下几种。

(1)按施工成本组成编制施工成本计划的方法

按照成本构成要素划分,建筑安装工程费由人工费、材料(包含工程设备)

费、施工机具使用费、企业管理费、利润、规费和税金组成。其中人工费、材料费、施工机具使用费、企业管理费和利润包含在分部分项工程费、措施项目费、其他项目费中,如图 2-1 所示。

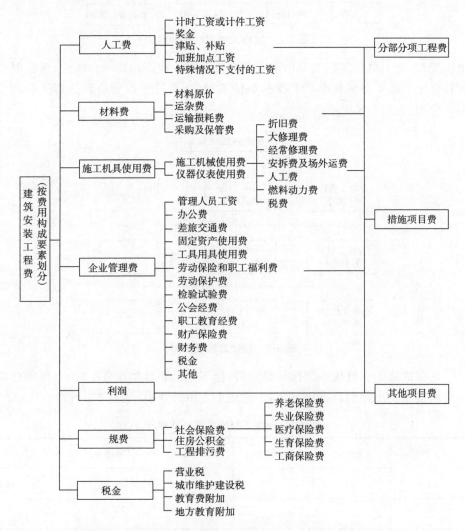

图 2-1 按成本构成要素划分的建筑安装工程费用项目组成

施工成本可以按成本构成分解为人工费、材料费、施工机具使用费和企业管理费等,如图 2-2 所示。在此基础上,编制按施工成本构成分解的施工成本计划。

(2)按项目组成编制施工成本计划的方法

大中型工程项目通常是由若干单项工程构成的,而每个单项工程包括多个

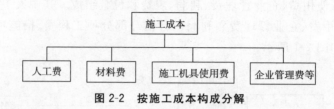

图 2-2 按施工成本构成分解

单位工程,每个单位工程又是由若干个分部分项工程所构成的。因此,首先要把项目总施工成本分解到单项工程和单位工程中,再进一步分解到分部工程和分项工程中,如图 2-3 所示。

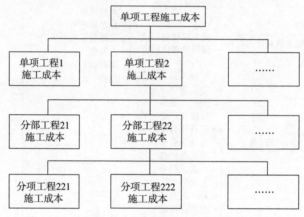

图 2-3 按项目组成分解

在完成施工项目成本目标分解之后,接下来就要具体地分配成本,编制分项工程的成本支出计划,从而得到详细的成本支出计划表,如表 2-1 所示。

表 2-1 分项工程成本支出计划表

分项工程编码	工程内容	计量单位	工程数量	计划成本	本分项总计

在编制成本支出计划时,要在项目方面考虑总的预备费,也要在主要的分项工程中安排适当的不可预见费,避免在具体编制成本计划时,可能发现个别单位工程或工程量表中某项内容的工程量计算有较大出入,使原来的成本预算失实,并在项目实施过程中对其尽可能地采取一些措施。

(3)按施工进度编制施工成本计划的方法

按施工进度编制施工成本计划,通常可在控制项目进度的网络图的基础上,进一步扩充得到。即在建立网络图时,一方面确定完成各项工作所需花费的时间,另一方面确定完成这一工作合适的施工成本支出计划。在实践中,将工程项目分解为既能方便地表示时间,又能方便地表示施工成本支出计划的工作是不容易的,通常如果项目分解程度对时间控制合适的话,则对施工成本支出计划可能分解过细,以至于不可能对每项工作确定其施工成本支出计划;反之亦然。因此在编制网络计划时,应在充分考虑进度控制对项目划分要求的同时,还要考虑确定施工成本支出计划对项目划分的要求,做到二者兼顾。

通过对施工成本目标按时间进行分解,在网络计划基础上,可获得项目进度计划的横道图。并在此基础上编制成本计划。其表示方式有两种:一种是在时标网络图上按月编制的成本计划直方图表示,如图2-4所示;另一种是用时间—成本累积曲线(S形曲线)表示,如图2-5所示。

时间—成本累积曲线的绘制步骤如下。

1)确定工程项目进度计划,编制进度计划的横道图。

2)根据每单位时间内完成的实物工程量或投入的人力、物力和财力,计算单位时间(月或旬)的成本,在时标网络图上按时间编制成本支出计划,如图2-4。

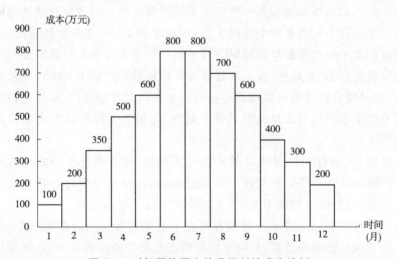

图2-4 时标网络图上按月编制的成本计划

3)计算规定时间计划累计支出的成本额。其计算方法为:将各单位时间计划完成的成本额累加求和,可按式2-1计算:

$$Q_T = \sum_{n=1}^{t} q_n \tag{2-1}$$

式中：Q_t——某时间 t 内计划累计支出成本；

q_n——单位时间 n 的计划支出成本额；

t——某规定计划时刻。

4）按各规定时间的 Q 值，绘制 S 形曲线，如图 2-5 所示。

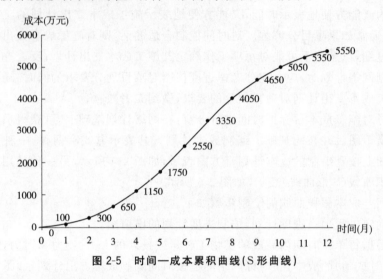

图 2-5　时间—成本累积曲线（S 形曲线）

每一条 S 形曲线都对应某一特定的工程进度计划。因为在进度计划的非关键路线中存在许多有时差的工序或工作，因而 S 形曲线（成本计划值曲线）必然包络在由全部工作都按最早开始时间开始和全部工作都按最迟必须开始时间开始的曲线所组成的"香蕉图"内。项目经理可根据编制的成本支出计划来合理安排资金，同时项目经理也可以根据筹措的资金来调整 S 形曲线，即通过调整非关键路线上的工序项目的最早或最迟开工时间，力争将实际的成本支出控制在计划的范围内。

一般而言，所有工作都按最迟开始时间开始，对节约资金贷款利息是有利的。但同时也降低了项目按期竣工的保证率，因此项目经理必须合理地确定成本支出计划，达到既节约成本支出，又能控制项目工期的目的。

以上三种编制施工成本计划的方式并不是相互独立的。在实践中，往往是将这几种方式结合起来使用，从而可以取得扬长避短的效果。例如：将按项目组成分解总施工成本与按施工成本构成分解总施工成本两种方式相结合，横向按施工成本构成分解，纵向按子项目分解，或相反。这种分解方式有助于检查各分部分项工程施工成本构成是否完整，有无重复计算或漏算；同时还有助于检查各项具体的施工成本支出的对象是否明确或落实，并且可以从数字上校核分解的结果有无错误。或者还可将按子项目分解项目总施工成本计划与按时间分解项目总施工成本计划结合起来,一般纵向按子项目分解,横向按时间分解。

第四节　施工成本控制

施工成本控制是在项目成本的形成过程中,对生产经营所消耗的人力资源、物资资源和费用开支进行指导、监督、检查和调整,及时纠正将要发生和已经发生的偏差,把各项生产费用,控制在计划成本的范围之内,以保证成本目标的实现。

一、施工成本控制的对象和内容

1. 以施工项目成本形成的过程作为控制对象

根据对项目成本实行全面、全过程控制要求,具体的控制内容如下。

(1)在工程投标阶段,应根据工程概况和招标文件,进行施工项目成本的预测,提出投标决策意见。

(2)施工准备阶段,应结合设计图纸的自审、会审和其他资料(如地质勘探资料等)编制实施性施工组织设计,通过多方案的技术经济比较,从中选择经济合理、先进可行的施工方案,编制详细而具体的成本计划,对项目成本进行事前控制。

(3)施工阶段,以施工图预算、施工预算、劳动定额、材料消耗定额和费用开支标准等,对实际发生的成本费用进行控制。

(4)竣工交付使用及保修期阶段,应对竣工验收过程发生的费用和保修费用进行控制。

2. 以施工项目的职能部门、施工队和施工班组作为成本控制的对象

项目的职能部门、施工队和班组进行的项目成本控制是最直接、最有效的成本控制。成本控制的具体内容是日常发生的各种费用和损失,而这些费用和损失,都发生在各个部门、施工队和生产班组。因此,也应以职能部门、施工队和班组作为成本控制对象,接受项目经理和企业有关部门的指导、监督、检查和考评。

3. 以分部分项工程作为项目成本的控制对象

为了把成本控制工作做得扎实、细致,落到实处,还应以分部分项工程作为项目成本的控制对象。在正常情况下,项目应该根据分部分项工程的实物量,参照施工预算定额,联系项目经理的技术素质、业务素质和技术组织措施的节约计划,编制包括工、料、机消耗数量、单价、金额在内的施工预算,作为对分部分项工程成本进行控制的依据。

4. 以对外经济合同作为成本控制对象

施工项目的对外经济业务，都要以经济合同为纽带建立合约关系，以明确双方的权利和义务。在签订各项对外经济合同时，要将合同的数量、单价、金额控制在预算收入之内，如合同金额超过预算收入，就意味着成本亏损。

二、施工成本控制的原则

1. 开源与节流相结合的原则

在成本控制中，坚持开源与节流相结合的原则，要求做到：每发生一笔金额较大的成本费用，都要查一查有无与其相对应的预算收入，是否支大于收；在经常性的分部分项工程成本核算和月度成本核算中，也要进行实际成本与预算收入的对比分析，以便从中探索成本节约或超支的原因，纠正项目成本的不利偏差，实现降低成本的目标。

2. 全面控制原则

（1）项目成本的全员控制

施工项目成本控制是一项综合性很强的工作，它涉及项目组织中各个部门、单位和班组的工作业绩，仅靠项目经理和专业成本管理人员及少数人的努力是无法收到预期效果的，应形成全员参与项目成本控制的成本责任体系，明确项目内部各职能部门、班组和个人应承担的成本控制责任，其中包括各部门、各单位的责任网络和班组经济核算等。

（2）项目成本的全过程控制

施工项目成本的全过程控制是在工程项目确定以后，从施工准备到竣工交付使用的施工全过程中，对每项经济业务，都要纳入成本控制的轨道，使成本控制工作随着项目施工进展的各个阶段连续进行，既不能疏漏，又不能时紧时松，自始至终使施工项目成本置于有效的控制之下。

3. 中间控制原则

又称动态控制原则。由于施工项目具有一次性的特点，应特别强调项目成本的中间控制。计划阶段的成本控制，只是确定成本目标、编制成本计划、制订成本控制方案，为今后的成本控制做好准备，只有通过施工过程的实际成本控制，才能达到降低成本的目标。而竣工阶段的成本控制，由于成本盈亏已经基本定局，即使发生了偏差，也来不及纠正了。因此，成本控制的重心应放在施工过程中，坚持中间控制。

4. 节约原则

节约人力、物力、财力的消耗，是提高经济效益的核心，也是成本控制的一项最主要的基本原则。节约要从三方面入手：一是严格执行成本开支范围、费用开支标准和有关财务制度，对各项成本费用的支出进行限制和监督；二是提高施工项目的科学管理水平，优化施工方案，提高生产效率，节约人、财、物的消耗；三是采取预防成本失控的技术组织措施，制止可能发生的浪费。做到以上三点，成本目标就能实现。

5. 例外管理原则

在工程项目施工过程中，对一些不经常出现的问题，称为"例外"问题。这些"例外"问题，往往是关键性问题，对成本目标的顺利完成影响很大，必须予以高度重视。如在成本管理中常见的成本盈亏异常现象，即盈余或亏损超过了正常的比例，本来是可以控制的成本，突然发生失控现象；某些暂时的节约，但有可能对今后的成本带来隐患（如由于平时机械维修费的节约，可能会造成未来的停工修理和更大的经济损失）等，都应视为"例外"问题，进行重点检查，深入分析，并采取相应的积极措施加以纠正。

6. 责、权、利相结合的原则

要使成本控制真正发挥及时有效的作用，必须严格按照经济责任制的要求，贯彻责、权、利相结合的原则。在项目施工过程中，项目经理、工程技术人员、业务管理人员以及各单位和生产班组都负有一定的成本控制责任，从而形成整个项目的成本控制责任网络。另外，各部门、各单位、各班组在肩负成本控制责任的同时，还应享有成本控制的权力，即在规定的权力范围内可以决定某项费用能否开支、如何开支和开支多少，以行使对项目成本的实质性控制。最后，项目经理还要对各部门、各单位、各班组在成本控制中的业绩进行定期检查和考评，并与工资分配紧密挂钩，实行有奖有罚。实践证明，只有责、权、利相结合的成本控制，才能收到预期的效果。

三、施工成本控制的依据

1. 工程承包合同

施工成本控制要以工程承包合同为依据，围绕降低工程成本这个目标，从预算收入和实际成本两个方面，努力挖掘增收节支潜力，以求获得最大的经济效益。

2. 施工成本计划

施工成本计划是根据施工项目的具体情况制订的施工成本控制方案，既包括预定的具体成本控制目标，又包括实现控制目标的措施和规划，是施工成本控制的指导文件。

3. 进度报告

进度报告提供了每一时刻的工程实际完成量、工程施工成本实际支付情况等重要信息。施工成本控制工作正是通过实际情况与施工成本计划相比较,找出二者之间的差别,分析偏差产生的原因,从而采取措施改进以后的工作。此外,进度报告还有助于管理者及时发现工程实施中存在的问题,并在事态还未造成重大损失之前采取有效措施,尽量避免损失。

4. 工程变更

在项目的实施过程中,由于各方面的原因,工程变更是很难避免的。工程变更一般包括设计变更、进度计划变更、施工条件变更、技术规范与标准变更、施工次序变更、工程数量变更等。一旦出现变更,工程量、工期、成本都必将发生变化,从而使施工成本控制工作变得更加复杂和困难。因此,施工成本管理人员就应当通过对变更要求中的各类数据的计算、分析,随时掌握变更情况,包括已发生工程量、将要发生工程量、工期是否拖延、支付情况等重要信息,判断变更以及变更可能带来的索赔额度等。

除了上述几种施工成本控制工作的主要依据以外,有关施工组织设计、分包合同等也都是施工成本控制的依据。

四、施工项目成本控制的步骤

在确定了施工成本计划之后,必须定期地进行施工成本计划值与实际值的比较,当实际值偏离计划值时,分析产生偏差的原因,采取适当的纠偏措施,以确保施工成本控制目标的实现。其步骤如下。

1. 比较

按照某种确定的方式将施工成本计划值与实际值逐项进行比较,以发现施工成本是否已超支。

2. 分析

在比较的基础上,对比较的结果进行分析,以确定偏差的严重性及偏差产生的原因。这一步是施工成本控制工作的核心,其主要目的在于找出产生偏差的原因,从而采取有针对性的措施,减少或避免相同原因的再次发生或减少由此造成的损失。

3. 预测

根据项目实施情况估算整个项目完成时的施工成本。预测的目的在于为决策提供支持。

4. 纠偏

工程项目的实际施工成本出现了偏差,应当根据工程的具体情况、偏差分析和预测的结果,采取适当的措施,以期达到使施工成本偏差尽可能小的目的。纠偏是施工成本控制中最具实质性的一步。只有通过纠偏,才能最终达到有效控制施工项目成本的目的。

5. 检查

它是指对工程的进展进行跟踪和检查,及时了解工程进展状况以及纠偏措施的执行情况和效果,为今后的工作积累经验。

五、施工项目成本控制的方法

施工成本控制方法有:施工成本计划预控、施工过程控制及赢得值法控制。

1. 成本计划预控

(1) 建立成本管理责任体系

为使成本控制落到实处,项目经理部应将成本责任分解落实到各个岗位,落实到专人,对成本进行全员管理、动态管理,形成一个分工明确、责任到人的成本管理责任体系。

(2) 建立成本考核体系

建立从公司、项目经理到班组的成本考核体系,促进成本责任制的落实。

(3) "两算"对比

"两算"对比是指施工图预算成本与施工预算成本的比较。施工图预算成本反映生产建筑产品平均社会劳动消耗水平,是建筑产品价格的基础。施工预算成本则是反映具体施工企业根据自身的技术和管理水平,在最经济合理的施工方案下,计划完成的劳动消耗。两者都是工程项目的事前成本,但两者的工程量计算规则不同,使用的定额不同,计费的单价不同,就产生了"两算"的定额差。各个施工企业由于劳动生产率、技术装备、施工工艺水平不同,在施工预算上存在差异。施工图预算与施工预算之差,反映施工企业进行成本预控的计划成果,即计划施工盈利。

如果把各种消耗都控制在"两算"的定额差以内,计划成本就低于预算成本,施工项目就取得了一定的经济效益。

在投标承包制的条件下,由于市场竞争,施工图预算成本往往因压价而降低,因此,施工企业必须根据压价情况和中标的合同价格,调整施工图预算(或投标预算)成本,形成反映工程承包价格的合同预算文件。从而使两算对比建立在合同预算成本与施工预算成本的对比上,前者为预算成本收入,后者为计划成本支出,两者差反映项目成本预控的成果,即项目施工计划盈利。

2. 施工成本过程控制

(1) 人工费的控制

人工费的控制实行"量价分离"的方法,将作业用工及零星用工按定额工日的一定比例综合确定用工数量与单价,通过劳务合同进行控制。

(2) 材料费的控制

材料费控制同样按照"量价分离"原则,控制材料用量和材料价格。

1) 材料用量的控制。在保证符合设计要求和质量标准的前提下,合理使用材料,通过定额管理、计量管理等手段有效控制材料物资的消耗,具体方法如下:

①定额控制。对于有消耗定额的材料,以消耗定额为依据,实行限额发料制度。在规定限额内分期分批领用,超过限额领用的材料,必须先查明原因,经过一定审批手续方可领料。

②指标控制。对于没有消耗定额的材料,实行计划管理和按指标控制的办法。根据以往项目的实际耗用情况,结合具体施工项目的内容和要求,确定领用材料指标,据以控制发料。超过指标的材料,必须经过一定的审批手续方可领用。

③计量控制。准确做好材料物资的收发计量检查和投料计量检查。

④包干控制。在材料使用过程中,对部分小型及零星材料(如钢钉、钢丝等)根据工程量计算出所需材料量,将其折算成费用,由作业者包干控制。

2) 材料价格的控制。材料价格主要由材料采购部门控制。由于材料价格是由买价、运杂费、运输中的合理损耗等所组成,因此控制材料价格,主要是通过掌握市场信息进行,应采用招标和询价等方式控制材料、设备的采购价格。

施工项目的材料物资包括构成工程实体的主要材料和结构件,以及有助于工程实体形成的周转使用材料和低值易耗品。从价值角度看,材料物资的价值占建筑安装工程造价的60%~70%甚至更高,其重要程度不言而喻。由于材料物资的供应渠道和管理方式各不相同,所以控制的内容和所采取的控制方法也将有所不同。

(3) 施工机械使用费的控制

合理选择、合理使用施工机械设备对成本控制具有十分重要的意义,尤其是高层建筑施工。据某些工程实例统计,高层建筑地面以上部分的总费用中,垂直运输机械费用占6%~10%。由于不同的起重运输机械各有不同的用途和特点,因此在选择起重运输机械时,首先应根据工程特点和施工条件确定采取何种不同起重运输机械的组合方式。在确定采用某种组合方式时,首先应满足施工需要,同时还要考虑到费用的高低和综合经济效益。

施工机械使用费主要由台班数量和台班单价两个方面决定,为有效控制施工机械使用费支出，主要从以下几个方面进行控制：

1）合理安排施工生产，加强设备租赁计划管理，减少因安排不当引起的设备闲置。

2）加强机械设备的调度工作，尽量避免窝工，提高现场设备利用率。

3）加强现场设备的维修保养，避免因不正确使用造成机械设备的停置。

4）做好机上人员与辅助生产人员的协调与配合，提高施工机械台班产量。

（4）施工分包费的控制

分包工程价格的高低，必然对项目经理部的施工项目成本产生一定的影响。因此，施工项目成本控制的重要工作之一是对分包价格的控制。项目经理部应在确定施工方案的初期就确定需要分包的工程范围。决定分包范围的因素主要是施工项目的专业性和项目规模。对分包费用的控制，主要是做好分包工程的询价、订立平等互利的分包合同、建立稳定的分包关系网络、加强施工验收和分包结算等工作。

3. 赢得值法

赢得值法（Earned Value Management，EVM）作为一项先进的项目管理技术，最初是美国国防部于1967年首次确立的。目前，国际上先进的工程公司已普遍采用赢得值法进行工程项目的费用、进度综合分析控制。

（1）赢得值法的三个基本参数

用赢得值法进行费用、进度综合分析控制，基本参数有三项，即已完工作预算费用、计划工作预算费用和已完工作实际费用。

1）已完工作预算费用。已完工作预算费用（Budgeted Cost For Work Performed，BCWP），是指在某一时间已经完成的工作（或部分工作），以批准认可的预算为标准所需要的资金总额，由于业主正是根据这个值为承包方完成的工作量支付相应的费用，也就是承包方获得（挣得）的金额，故称赢得值或挣值。

已完工作预算费用（BCWP）＝已完成工作量×预算（计划）单价

2）计划工作预算费用。计划工作预算费用（Budgeted Cost For Work Scheduled，BCWS），即根据进度计划在某一时刻应当完成的工作（或部分工作），以预算为标准所需要的资金总额。一般来说，除非合同有变更，BCWS在工程实施过程中应保持不变。

计划工作预算费用（BCWS）＝计划工作量×预算（计划）单价

3）已完工作实际费用。已完工作实际费用（Actual Cost For Work Performed，ACWP），即到某一时刻为止，已完成的工作（或部分工作）所实际花费的总金额。

已完工作实际费用（ACWP）＝已完成工作量×实际单价

(2)赢得值法的四个评价指标

在这三个基本参数的基础上,我们可以确定赢得值法的四个评价指标,它们也都是时间的函数。

1)费用偏差 CV(Cost Variance)

费用偏差(CV)＝已完工作预算费用($BCWP$)－已完工作实际费用($ACWP$)

(1Z202033-4)

当费用偏差 CV 为负值时,即表示项目运行超出预算费用;当费用偏差 CV 为正值时,表示项目运行节支,实际费用没有超出预算费用。

2)进度偏差 SV(Schedule Variance)

进度偏差(SV)＝已完工作预算费用($BCWP$)－计划工作预算费用($BCWS$)

(1Z202033-5)

当进度偏差 SV 为负值时,表示进度延误,即实际进度落后于计划进度;当进度偏差 SV 为正值时,表示进度提前,即实际进度快于计划进度。

3)费用绩效指数(CPI)

费用绩效指数(CPI)＝已完工作预算费用($BCWP$)/已完工作实际费用($ACWP$)

(1Z202033-6)

当费用绩效指数(CPI)<1 时,表示超支,即实际费用高于预算费用;

当费用绩效指数(CPI)>1 时,表示节支,即实际费用低于预算费用。

4)进度绩效指数(SPI)

进度绩效指数(SPI)＝已完工作预算费用($BCWP$)/计划工作预算费用($BCWS$)

当进度绩效指数(SPI)<1 时,表示进度延误,即实际进度比计划进度慢;

当进度绩效指数(SPI)>1 时,表示进度提前,即实际进度比计划进度快。

费用(进度)偏差反映的是绝对偏差,结果很直观,有助于费用管理人员了解项目费用出现偏差的绝对数额,并依此采取一定措施,制订或调整费用支出计划和资金筹措计划。但是,绝对偏差有其不容忽视的局限性。如同样是 10 万元的费用偏差,对于总费用 1000 万元的项目和总费用 1 亿元的项目而言,其严重性显然是不同的。因此,费用(进度)偏差仅适合于对同一项目作偏差分析。费用(进度)绩效指数反映的是相对偏差,它不受项目层次的限制,也不受项目实施时间的限制,因而在同一项目和不同项目比较中均可采用。

在项目的费用、进度综合控制中引入赢得值法,可以克服过去进度、费用分开控制的缺点,即当我们发现费用超支时,很难立即知道是由于费用超出预算,还是由于进度提前。相反,当我们发现费用低于预算时,也很难立即知道是由于费用节省,还是由于进度拖延。而引入赢得值法即可定量地判断进度、费用的执行效果。

(3)偏差分析方法

偏差分析可以采用不同的表达方法,常用的有横道图法、表格法、曲线法等。

1)横道图法。用横道图法进行费用偏差分析,是用不同的横道标志已完工作预算费用、计划工作预算费用和已完工作实际费用,横道的长度与其金额成正比例。如图2-6所示。

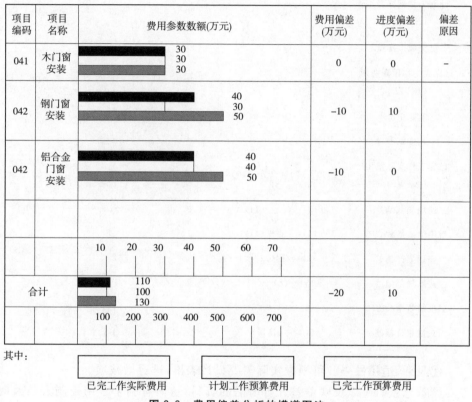

图2-6 费用偏差分析的横道图法

横道图法具有形象、直观、一目了然等优点,它能准确表达出费用的绝对偏差,而且能一眼感受到偏差的严重性。但这种方法反映的信息量少,一般在项目的较高管理层应用。

2)表格法。表格法是进行偏差分析最常用的一种方法,如表2-2所示。它将项目编号、名称、各费用参数以及费用偏差数总和归纳入一种表格中,并且直接在表格中进行比较。由于各偏差参数都在表中列出,费用管理者能够综合地了解并处理这些数据。用表格法进行偏差分析具有以下优点:

表 2-2 费用偏差分析表

项目编码	(1)	041	042	043
项目名称	(2)	木门窗安装	钢门窗安装	铝合金门窗安装
单位	(3)			
预算(计划)单价	(4)			
计划工作量	(5)			
计划工作预算费用（BCWS）	(6)=(5)×(4)	20	30	40
已完成工作量	(7)			
已完成工作预算费用（BCWP）	(8)=(7)×(4)	30	40	40
实际单价	(9)			
其他款项	(10)			
已完工作实际费用（ACWP）	(11)=(7)×(9)+(10)	30	50	50
费用局部偏差	(12)=(8)-(11)	0	-10	-10
费用绩效指数 CPI	(13)=(8)÷(11)	1	0.8	0.8
费用累计偏差	(4)=∑(12)		20	
进度局部偏差	(15)=(8)-(6)	0	10	0
进度绩效指数 SPI	(16)=(8)÷(6)	1	1.33	1
进度累计偏差	(17)=∑(15)		10	

①灵活、适用性强。可根据实际需要设计表格，进行增减项。

②信息量。可以反映偏差分析所需的资料，从而有利于费用控制人员及时采取针对性措施，加强控制。

③表格处理可借助计算机，从而节约大量数据处理所需的人力，并大大提高处理速度。

3) 曲线法。曲线法是用投资-时间曲线（S形曲线）进行分析的一种方法。通常有三条曲线，即已完工作实际费用曲线、已完工作预算费用曲线、计划工作预算费用曲线。已完工作实际费用与已完工作预算费用两条曲线之间的竖向距离表示投资偏差，计划预算费用与已完预算费用曲线之间的水平距离表示进度偏差。如图2-7所示。

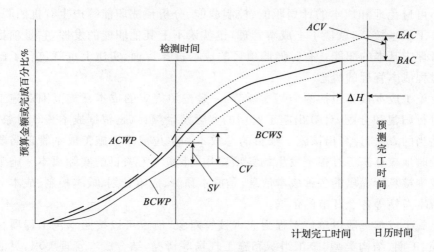

图 2-7　赢得值法评价曲线

第五节　施工成本核算

一、建筑工程项目成本核算的概念

项目成本核算是在项目法施工条件下诞生的,是企业探索适合行业特点管理方式的一个重要体现。它是建立在企业管理方式和管理水平基础上,适合施工企业特点的一个降低成本开支、提高企业利润水平的主要途径。

项目法施工的成本核算体系是以工程项目为对象,对施工生产过程中各项耗费进行的一系列科学管理活动。它对加强项目全过程管理、理顺项目各层经济关系、实施项目全过程经济核算、落实项目责任制、增进项目及企业的经济活力和社会效益、深化项目法施工有着重要作用。项目法施工的成本核算体系,基本指导思想是以提高经济效益为目标,按项目法施工内在要求,通过全面全员的项目成本核算,优化项目经营管理和施工作业管理,建立适应市场经济的企业内部运行机制。

二、建筑工程项目成本核算的内容及要求

1. 成本核算的内容

工程项目成本核算主要在施工阶段,简单说,成本核算就是将施工过程中的各项费用进行归集分配,确定项目的实际成本。

从一般意义上说,成本核算就是成本运行控制的一种手段。成本的核算职

能不可避免地和成本的计划职能、控制职能、分析预测职能等产生有机的联系，离开了成本核算，就谈不上成本管理，也就谈不上其他职能的发挥，它是项目成本管理中基本的职能。有时强调项目的成本核算管理，实质上也就包含了施工全过程成本管理的概念。

施工成本核算包括两个基本环节：一是按照规定的成本开支范围对施工费用进行归集和分配，计算出施工费用的实际发生额；二是根据成本核算对象，采用适当的方法，计算出该施工项目的总成本和单位成本。施工成本管理需要正确及时地核算施工过程中发生的各项费用，计算施工项目的实际成本。施工项目成本核算所提供的各种成本信息，是成本预测、成本计划、成本控制、成本分析和成本考核等各个环节的依据。

施工成本一般以单位工程为成本核算对象，但也可以按照承包工程项目的规模、工期、结构类型、施工组织和施工现场等情况，结合成本管理要求，灵活划分成本核算对象。施工成本核算的基本内容包括：

(1) 人工费核算。

(2) 材料费核算。

(3) 周转材料费核算。

(4) 结构件费核算。

(5) 机械使用费核算。

(6) 其他直接费核算。

(7) 施工间接费核算。

(8) 分包工程成本核算。

(9) 项目月度施工成本报告编制。

2. 施工成本核算要求

(1) 项目经理部应根据财务制度和会计制度的有关规定，建立项目成本核算制，明确项目成本核算的原则、范围、程序、方法、内容、责任及要求，并设置核算台账，记录原始数据。

项目成本核算制是明确项目成本核算的原则、范围、程序、方法、内容、责任及要求的制度。项目管理必须实行项目成本核算制，和项目经理责任制等共同构成了项目管理的运行机制。组织管理层与项目管理层的经济关系、管理责任关系、管理权限关系，以及项目管理组织所承担的责任成本核算的范围、核算业务流程和要求等，都应以制度的形式做出明确的规定。

(2) 项目经理部应按照规定的时间间隔进行项目成本核算。项目经理部要建立一系列项目业务核算台账和施工成本会计账户，实施全过程的成本核算，具体可分为定期的成本核算和竣工工程成本核算，如：每天、每周、每月的成本核算。定期的成本核算是竣工工程全面成本核算的基础。

(3)项目成本核算应坚持形象进度、产值统计、实际成本归集三同步的原则。形象进度、产值统计、实际成本归集三同步,即三者的取值范围应是一致的。形象进度表达的工程量、统计施工产值的工程量和实际成本归集所依据的工程量均应是相同的数值。

(4)项目经理部应编制定期成本报告。建立以单位工程为对象的项目生产成本核算体系,是因为单位工程是施工企业的最终产品(成品),可独立考核。

对竣工工程的成本核算,应区分为竣工工程现场成本和竣工工程完全成本,分别由项目经理部和企业财务部门进行核算分析,其目的在于分别考核项目管理绩效和企业经营效益。

三、建筑工程项目成本核算的原则

1. 确认原则

在项目成本管理中对各项经济业务中发生的成本,都必须按一定的标准和范围加以认定和记录。只要是为了经营目的所发生的或预期要发生的,并要求得以补偿的一切支出,都应作为成本来加以确认。正确的成本确认往往与一定的成本核算对象、范围和时期相联系,并必须按一定的确认标准来进行。这种确认标准具有相对的稳定性,主要侧重定量,但也会随着经济条件和管理要求的发展而变化。在成本核算中,往往要进行再确认,甚至是多次确认。如确认是否属于成本,是否属于特定核算对象的成本(如临时设施先算搭建成本,使用后算摊销费)以及是否属于核算当期成本等。

2. 分期核算原则

施工生产是连续不断的,项目为了取得一定时期的项目成本,就必须将施工生产活动划分若干时期,并分期计算各期项目成本。成本核算的分期应与会计核算的分期相一致,这样便于财务成果的确定。但要指出,成本的分期核算,与项目成本计算期不能混为一谈。不论生产情况如何,成本核算工作,包括费用的归集和分配等都必须按月进行。至于已完项目成本的结算,可以是定期的,按月结转;也可以是不定期的,等到工程竣工后一次结转。

3. 实际成本核算原则

要采用实际成本计价。采用定额成本或者计划成本方法的,应当合理计算成本差异,月终编制会计报表时,调整为实际成本。即必须根据计算期内实际产量(已完工程量)以及实际消耗和实际价格计算实际成本。

4. 权责发生制原则

凡是当期已经实现的收入和已经发生或应当负担的费用,不论款项是否收付,都应作为当期的收入或费用处理;凡是不属于当期的收入和费用,即使款项已经在当期收付,都不应作为当期的收入和费用。权责发生制原则主要从时间选择上确定成本会计确认的基础,其核心是根据权责关系的实际发生和影响期间来确认企业的支出和收益。

5. 相关性原则

成本核算要为项目成本管理目标服务,成本核算不只是简单的计算问题,要与管理融于一体,算为管用。所以,在具体成本核算方法、程度和标准的选择上,在成本核算对象和范围的确定上,应与施工生产经营特点和成本管理要求特性结合,并与项目一定时期的成本管理水平相适应。正确地核算出符合项目管理目标的成本数据和指标,真正使项目成本核算成为领导的参谋和助手。无管理目标,成本核算是盲目和无益的,无决策作用的成本信息是没有价值的。

6. 一贯性原则

项目成本核算所采用的方法一经确定,不得随意变动。只有这样,才能使企业各期成本核算资料口径统一,前后连贯,相互可比。成本核算办法的一贯性原则体现在各个方面,如耗用材料的计价方法,折旧的计提方法,施工间接费的分配方法,未施工的计价方法等。坚持一贯性原则,并不是一成不变,如确有必要变更,要有充分的理由对原成本核算方法进行改变的必要性做出解释,并说明这种改变对成本信息的影响。如果随意变动成本核算方法,并不加以说明,则有对成本、利润指标、盈亏状况弄虚作假的嫌疑。

7. 划分收益性支出与资本性支出原则

划分收益性支出与资本性支出是指成本、会计核算应当严格区分收益性支出与资本性支出界限,以正确地计算当期损益。所谓收益性支出是指该项目支出发生是为了取得本期收益,即仅仅与本期收益的取得有关,如支付工资、水电费支出等。所谓资本性支出是指不仅为取得本期收益而发生的支出,同时该项支出的发生有助于以后会计期间的支出,如构建固定资产支出。

8. 及时性原则

及时性原则是指项目成本的核算、结转和成本信息的提供应当在所要求的时期内完成。要指出的是,成本核算及时性原则,并非越快越好,而是要求成本核算和成本信息的提供,以确保真实为前提,在规定时期内核算完成,在成本信息尚未失去时效的情况下适时提供,确保不影响项目其他环节核算工作的顺利进行。

9. 明晰性原则

明晰性原则是指项目成本记录必须直观、清晰、简明、可控、便于理解和利用,使项目经理和项目管理人员了解成本信息的内涵,弄懂成本信息的内容,便于信息利用,有效地控制本项目的成本费用。

10. 配比原则

配比原则是指营业收入与其对应的成本、费用应当相互配合。为取得本期收入而发生的成本和费用,应与本期实现的收入在同一时期内确认入账,不得脱节,也不得提前或延后。以便正确计算和考核项目经营成果。

11. 重要性原则

重要性原则是指对于成本有重大影响的业务内容,应作为核算的重点,力求精确,而对于那些不太重要的琐碎的经济业务内容,可以相对从简处理,不要事无巨细,均作详细核算。坚持重要性原则能够使成本核算在全面的基础上保证重点,有助于加强对经济活动和经营决策有重大影响和有重要意义的关键性问题的核算,达到事半功倍,简化核算,节约人力、财力、物力,提高工作效率的目的。

12. 谨慎原则

谨慎原则是指在市场经济条件下,在成本、会计核算中应当对项目可能发生的损失和费用,做出合理预计,以增强抵御风险的能力。

四、建筑工程项目成本核算的方法

成本的核算过程,实际上也是各项成本项目的归集和分配过程。成本的归集是指通过一定的会计制度以有序的方式进行成本数据的收集和汇总,而成本的分配是指将归集的间接成本分配给成本对象的过程,也称间接成本的分摊或分派。

1. 人工费核算

内包人工费,按月估算计入项目单位工程成本;外包人工费,按月凭项目经济员提供的"包清工工程款月度成本汇总表"预提计入项目单位工程成本。上述内包、外包合同履行完毕,根据分部分项的工期、质量、安全、场容等验收考核情况,进行合同结算,以结账单按实据以调整项目的实际值。

2. 材料费核算

(1)工程耗用的材料,根据限额领料单、退料单、报损报耗单、大堆材料耗用计算单等,由项目材料员按单位工程编制"材料耗用汇总表",据以计入项目成本。

(2)钢材、水泥、木材价差核算。

1)标内代办:指"三材"差价列入工程预算账单内作为造价组成部分。由项目成本员按价差发生额,一次或分次提供给项目负责统计的统计员报出产值,以便收回资金。单位工程竣工结算,按实际消耗来调整实际成本。

2)标外代办:指由建设单位直接委托材料分公司代办"三材",其发生的"三材"差价,由材料分公司与建设单位按代办合同口径结算。项目经理部只核算实际耗用超过设计预算用量的那部分量差及应负担市场部高进高出的差价,并计入相应的单位工程成本。

(3)一般价差核算。

1)提高项目材料核算的透明度,简化核算,做到明码标价。

2)钢材、水泥、木材、玻璃、沥青按实际价格核算,高于预算费用的差价,高进高出,谁用谁负担。

3)装饰材料按实际采购价作为计划价核算,计入该项目成本。

4)项目对外自行采购或按定额承包供应材料,如砖、瓦、砂、石、小五金等,应按实际采购价或按议价供应价格结算,由此产生的材料成本差异节超,相应增减成本。

3. 周转材料费核算

(1)周转材料实行内部租赁制,以租费的形式反映消耗情况,按"谁租用谁负担"的原则核算其项目成本。

(2)按周转材料租赁办法和租赁合同,由出租方与项目经理部按月结算租赁费。租赁费按租用的数量、时间和内部租赁单价计入项目成本。

(3)周转材料在调入移出时,项目经理部都必须加强计量验收制度,如有短缺、损坏,一律按原价赔偿,计入项目成本(短损数=进场数-退场数)。

(4)租用周转材料的进退场运费,按其实际发生数,由调入项目负担。

(5)对U形卡、脚手架扣件等零件除执行租赁制外,考虑到其比较容易散失的因素,故按规定实行定额预计摊耗,摊耗数计入项目成本,相应减少次月租赁基数及租费。单位工程竣工,必须进行盘点,盘点后的实物数与前期逐月按控制定额摊耗后的数量差,按实调整清算计入成本。

(6)实行租赁制的周转材料,一般不再分配负担周转材料差价。

4. 结构件费核算

(1)项目结构件的使用必须有领发手续,并根据这些手续,按照单位工程使用对象编制"结构件耗用月报表"。

(2)项目结构件的单价,以项目经理部与外加工单位签订的合同为准,计算耗用金额计入成本。

(3)根据实际施工进度、已完施工产值的统计、各类实际成本报耗三者在月度时点的三同步原则(配比原则的引申与应用)结构件耗用的品种和数量应与施工产值相对应。结构件数量金额账的结存数,应与项目成本员的账面余额相符。

(4)结构件的高进高出价差核算同材料费高进高出价差核算一致。

(5)如发生结构件的一般价差,可计入当月项目成本。

(6)部位分项分包,如铝合金门窗、卷帘门、轻钢龙骨石膏板、平顶屋面防水等,按照企业通常采用的类似结构件管理和核算方法,项目经济员必须做好月度已完工程部分验收记录,正确计报部位分项分包产值,并书面通知项目成本员及时、正确、足额计入成本。

(7)在结构件外加工和部位分包施工过程中,项目经理部通过自身努力获取经营利益或转嫁压价让利风险所产生的利益,均应归于施工项目。

5. 机械使用费核算

(1)机械设备实行内部租赁制,以租赁费形式反映其消耗情况,按"谁租用谁负担"原则核算其项目成本。

(2)按机械设备租赁办法和租赁合同,由企业内部机械设备租赁市场与项目经理部按月结算租赁费。租赁费根据机械使用台班、停置台班和内部租赁单价计算,计入项目成本。

(3)机械进出场费按规定由承租项目负担。

(4)项目经理部租赁的各类中小型机械,其租赁费全额计入项目机械费成本。

(5)根据内部机械设备租赁运行规则要求,结算原始凭证由项目指定专人签证开班和停班数,据以结算费用。现场机、电、修等操作工奖金由项目考核支付,计入项目机械成本并分配到有关单位工程。

(6)向外单位租赁机械,按当月租赁费用全额计入项目机械费成本。

6. 其他直接费核算

项目施工生产过程中实际发生的其他直接费,有时并不"直接",凡能分清受益对象的,应直接计入受益成本核算对象的工程施工"其他直接费",如与若干个成本核算对象有关的,可先归集到项目经理部的"其他直接费"总账科目(自行增设),再按规定的方法分配计入有关成本核算对象的工程施工"其他直接费"成本项目内。分配方法可参照费用计算基数,以实际成本中的直接成本(不含其他直接费)扣除"三材"差价为分配依据,即人工费、材料费、周转材料费、机械使用费之和扣除高进高出价差。

(1)施工过程中的材料二次搬运费,按项目经理部向劳务分公司汽车队托运包天或包月租费结算,或以汽车公司的汽车运费计算。

(2)临时设施摊销费按项目经理部搭建的临时设施总价(包括活动房)除项

目合同工期求出每月应摊销额,临时设施使用一个月摊销一个月,摊完为止。项目竣工搭拆差额(盈亏)按实调整实际成本。

(3)生产工具用具使用费。大型机动工具、用具等可以套用类似内部机械租赁办法以租费形式计入成本,也可按购置费用一次摊销法计入项目成本,并做好在用工具实物借用记录,以便反复利用。工具用具的修理费按实际发生数计入成本。

(4)除上述以外的其他直接费内容,均应按实际发生的有效结算凭证计入项目成本。

7. 施工间接费核算

施工间接费的具体费用核算内容需要注意以下问题:

(1)要求以项目经理部为单位编制工资单和奖金单列支工作人员薪金。项目经理部工资总额每月必须正确核算,以此计提职工福利费、工会经费、教育经费、劳保统筹费等。

(2)劳务分公司所提供的炊事人员代办食堂承包、服务、警卫人员提供区域岗点承包服务以及其他代办服务费用计入施工间接费。

(3)内部银行的存贷款利息,计入"内部利息"(新增明细子目)。

(4)施工间接费,先在项目"施工间接费"总账归集,再按一定的分配标准计入受益成本核算对象(单位工程)"工程施工—间接成本"。

8. 分包工程成本核算

(1)包清工程,如前所述纳入"人工费—外包人工费"内核算。

(2)部位分项分包工程,如前所述纳入结构件费内核算。

(3)双包工程,是指将整幢建筑物以包工包料的形式包给外单位施工的工程。可根据承包合同取费情况和发包(双包)合同支付情况,即上下合同差,测定目标盈利率。月度结算时,以双包工程已完工程价款作收入,应付双包单位工程款作支出,适当负担施工间接费预结降低额。为稳妥起见,拟控制在目标盈利率的50%以内,也可月结成本时作收支持平,竣工结算时,再按实调整实际成本,反映利润。

(4)机械作业分包工程,是指利用分包单位专业化的施工优势,将打桩、吊装、大型土方、深基础等施工项目分包给专业单位施工的形式。对机械作业分包产值的统计范围是,只统计分包费用而不包括物耗价值。机械作业分包实际成本与此对应,包括分包结账单内除工期费之外的全部工程费。总体反映其全貌成本。

同双包工程一样,总分包企业合同差包括总包单位管理费,分包单位让利收益等在月结成本时,可先预结一部分,或月结时作收支持平处理,到竣工结算时,再作项目效益反映。

上述双包工程和机械作业分包工程由于收入和支出比较容易确认(计算),所以项目经理部也可以对这两项分包工程,采用竣工点交办法,即月度不结盈亏。

第六节 施工成本分析

建筑工程项目的成本分析,就是根据统计核算、业务核算和会计核算提供的资料,对项目成本的形成过程和影响成本升降的因素进行分析,以寻求进一步降低成本的途径(包括项目成本中的有利偏差的挖潜和不利偏差的纠正)。另一方面,通过成本分析,可从账簿、报表反映的成本现象看清成本的实质,从而增强项目成本的透明度和可控性,为加强成本控制,实现项目成本目标创造条件。由此可见,施工项目成本分析,也是降低成本、提高项目经济效益的重要手段之一。

影响建筑工程项目成本变动的因素有两个方面,一是外部的属于市场经济的因素,二是内部的属于企业经营管理的因素。这两方面的因素在一定条件下,又是相互制约和相互促进的。影响施工项目成本变动的市场经济因素主要包括施工企业的规模和技术装备水平,施工企业专业化和协作的水平以及企业员工的技术水平和操作的熟练程度等几个方面,这些因素不是在短期内所能改变的。

一、建筑工程成本分析原则与依据

1. 成本分析原则

(1)实事求是原则

在成本分析中,必然会涉及一些人和事,因此要注意人为因素的干扰。成本分析一定要有充分的事实依据,对事物进行实事求是的评价。

(2)用数据说话原则

成本分析要充分利用统计核算和有关台账的数据进行定量分析,尽量避免抽象的定性分析。

(3)注重时效原则

施工项目成本分析贯穿于施工项目成本管理的全过程。这就要求要及时进行成本分析,及时发现问题,及时予以纠正,否则就有可能贻误解决问题的最好时机,造成成本失控、效益流失。

(4)为生产经营服务原则

成本分析不仅要揭露矛盾,而且要分析产生矛盾的原因,提出积极有效解决矛盾的合理化建议。这样的成本分析,必然会深得人心,从而受到项目经理部有关部门和人员的积极支持与配合,使施工项目的成本分析更健康地开展下去。

2. 成本分析依据

(1) 会计核算

会计核算主要是价值核算。会计是对一定单位的经济业务进行计量、记录、分析和检查,做出预测,参与决策,实行监督,旨在实现最优经济效益的一种管理活动。它通过设置账户、复式记账、填制和审核凭证、登记账簿、成本计算、财产清查和编制会计报表等一系列有组织、有系统的方法,来记录企业的一切生产经营活动,然后据以提出一些用货币来反映的有关各种综合性经济指标的数据。

(2) 统计核算

统计核算是利用会计核算资料和业务核算资料,把企业生产经营活动客观现状的大量数据,按统计方法加以系统整理,表明其规律性。

(3) 业务核算

业务核算是各业务部门根据业务工作的需要而建立的核算制度,它包括原始记录和计算登记表。业务核算的范围比会计、统计核算要广,会计和统计核算一般是对已经发生的经济活动进行核算;业务核算,不但可以对已经发生的经济活动进行核算,而且还可以对尚未发生或正在发生的经济活动进行核算,看是否可以做,是否有经济效益。

二、施工成本分析的方法

1. 成本分析的基本方法

(1) 比较法

比较法,又称"指标对比分析法",是通过技术经济指标的对比,检查目标的完成情况,分析产生差异的原因,进而挖掘内部潜力的方法。比较法的应用形式通常有:将实际指标与目标指标对比、本期实际指标与上期实际指标对比、与本行业平均水平、先进水平对比。

【例 2-1】某项目本年节约"三材"的目标为 100 万元,实际节约 120 万元;上年节约 95 万元;本企业先进水平节约 130 万元。

根据上述资料编制分析表,见表 2-3。

表 2-3 项目成本分析表(单位:万元)

指标	本年计划数	上年实际数	企业先进水平	本年实际数	差导数		
					与计划比	与上年比	与先进比
"三材"节约额	100	95	130	120	20	25	−10

(2)因素分析法

因素分析法又称连环置换法,是把项目施工成本综合指标分解为各个项目联系的原始因素,以确定引起指标变动的各个因素的影响程度的一种成本费用分析方法。

因素分析法的计算步骤如下:

1)确定分析对象,并计算出实际与目标数的差异。

2)确定该指标是由哪几个因素组成的,并按其相互关系进行排序(排序规则:先实物量后价值量,先绝对值后相对值)。

3)以目标数为基础,将各因素的目标数相乘,作为分析替代的基数。

4)将各个因素的实际数按照上面的排列顺序进行替换计算,并将替换后的实际数保留下来。

5)将每次替换计算所得的结果,与前一次的计算结果相比较,两者的差异即为该因素对成本的影响程度。

6)各个因素的影响程度之和,应与分析对象的总差异相等。

值得注意的是,在应用因素分析法时,各个因素的排列顺序应该固定不变。否则,就会得出不同的计算结果,从而产生不同的结论。

【例2-2】 某工程浇筑一层结构商品混凝土,成本目标为364000元,实际成本为383760元,比成本目标增加19760元。根据表2-4的资料,用因素分析法分析其成本增加的原因。

表2-4 商品混凝土成本目标与实际成本对比

项目	计划	实际	差额
产量(m^3)	500	520	20
单价(元)	700	720	20
损耗率(%)	4	2.5	−0.5
成本(元)	364000	383760	19760

【解】 (1)分析对象是浇筑一层结构商品混凝土的成本,实际成本与成本目标的差额为19760元。

(2)该指标是由产量、单价和损耗率三个因素组成的,其排序见表12-10。

(3)以计划成本目标数364000为分析替代的基础。

(4)替换:

第一次替换:产量因素;以520替代500,得520×700×1.04元=378560元。

第二次替换:单价因素;以720替代700,并保留上次替换后的值,得389376元,即

$520\times720\times1.04$ 元 $=389376$ 元。

第三次替换:损耗率因素;以 1.025 替代 1.04,并保留上两次替换后的值,得 383760。

(5)计算差额:

第一次替换与目标数的差额$=(378560-364000)$元$=14560$元。

第二次替换与第一次替换的差额$=(389376-378560)$元$=10816$元。

第三次替换与第二次替换的差额$=(383760-389376)$元$=-5616$元。

产量增加使成本增加了 14560 元,单价提高使成本增加了 10816 元,而损耗率下降使成本减少了 5616 元。

(6)各因素的影响程度之和$=(14560+10816-5616)$元$=19760$元,与实际成本和成本目标的总差额相等。

为了使用方便,企业也可以通过运用因素分析表来求出各因素的变动对实际成本的影响程度,其具体形式见表 2-5。

表 2-5　商品混凝土成本变动因素分析(单位:元)

顺序	循环替换计算	差异	因素分析
计划数	$500\times700\times1.04=364000$		
第一次替换	$520\times700\times1.04=378560$	14560	由于产量增加 $20m^3$,成本增加 14560 元
第二次替换	$520\times720\times1.04=389376$	10816	由于单价提高 20 元,成本增加 10816 元
第三次替换	$520\times720\times1.025=383760$	-5616	由于损耗率下降 1.5%,成本减少 5616 元
合计	$14560+10816-5616=19760$	1976	

(3)差额计算法

差额计算法是因素分析法的一种简化形式,它是利用各因素的目标值与实际值的差额来计算其对成本的影响程度。

【例 2-3】　某模板工程实际完成 $6400m^2$,实际劳动生产率为 0.7 工日$/m^2$,工时单价为 30 元/工日。原计划安装 $6000m^2$,预计劳动效率为 0.8 工日$/m^2$,工时单价 25 元/工日。试进行成本偏差分析。

【解】　模板人工费总值是由安装工程费、劳动生产率及工时单价三个基本因素组成的,三者与人工费的关系为:模板人工费$=$安装工程量$\times$劳动生产率(每平方米模板安装消耗的工时数量)$\times$工时单价

差额计算见表 2-6。

表 2-6　差额计算

项目	单位	计划数	实际数	差异数
模板工程	m²	6000	6400	-400
劳动生产率	工日(m²)	0.8	0.7	0.1
工时单价	元(工日)	25	30	-5
人工费用	元	120000	1344000	-14400

分析工程量增加、工时单价增加及劳动效率提高对人工费的影响程度。
（1）工程量增加的影响：
$$-400\times0.8\times25=-8000 \text{元}$$
（2）劳动效率提高的影响：
$$6400\times0.1\times25=16000 \text{元}$$
（3）工时单价增加的影响：
$$6400\times0.7\times(-5)=-22400 \text{元}$$
合计数：
$$-8000+16000-22400=-14400 \text{元}$$

分析结果表明，模板工程人工费的增加，主要是人工工时单价提高和工程量增加的结果。由于工程量增加，人工费总值随之增加是正常现象，而发包工资单价涨升、班组结算施工任务单时要求按合同规定加发工期奖和质量奖等都可能造成工日单价抬高，具体原因可进一步查明。

（4）比率法

比率法是指用两个以上指标的比例进行分析的方法，常用的比率法有以下几种。

1）相关比率法

由于项目经济活动的各个方面是互相联系、互相依存，又互相影响的，因而将两个性质不同而又相关的指标加以对比，求出比率，就能以此来考察经营成果的好坏。例如：产值和工资是两个不同的概念，但它们的关系又是投入与产出的关系。在一般情况下，人们都希望以最少的人工费支出完成最大的产值。因此，用产值工资率指标来考核人工费的支出水平，就很能说明问题。

2）构成比率法

构成比率法又称比重分析法或结构对比分析法。通过构成比率，可以考察成本总量的构成情况以及各成本项目占成本总量的比重，同时也可看出量、本、利的比例关系（预算成本、实际成本和降低成本的比例关系），从而为寻求降低成本的途径指明方向。

3)动态比率法

动态比率法就是将同类指标不同时期的数值进行对比分析,求出比率,以分析该项指标的发展方向和发展速度。动态比率的计算,通常采用基期指数和环比指数两种方法。

2. 综合成本的分析方法

所谓综合成本,是指涉及多种生产要素,并受多种因素影响的成本费用,如分部分项工程成本、月(季)度成本、年度成本等。由于这些成本都是随着项目施工的进展而逐步形成的,与生产经营有着密切的关系。因此,做好上述成本的分析工作,无疑将促进项目的生产经营管理,提高项目的经济效益。

(1)分部分项工程成本分析

分部分项工程成本分析是施工项目成本分析的基础。分部分项工程成本分析的对象为已完分部分项工程。分析的方法是:进行预算成本、计划成本和实际成本的"三算"对比,分别计算实际偏差和目标偏差,分析偏差产生的原因,为今后的分部分项工程成本寻求节约途径。

分部分项工程成本分析的资料来源是:预算成本来自施工图预算,计划成本来自施工预算,实际成本来自施工任务单的实际工程量、实耗人工和限额领料单的实耗材料。

由于施工项目包括很多分部分项工程,不可能也没有必要对每一个分部分项工程都进行成本分析,特别是一些工程量小、成本费用微不足道的零星工程。但是,对于那些主要分部分项工程则必须进行成本分析,而且要做到从开工到竣工系统的成本分析。这是一项很有意义的工作,因为通过主要分部分项工程成本的系统分析,可以基本上了解项目成本形成的全过程,为竣工成本分析和今后的项目成本管理提供一份宝贵的参考资料。

(2)月(季)度成本分析

月(季)度成本分析是施工项目定期的、经常性的中间成本分析。对有一次性特点的施工项目来说,有着特别重要的意义。因为,通过月(季)度成本分析,可以及时发现问题,以便按照成本目标指示的方向进行监督和控制,保证项目成本目标的实现。月(季)度成本分析的依据是当月(季)的成本报表。分析的方法,通常有以下几个:

1)通过实际成本与预算成本的对比,分析当月(季)的成本降低水平;通过累计实际成本与累计预算成本的对比,分析累计的成本降低水平,预测实现项目成本目标的前景。

2)通过实际成本与计划成本的对比,分析计划成本的落实情况,以及目标管理中的问题和不足，进而采取措施，加强成本管理，保证成本计划的落实。

3）通过对各成本项目的成本分析，可以了解成本总量的构成比例和成本管理的薄弱环节。例如：在成本分析中，发现人工费、机械费和间接费等项目大幅度超支，就应该对这些费用的收支配比关系认真研究，并采取对应的增收节支措施，防止今后再超支。如果是属于预算定额规定的"政策性"亏损，则应从控制支出着手，把超支额压缩到最低限度。

4）通过主要技术经济指标的实际与计划的对比，分析产量、工期、质量、"三材"节约率、机械利用率等对成本的影响。

5）通过对技术组织措施执行效果的分析，寻求更加有效的节约途径。

6）分析其他有利条件和不利条件对成本的影响。

(3) 年度成本分析

企业成本要求一年结算一次，不得将本年成本转入下一年度。而项目成本则以项目的寿命周期为结算期，要求从开工、竣工到保修期结束连续计算，最后结算出成本总量及盈亏情况。由于项目的施工周期一般都比较长，除了要进行月（季）度成本的核算和分析外，还要进行年度成本的核算和分析。这不仅是满足企业汇编年度成本报表的需要，同时也是项目成本管理的需要。因为通过年度成本的综合分析，可以总结一年来成本管理的成绩和不足，为今后的成本管理提供经验和教训，从而可对项目成本进行更有效的管理。

年度成本分析的依据是年度成本报表。年度成本分析的内容，除了月（季）度成本分析的六个方面以外，重点是针对下一年度的施工进展情况规划切实可行的成本管理措施，以保证施工项目成本目标的实现。

(4) 竣工成本的综合分析

凡是有几个单位工程而且是单独进行成本核算（成本核算对象）的施工项目，其竣工成本分析应以各单位工程竣工成本分析资料为基础，再加上项目经理部的经营效益（如资金调度、对外分包等所产生的效益）进行综合分析。如果施工项目只有一个成本核算对象（单位工程），就以该成本核算对象的竣工成本资料作为成本分析的依据。

单位工程竣工成本分析，应包括以下三方面内容：

1）竣工成本分析。

2）主要资源节超对比分析。

3）主要技术节约措施及经济效果分析。

通过以上分析，可以全面了解单位工程的成本构成和降低成本的来源，对今后同类工程的成本管理具有很大的参考价值。

第七节 施工成本考核

项目成本考核,是指对项目成本目标完成情况和成本管理工作业绩两方面的考核。这两方面的考核,都属于企业对项目经理部成本监督的范畴。应该说,成本降低水平与成本管理工作之间有着必然的联系,又同受偶然因素的影响,但都是对项目成本评价的一个方面,都是企业对项目成本进行考核和奖罚的依据。

项目的成本考核,特别要强调施工过程中的中间考核,这对具有一次性特点的施工项目来说尤为重要。因为通过中间考核发现问题,还能及时弥补;而竣工后的成本考核虽然也很重要,但对成本管理的不足和由此造成的损失,已经无法弥补。

一、建筑工程项目成本考核的要求

项目成本考核是项目落实成本控制目标的关键。是将项目施工成本总计划支出,在结合项目施工方案、施工手段和施工工艺、讲究技术进步和成本控制的基础上提出的,针对项目不同的管理岗位人员,而做出的成本耗费目标要求。具体要求如下:

(1)组织应建立和健全项目成本考核制度,对考核的目的、时间、范围、对象、方式、依据、指标、组织领导、评价与奖惩原则等做出规定。

(2)组织应以项目成本降低额和项目成本降低率作为成本考核主要指标。项目经理部应设置成本降低额和成本降低率等考核指标。发现偏离目标时,应及时采取改进措施。

以项目成本降低额和项目成本降低率作为成本考核的主要指标,要加强组织管理层对项目管理部的指导,并充分依靠技术人员、管理人员和作业人员的经验和智慧,防止项目管理在企业内部异化为靠少数人承担风险的以包代管模式。成本考核也可分别考核组织管理层和项目经理部。

(3)组织应对项目经理部的成本和效益进行全面审核、审计、评价、考核和奖惩。

项目管理组织对项目经理部进行考核与奖惩时,既要防止虚盈实亏,也要避免实际成本归集差错等的影响,使项目成本考核真正做到公平、公正、公开,在此基础上兑现项目成本管理责任制的奖惩或激励措施。

二、建筑工程项目成本考核的内容

项目成本考核,可以分为两个层次:一是企业对项目经理的考核;二是项目经理对所属部门、施工队和班组的考核。通过层层考核,督促项目经理、责任部门和责任者更好地完成自己的责任成本,从而形成实现项目成本目标的层层保证体系。

1. 企业对项目经理考核的内容

(1)项目成本目标和阶段成本目标的完成情况。
(2)建立以项目经理为核心的成本管理责任制的落实情况。
(3)成本计划的编制和落实情况。
(4)对各部门、各作业队和班组责任成本的检查和考核情况。
(5)在成本管理中贯彻责权利相结合原则。

2. 项目经理对所属各部门、各作业队和班组考核的内容

(1)对各部门的考核内容:
1)本部门、本岗位责任成本的完成情况。
2)本部门、本岗位成本管理责任的执行情况。
(2)对各作业队的考核内容:
1)对劳务合同规定的承包范围和承包内容的执行情况。
2)劳务合同以外的补充收费情况。
3)对班组施工任务单的管理情况,以及班组完成施工任务后的考核情况。
(3)对生产班组的考核内容(平时由作业队考核,以分部分项工程成本作为班组的责任成本。以施工任务单和限额领料单的结算资料为依据,与施工预算进行对比,考核班组责任成本的完成情况。

三、项目成本考核的实施

1. 项目成本考核采用评分制

项目成本考核是工程项目根据责任成本完成情况和成本管理工作业绩确定权重后,按考核的内容评分。

具体方法为:先按考核内容评分,然后按七与三的比例加权平均,即:责任成本完成情况的评分为七,成本管理工作业绩的评分为三。这是一个假设的比例,工程项目可以根据自己的具体情况进行调整。

2. 项目的成本考核要与相关指标的完成情况相结合

项目成本的考核评分要考虑相关指标的完成情况,予以嘉奖或扣罚。与成本考核相结合的相关指标,一般有进度、质量、安全和现场标准化管理。

3. 强调项目成本的中间考核

项目成本的中间考核,一般有月度成本考核和阶段成本考核。成本的中间考核，能更好地带动今后成本的管理工作，保证项目成本目标的实现。

(1)月度成本考核：一般是在月度成本报表编制以后，根据月度成本报表的内容进行考核。在进行月度成本考核的时候，不能单凭报表数据，还要结合成本分析资料和施工生产、成本管理的实际情况，然后才能做出正确的评价，带动今后的成本管理工作，保证项目成本目标的实现。

(2)阶段成本考核。项目的施工阶段一般可分为：基础、结构、装饰、总体四个阶段。如果是高层建筑，可对结构阶段的成本进行分层考核。

阶段成本考核能对施工告一段落后的成本进行考核，可与施工阶段其他指标(如进度、质量等)的考核结合得更好，也更能反映工程项目的管理水平。

4. 正确考核项目的竣工成本

项目的竣工成本，是在工程竣工和工程款结算的基础上编制的，它是竣工成本考核的依据，也是项目成本管理水平和项目经济效益的最终反映，也是考核承包经营情况、实施奖罚的依据。必须做到核算无误，考核正确。

5. 项目成本的奖罚

工程项目的成本考核，可分为月度考核、阶段考核和竣工考核三种。为贯彻责权利相结合原则，应在项目成本考核的基础上，确定成本奖罚标准，并通过经济合同的形式明确规定，及时兑现。

由于月度成本考核和阶段成本考核属假设性的，因而，实施奖罚应留有余地，待项目竣工成本考核后再进行调整。

项目成本奖罚的标准，应通过经济合同的形式明确规定。因为，经济合同规定的奖罚标准具有法律效力，任何人都无权中途变更，或者拒不执行。另外，通过经济合同明确奖罚标准以后，职工群众就有了奋斗目标，因而也会在实现项目成本目标中发挥更积极的作用。

在确定项目成本奖罚标准的时候，必须从本项目的客观情况出发，既要考虑职工的利益，又要考虑项目成本的承受能力。在一般情况下，造价低的项目，奖金水平要定得低一些；造价高的项目，奖金水平可以适当提高。具体的奖罚标准，应该经过认真测算再行确定。

除此之外，企业领导和项目经理还可对完成项目成本目标有突出贡献的部门、作业队、班组和个人进行随机奖励。这是项目成本奖励的另一种形式，显然不属于上述成本奖罚的范围，但往往能起到很好的效果。

第三章　建筑工程项目进度管理

第一节　建筑工程项目进度控制概述

建筑工程项目能否在规定的工期内交付使用,直接关系到投资效益的发挥,尤其对生产性或商业性投资来说更是如此。因此,对工程项目进度进行有效的控制,使其顺利达到预定的目标,是业主、监理工程师和承包商在进行建筑工程项目管理的中心任务和在项目实施过程中的一项必不可少的重要环节。

对建筑工程项目进度控制是一项复杂的系统工程,是一个动态的实施过程。通过进度控制,不仅能有效地缩短项目建设周期、减少各个单位和部门之间的相互干扰;而且能更好地落实施工单位各项施工计划,合理使用资源,保证施工项目成本、进度和质量等目标的实现,也为防止或提出施工索赔提供依据。

一、建筑工程项目进度控制概念

进度控制是指对工程建设项目的建设阶段的工作程序和持续时间进行规划实施、检查、调查等一系列活动的总称。具体地说,工程项目的进度控制是指对工程项目各建设阶段的工作内容、工作程序、持续时间和衔接关系来编制计划并付诸实施,在实施的过程中经常检查实际进度是否按计划要求进行,对出现的偏差分析原因,采取补救措施或调整、修改原计划,直至工程竣工,交付使用。进度控制的最终目的是确保项目进度目标的实现,工程项目进度控制的总目标是建设工期。

进度控制是工程项目建设中与质量控制、投资控制并列的三大目标之一。它们之间有着相互依赖和相互制约的关系:进度加快,需要增加投资,但工程能提前使用就可以提高投资效益;进度加快有可能影响工程质量,而质量控制严格,则有可能影响进度,但如因质量的严格控制而不致返工,又会加快进度。因此,项目管理者在工作中要对三个目标全面系统地加以考虑,正确处理好进度、质量和投资的关系,提高工程建设的综合效益。特别是对一些投资较大的工程,如何确保进度目标的实现,往往对经济效益产生很大影响,尤其需要加以注意。

进度控制的基本思想是:计划的不变是相对的,变化是绝对的;平衡是相对的,不平衡是绝对的。要针对变化采取对策,定期地经常地调整进度计划。

二、建筑工程项目进度控制原理

1. 动态控制原理

工程进度控制是一个不断变化的动态过程。在项目开始阶段,实际进度按照计划进度的规划进行运动,但由于外界因素的影响,实际进度的执行往往会与计划进度出现偏差,产生超前或滞后的现象。这时通过分析偏差产生的原因,采取相应的改进措施,调整原来的计划,使二者在新的起点上重合,并通过发挥组织管理作用,使实际进度继续按照计划进行。在一段时间后,实际进度和计划进度又会出现新的偏差。如此,工程进度控制出现了一个动态的调整过程。施工进度计划控制就是采用这种动态循环的控制方法,如图3-1所示。

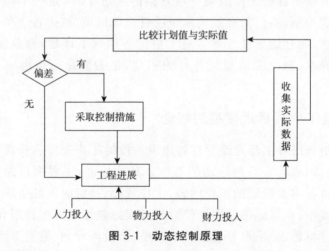

图 3-1 动态控制原理

2. 系统原理

为了对施工项目实行进度计划控制,首先必须编制施工项目的各种进度计划,形成施工项目计划系统,包括施工项目总进度计划、单位工程进度计划、分部分项工程进度计划,季度、月(旬)作业计划。这些计划编制时从总体到局部,逐层进行控制目标分解,以保证计划控制目标的落实。计划执行时,从月(旬)作业计划开始实施,逐级按目标控制,从而达到对施工项目整体进度目标的控制。

由施工组织各级负责人如项目经理、施工队长、班组长和所属全体成员共同组成了施工项目实施的完整组织系统,都按照施工进度规定的要求进行严格管理,落实和完成各自的任务。为了保证施工项目按进度实施,自公司经理、项目经理到作业班组都设有专门职能部门或人员负责检查汇报、统计整理实际施工进度的资料,并与计划进度比较分析和进行调整,形成一个纵横连接的施工项目控制组织系统。

3. 信息反馈原理

信息反馈是工程进度控制的重要环节,施工的实际进度通过信息反馈给基层进度控制工作人员,在分工的职责范围内,信息经过加工逐级反馈给上级主管部门,最后到达主控制室,主控制室整理统计各方面的信息,经过比较分析做出决策,调整进度计划。进度控制不断调整的过程实际上就是信息不断反馈的过程。

4. 弹性原理

建筑工程项目进度计划工期长、影响进度的原因多,其中有的已被人们掌握,根据统计经验估计出影响的程度和出现的可能性,并在确定进度目标时,进行目标的风险分析。在计划编制者具备了这些知识和实践经验之后,编制建筑工程项目进度计划时就会留有余地,使建筑工程项目进度计划具有弹性。在进行进度控制时,便可以利用这些弹性,缩短有关工作的时间,或者改变它们之间的搭接关系,即使检查之前拖延了工期,通过缩短剩余计划工期的方法,也能达到预期的计划目标。这就是建筑工程项目进度控制对弹性原理的应用。

5. 封闭循环原理

施工项目进度计划控制的全过程是计划、实施、检查、比较分析用以确定调整措施并再计划的不断循环的过程,形成如图 3-2 所示的封闭循环回路。

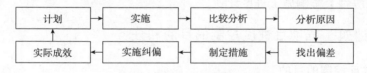

图 3-2 进度控制封闭循环回路

6. 网络计划技术原理

网络计划技术原理是工程进度控制的计划管理和分析计算的理论基础。在进度控制中要利用网络计划技术原理编制进度计划,根据实际进度信息,比较和分析进度计划,又要利用网络计划的工期优化、工期与成本优化和资源优化的理论调整计划。

三、影响施工项目进度的因素

影响施工项目进度的因素很多,可归纳为人、技术、材料构配件、设备机具、资金、建设地点、自然条件、社会环境以及其他难以预料的因素。这些因素可归纳为以下几类。

1. 相关单位的影响

项目经理部的外层关系单位很多,如材料供应、运输、通信、供水、供电、银行信贷、分包、设计等单位,它们对项目施工活动的密切配合与支持,是保证项目施工按期顺利进行的必要条件。对于这些因素,项目经理部应以合同的方式明确双方协作配合要求,在法律的保护和约束下,避免或减少损失。

2. 施工条件的变化

工程地质条件和水文地质条件与勘察设计的不符,如地质断层、溶洞、地下障碍物、软弱地基以及恶劣的气候,如暴雨、高温和洪水等都对施工进度产生影响,造成临时停工或破坏。

3. 技术失误

施工单位采用技术措施不当,施工中发生技术事故;应用新技术、新材料、新结构缺乏经验,不能保证质量等都会影响施工进度。

4. 施工组织管理不利

流水施工组织不合理、劳动力和施工机械调配不当、施工平面布置不合理等将影响施工进度计划的执行。

5. 意外事件以及不可抗力因素

施工中如果出现意外的事件,如战争、严重自然灾害、火灾、重大工程事故、工人罢工等都会影响施工进度计划。

四、建筑工程项目进度控制的目的和任务

1. 进度控制的目的

进度管理的目的是通过控制以实现工程的进度目标。通过进度计划控制,可以有效地保证进度计划的落实与执行,减少各单位和部门之间的相互干扰,确保施工项目工期目标以及质量、成本目标的实现;同时也为可能出现的施工索赔提供依据。

2. 进度控制的任务

施工项目进度管理是项目施工中的重点控制之一,它是保证施工项目按期

完成,合理安排资源供应、节约工程成本的重要措施。建筑工程项目不同的参与方都有各自的进度控制的任务,但都应该围绕着投资者早日发挥投资效益的总目标去展开。

(1)业主方进度控制的任务是控制整个项目实施阶段的进度,包括控制设计准备阶段的工作进度、设计工作进度、施工进度、物资采购工作进度,以及项目动用前准备阶段的工作进度。

(2)设计方进度控制的任务是依据设计任务委托合同对设计工作进度的要求控制设计工作进度,这是设计方履行合同的义务。另外,设计方应尽可能使设计工作的进度与招标、施工和物资采购等工作进度相协调。

在国际上,设计进度计划主要是各设计阶段的设计图纸(包括有关的说明)的出图计划,在出图计划中标明每张图纸的出图日期。

(3)施工方进度控制的任务是依据施工任务委托合同对施工进度的要求控制施工进度,这是施工方履行合同的义务,在进度计划编制方面,施工方应视项目的特点和施工进度控制的需要,编制深度不同的控制性、指导性和实施性施工的进度计划,以及按不同计划周期(年度、季度、月度和旬)的施工计划等。

(4)供货方进度控制的任务是依据供货合同对供货的要求控制供货进度,这是供货方履行合同的义务。供货进度计划应包括供货的所有环节,如采购、加工制造、运输等。

五、建筑工程项目进度管理的内容

1. 项目进度计划编制

工程项目进度计划包括项目的前期、设计、施工和使用前的准备等几个阶段的内容,项目进度计划的主要内容就是要制订各级项目进度计划,包括进行总控制的项目总进度计划、进行中间控制的项目分阶段进度计划和进行详细控制的各子项进度计划,并对这些进度计划进行优化,以达到对这些项目进度计划的有效控制。

2. 项目进度实施

工程项目进度实施就是在资金、技术、合同、管理信息等方面进度保证措施落实的前提下,使项目进度按照计划实施。由于施工过程中存在各种干扰因素,将使项目进度的实施结果偏离进度计划,项目进度实施的任务就是预测这些干扰因素,对其风险程度进行分析,并采取预控措施,以保证实际进度与计划进度的吻合。

3. 项目进度监测

工程项目进度监测的目的就是要了解和掌握建筑工程项目进度计划在实施过程中的变化趋势和偏差程度。其主要内容有：跟踪检查、数据采集和偏差分析。

4. 项目进度调整

工程项目的进度调整是整个项目进度控制中最困难、最关键的内容。其包括以下几方面的内容：

(1)偏差分析，分析影响进度的各种因素和产生偏差的前因后果。

(2)动态调整，寻求进度调整的约束条件和可行方案。

(3)优化控制，调整的目标是使进度、费用变化最小，能达到或接近进度计划的优化控制目标。

六、建筑工程项目进度控制的措施

建筑工程项目进度控制采取的主要措施有组织措施、管理措施、经济措施、技术措施等。

1. 组织措施

组织是目标能否实现的决定性因素，为实现项目的进度目标，应充分重视健全项目管理的组织体系。进度控制的组织措施包括：

(1)建立进度控制目标体系，明确工程现场监理机构进度控制人员及其职责分工。

(2)建立工程进度报告制度及进度信息沟通网络。

(3)建立进度计划审核制度和进度计划实施中的检查分析制度。

(4)建立进度协调会议制度，包括协调会议举行的时间、地点、参加人员等。

(5)建立图纸审查、工程变更和设计变更管理制度。

2. 管理措施

工程项目进度控制的管理措施涉及管理的思想、管理的方法、管理的手段、承发包模式、合同管理和风险管理等。进度控制的管理措施包括：

(1)用工程网络计划方法编制进度计划。

(2)承发包模式(直接影响工程实施的组织和协调)、合同结构、物资采购模式的选择。

(3)分析影响进度的风险，采取风险管理措施。

(4)重视信息技术在进度控制中的应用。

3. 经济措施

经济措施指实现进度计划的资金保证措施及可能的奖惩措施。进度控制的经济措施包括：

(1)资金需求计划。

(2)资金供应条件(也是工程融资的重要依据,包括资金总供应量、资金来源、资金供应的时间)。

(3)经济激励措施。

(4)考虑加快工程进度所需资金。

(5)对工程延误收取误期损失赔偿金。

4. 技术措施

技术措施指切实可行的施工部署及施工方案等。工程项目进度控制的技术措施涉及对实现进度目标有利的设计技术和施工技术的选用。进度控制的技术措施包括：

(1)对设计技术与工程进度关系做分析比较。

(2)有无改变施工技术、施工方法和施工机械的可能性。

(3)审查承包方提交的进度计划,使承包方能在合理的状态下施工。

(4)编制进度控制工作细则,指导监理人员实施进度控制。

(5)采用网络计划技术及其他科学适用的计划方法,并结合计算机的应用,对建筑工程进度实施动态控制。

第二节 建筑工程项目进度计划的编制

一、建筑工程项目进度计划的分类

1. 按照项目范围(编制对象)分类

(1)施工总进度计划：它是以整个建设项目为对象来编制的,确定各单项工程的施工顺序和开、竣工时间以及相互衔接关系。施工总进度计划属于概略的控制性进度计划,综合平衡各施工阶段工程的工程量和投资分配。其内容包括：

1)编制说明,包括编制依据、编制步骤和内容。

2)进度总计划表,可以采用横道图或者网络图形式。

3)分期分批施工工程的开、竣工日期,工期一览表。

4)资源供应平衡表,即为满足进度控制而需要的资源供应计划。

(2)单位工程施工进度计划:单位工程施工进度计划是对单位工程中的各分部分项工程的计划安排,以此为依据确定施工作业所必需的劳动力和各种技术物资供应计划。其内容包括:

1)编制说明,包括编制依据、编制步骤和内容。

2)单位工程进度计划表。

3)单位工程施工进度计划的风险分析及控制措施,包括由于不可预见因素,如不可抗力、工程变更等原因致使计划无法按时完成而采取的措施。

(3)分部分项工程进度计划:是针对项目中某一部分或某一专业工种的计划安排。

2. 按照项目参与方分类

建筑工程施工进度计划按照项目参与方划分,可分为业主方进度计划、设计方进度计划、施工方进度计划、供货方进度计划和建设项目总承包方进度计划。

3. 按照时间分类

建筑工程施工进度计划按照时间划分,可分为年度进度计划,季度进度计划和月、旬作业计划。

4. 按照计划表达形式分类

建筑工程施工进度计划按照计划表达形式划分,可分为文字说明计划和以横道图、网络图等表达的图表式进度计划。

二、建筑工程项目进度计划的编制步骤

建筑工程项目进度计划系统是由多个相互关联的进度计划组成的系统,它是项目进度控制的依据。由于各种进度计划编制所需要的必要资料是在项目进展过程中逐步形成的,因此项目进度计划系统的建立和完善也有一个过程,它也是逐步形成的。根据项目进度控制不同的需要和不同的用途,各参与方可以构建多个不同的建筑工程项目进度计划系统,如:

(1)不同计划深度的进度计划组成的计划系统(施工总进度计划、单位工程施工进度计划)。

(2)不同计划功能的进度计划组成的计划系统(控制性、指导性、实施性进度计划)。

(3)不同项目参与方的进度计划组成的计划系统(业主方、设计方、施工方、供货方进度计划)。

(4)不同计划周期的进度计划组成的计划系统(年度进度计划,季度进度计划,月、旬作业计划)。

1. 施工总进度计划的编制步骤

(1)收集编制依据

1)工程项目承包合同及招投标书(工程项目承包合同中的施工组织设计,合同工期,开竣工日期,有关工期提前或延误调整的约定,工程材料,设备的订货、供货合同等)。

2)工程项目全部设计施工图纸及变更洽商(建设项目的扩大初步设计、技术设计、施工图设计、设计说明书、建筑总平面图及变更洽商等)。

3)工程项目所在地区位置的自然条件和技术经济条件(施工地质、环境、交通、水电条件等,建筑施工企业的人力、设备、技术和管理水平等)。

4)施工部署及主要工程施工方案(施工顺序、流水段划分等)。

5)工程项目需要的主要资源(劳动力状况、机具设备能力、物资供应来源条件等)。

6)建设方及上级主管部门对施工的要求。

7)现行规范、规程及有关技术规定(国家现行的施工及验收规范、操作规程、技术规定和技术经济指标)。

8)其他资料(如类似工程的进度计划)。

(2)确定进度控制目标

根据施工合同确定单位工程的先后施工顺序,作为进度控制目标。

(3)计算工程量

根据批准的工程项目一览表,按单位工程分别计算各主要项目的实物工程量。工程量的计算可以按照初步设计图纸和有关定额手册或资料进行。

(4)确定各单位工程施工工期

各单位工程的施工工期应根据合同工期确定。影响单位工程施工工期的因素很多,如建筑类型、结构特征和工程规模,施工方法、施工技术和施工管理水平,劳动力和材料供应情况,以及施工现场的地形、地质条件等。各单位工程的工期应根据现场具体条件,综合考虑上述影响因素后予以确定。

(5)确定各单位工程搭接关系

1)同一时期施工的项目不宜过多,以避免人力、物力过于分散。

2)尽量做到均衡施工,以使劳动力、施工机械和主要材料的供应在整个工期范围内达到均衡。

3)尽量提前建设可供工程施工使用的永久性工程,以节省临时施工费用。

4)对于某些技术复杂、施工工期较长、施工困难较多的工程,应安排提前施工,以利于整个工程项目按期交付使用。

5)施工顺序必须与主要生产系统投入生产的先后次序相吻合,同时还要安排好配套工程的施工时间,以保证建成的工程能迅速投入生产或交付使用。

6)应注意季节对施工顺序的影响,要确保施工季节不导致工期拖延,不影响工程质量。

7)应使主要工种和主要施工机械能连续施工。

(6)编制施工总进度计划

首先,根据各施工项目的工期与搭接时间,以工程量大、工期长的单位工程为主导,编制初步施工总进度计划。其次,按照流水施工与综合平衡的要求,检查总工期是否符合要求,资源使用是否均衡且供应是否能得到满足,调整进度计划。最后,编制正式的施工总进度计划。

2. 单位工程施工进度计划的编制步骤

单位工程施工进度计划是施工单位在既定施工方案的基础上,根据规定的工期和各种资源供应条件,对单位工程中的各分部分项工程的施工顺序、施工起止时间及衔接关系进行合理安排。

(1)确定对单位工程施工进度计划的要求

研究施工图、施工组织设计、施工总进度计划,调查施工条件,以确定对单位工程施工进度计划的要求。

(2)划分施工过程

任何项目都是由许多施工过程所组成的,施工过程是施工进度计划的基本组成单元。编制单位工程施工进度计划时,应按照图纸和施工顺序将拟建工程的各个施工过程列出,并结合施工方法、施工条件、劳动组织等因素,加以适当调整。施工过程的划分应考虑以下因素:

1)施工进度计划的性质和作用。一般来说,对规模大、工程复杂、工期长的建筑工程,编制控制性施工进度计划,施工过程划分可粗一些,综合性可大些,一般可按分部工程划分施工过程,如开工前准备、打桩工程、基础工程、主体结构工程等。

对中小型建筑工程及工期不长的工程,编制实施性计划,其施工过程划分可细一些、具体些,要求每个分部工程所包括的主要分项工程均一一列出,使之起到指导施工的作用。

2)施工方案及工程结构。不同的结构体系,其施工过程划分及其内容也各不相同。

3)结构性质及劳动组织。施工过程的划分与施工班组的组织形式有关,如玻璃与油漆的施工,如果是单一工种组成的施工班组,可以划分为玻璃、油漆两个施工过程;同时为了组织流水施工的方便或需要,也可合并成一个施工过程,这时施工班组是由多工种混合的混合班组。

4)对施工过程进行适当合并,达到简明清晰。将一些次要的、穿插性的施工过程合并到主要施工过程中去,将一些虽然重要但是工程量不大的施工过程与相邻的施工过程合并,同一时期由同一工种施工的施工项目也可以合并在一起,将一些关系比较密切、不容易分出先后的施工过程进行合并。

5)设备安装应单独列项。民用建筑的水、暖、煤、卫、电等房屋设备安装是建筑工程的重要组成部分,应单独列项;工业厂房的各种机电等设备安装也要单独列项。

6)明确施工过程对施工进度的影响程度。有些施工过程直接在拟建工程上进行作业,施工所占用的时间、资源,对工程的完成与否起着决定性的作用。它在条件允许的情况下,可以缩短或延长工期。这类施工过程必须列入施工进度计划,如砌筑、安装、混凝土的养护等。另外有些施工过程不占用拟建工程的工作面,虽需要一定的时间和消耗一定的资源,但不占用工期,所以不列入施工进度计划,如构件制作和运输等。

(3)编排合理的施工顺序

施工顺序一般按照所选的施工方法和施工机械的要求来确定。设计施工顺序时,必须根据工程的特点、技术上和组织上的要求以及施工方案等进行研究。

(4)计算各施工过程的工程量

施工过程确定之后,应根据施工图纸、有关工程量计算规则及相应的施工方法,分别计算各个施工过程的工程量。

(5)确定劳动量和机械需用量及持续时间

根据计算的工程量和实际采用的施工定额水平,即可进行劳动量和机械台班量的计算。

(6)编排施工进度计划

编制施工进度计划可使用网络计划图,也可使用横道计划图。

施工进度计划初步方案编制后,应检查各施工过程之间的施工顺序是否合理、工期是否满足要求、劳动力等资源需要量是否均衡,然后再进行调整,正式形成施工进度计划。

(7)编制劳动力和物资计划

有了施工进度计划后,还需要编制劳动力和物资需用量计划,附于施工进度计划之后。

三、建筑工程进度计划的表示方法

建筑工程进度计划的表示方法有多种,常用的有横道图和网络图两类。

1. 横道图

横道图进度计划法是传统的进度计划方法,横道计划图是按时间坐标绘出的,横向线条表示工程各工序的施工起止时间先后顺序,整个计划由一系列横道线组成。横道图计划表中的进度线(横道)与时间坐标相对应,简单易懂,在相对简单、短期的项目中,横道图都得到了最广泛的运用,如图 3-3 所示。

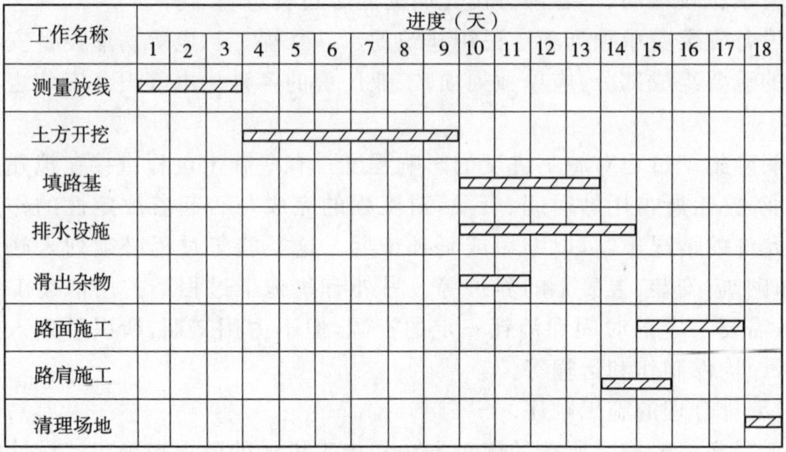

工作名称	进度(天)																	
	1	2	3	4	5	6	7	8	9	10	11	12	13	14	15	16	17	18
测量放线	▨	▨	▨															
土方开挖				▨	▨	▨	▨	▨	▨									
填路基										▨	▨	▨	▨					
排水设施										▨	▨	▨	▨					
滑出杂物										▨	▨							
路面施工														▨	▨	▨		
路肩施工														▨	▨			
清理场地																		▨

图 3-3 某项目施工进度横道图计划

横道图进度计划法的优点是比较容易编辑、简单、明了、直观、易懂;结合时间坐标,各项工作的起止时间、作业时间、工作进度、总工期都能一目了然;流水情况表示得清清楚楚。

但是,作为一种计划管理的工具,横道图也有它的不足之处。首先,不容易看出工作之间的相互依赖、相互制约的关系;其次,反映不出哪些工作决定了总工期,更看不出各工作分别有无伸缩余地(机动时间),有多大的伸缩余地;再次,由于它不是一个数学模型,不能实现定量分析,无法分析工作之间相互制约的数量关系;最后横道图不能在执行情况偏离原定计划时,迅速而简单地进行调整和控制,更无法实行多方案的优选。

横道图的编制程序如下:
(1)将构成整个工程的全部分项工程纵向排列填入表中。
(2)横轴表示可能利用的工期。
(3)分别计算所有分项工程施工所需要的时间。
(4)如果在工期内能完成整个工程,则将第(3)项所计算出来的各分项工程所需工期安排在图表上,编排出日程表。这个日程的分配是为了要在预定的工期内完成整个工程,对各分项工程的所需时间和施工日期进行试算分配。

2. 网络图

网络图是由箭线和节点组成,用来表示一项工程或任务进行顺序的有向、有序的网状网线。在网络图上加注工作的时间参数,就形成了网络形式的进度计划。一般网络计划技术的网络图,有双代号网络图和单代号网络图两种。

(1)双代号网络图

用一个箭线表示一个施工过程,施工过程名称写在箭线上面,施工持续时间写在箭线下面,箭尾表示施工过程开始,箭头表示施工过程结束。在箭线的两端分别画一个圆圈作为节点,并在节点内进行编号,用箭尾节点号码 i 和箭头节点号码 j 作为这个施工过程的代号,如图 3-4 所示。由于各施工过程均用两个代号表示,所以称为双代号表示方法。用这种表示方法把一项计划中的所有施工过程按先后顺序及其相互之间的逻辑关系,从左到右绘制成的网状图形,就称为双代号网络图,如图 3-5 所示。

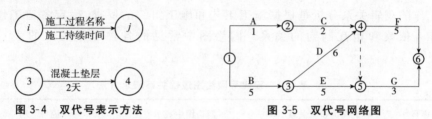

图 3-4　双代号表示方法　　　　图 3-5　双代号网络图

(2)双代号网络图的组成

双代号网络图是由工作、节点和路线三个要素组成的。

1)工作。工作也称过程、活动、工序,是指工程计划任务按需要粗细程度划分而成的子项目或子工序。工作通常分为三种:既消耗时间又消耗资源的工作(如绑扎钢筋、浇筑钢筋混凝土);只消耗时间而不消耗资源的工作(如钢筋混凝土养护、油漆干燥);既不消耗时间也不消耗资源的工作。在工程实际中,前两项工作是实际存在的,通常称为实工作。后一种认为是虚设的,只表示相邻前后工作之间的逻辑关系,通常称为虚工作,如图 3-6 所示。

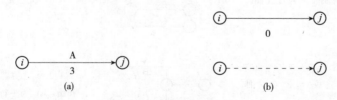

图 3-6　工作的表示方法
(a)实工作;(b)虚工作

2)节点。网络图中的圆圈表示工作之间的联系,在网络图上称为节点。在时间上它表示指向某节点的工作全部完成后,该节点后面的工作才能开始,所以节点也称为事件,它反映前后工作交接过程的出现。在网络图中,节点不同于工作,它只标志着工作的结束和开始的瞬间,具有承上启下的衔接作用,而不需要消耗时间和资源。

3)线路。线路又称路线。网络图中从起点节点开始,沿箭线方向连续通过一系列箭线与节点,最后到达终点节点所经过的通路,称为线路。

每一条线路都有自己确定的完成时间,它等于该线路上各项工作持续时间的总和,称为线路时间。网络图中线路时间最长的线路称为关键线路,其线路时间代表整个网络图的计算总工期。关键线路至少有一条,并以粗箭线或双箭线表示。关键线路上的工作都是关键工作,关键工作都没有时间储备。

(3)双代号网络图的逻辑关系

逻辑关系就是各工作在进行作业时,客观上存在的一种先后顺序关系。工作的逻辑关系分析是根据施工工艺和施工组织的要求,确定各道工作之间相互依赖和相互制约的关系。网络图中常见的各种工作关系的表示方法见表3-1。

表3-1 双代号网络图逻辑关系表示方法

序号	工作之间的逻辑关系	网格图中表示方法	说明
1	有A、B两项工作按照依次施工方式进行		B工作依赖着A工作,A工作约束着B工作的开始
2	有A、B、C三项工作同时开始工作		A、B、C三项工作称为平行工作
3	有A、B、C三项工作同时结束		A、B、C三项工作称为平行工作
4	有A、B、C三项工作只有在A完成后,B、C才能开始		A工作制约着B、C工作的开始,B、C为平行工作
5	有A、B、C三项工作,C工作只有在A、B完成后才能开始		C工作依赖着A、B工作,A、B为平行工作

(续)

序号	工作之间的逻辑关系	网格图中表示方法	说明
6	有 A、B、C、D 四项工作，只有当 A、B 完成后 C、D 才能开始		通过中间事件正确地表达了 A、B、C、D 之间的关系
7	有 A、B、C、D 四项工作 A 完成后 C 才能开始，A、B 完成后 D 才能开始		D 与 A 之间引入了逻辑连接（虚工作）只有这样才能正确表达它们之间的约束关系
8	有 A、B、C、D、E 五项工作，A、B 完成后 C 开始，B、D 完成后 E 开始		虚工作 ij 反映出 C 工作受到 B 工作的约束；虚工作 ik 反映出 E 工作受到 B 工作的约束
9	有 A、B、C、D、E 五项工作，A、B、C 完成后 D 才能开始，B、D 完成后 E 才能开始		这是前面序号 1、5 情况通过虚工作连接起来，虚工作表示 D 工作受到 B、C 工作制约
10	A、B 两项工作分三个施工段，平行施工		每个工种工程建立专业工作队，在每个施工段上进行流水作业，不同工种之间用逻辑搭接关系表示

(4) 双代号网络图的绘制原则

1) 网络图必须能正确表示各工序的逻辑关系。

2) 一张网络图中，起点节点和终点节点应是唯一的，即只允许有一个起点节点和一个终点节点。

3) 同一计划网络图中不允许出现编号相同的箭线，如图 3-7a 所示，正确的表达方法如图 3-7b 所示。

4) 网络图中不允许出现闭合回路。如图 3-8a 所示出现从某节点开始经过其他节点又回到原节点是错误的，正确的表示方法如图 3-8b 所示。

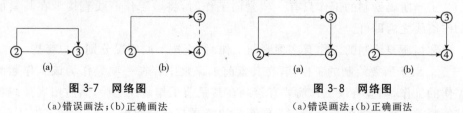

图 3-7 网络图　　　　　　　　　　图 3-8 网络图
(a) 错误画法；(b) 正确画法　　　　(a) 错误画法；(b) 正确画法

5)网络图中严禁出现双向箭头和无箭头的连线。图3-9所示为错误的表示方法。

6)网络图中严禁出现没有箭尾节点的箭线和没有箭头节点的箭线。图3-10所示为错误的画法。

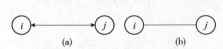

图3-9 错误的工作箭头画法

(a)双向箭头；(b)无箭头

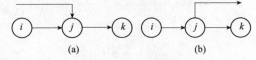

图3-10 错误的画法

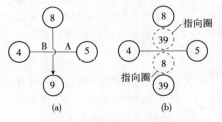

图3-11 箭头交叉的表示方法

(a)过桥法；(b)断线法

7)箭尾节点的编号应当小于箭头节点的编号，以防止出现闭合回路或逆向箭线。

8)当网络图中不可避免地出现箭线交叉时，应采用过桥法或断线法来表示。过桥法及断线法的表示如图3-11所示。

9)当网络图的开始节点有多条外向箭线或结束节点有多条内向箭线时，为使图形简洁，可用母线法表示。如图3-12所示。

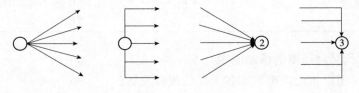

图3-12 母线法

(5)双代号网络图的绘图步骤

当已知每一项工作的紧前工作时，可按下述步骤绘制双代号网络计划图：

1)绘制没有紧前工作的工作箭线，使它们具有相同的开始节点。

2)从左至右依次绘制其他工作箭线。绘制工作箭线按下列原则进行：

①当所要绘制的工作只有一项紧前工作时，将该工作箭线直接画在其紧前工作箭线之后即可。

②当所要绘制的工作有多项紧前工作时，应按不同情况分别予以考虑。

a. 对于所要绘制的工作，若在其紧前工作之中存在一项只作为该工作紧前工作的工作，则应将该工作箭线直接画在其紧前工作箭线之后，然后用虚箭线将其他紧前工作的箭头节点与该工作箭线的箭尾节点分别相连。

b. 对于所要绘制的工作,若在其紧前工作之中存在多项只作为该工作紧前工作的工作,应先将这些紧前工作的箭头节点合并,再从合并的节点画出该工作箭线,最后用虚箭线将其他紧前工作的箭头节点与该工作箭线的箭尾节点分别相连。

c. 对于所要绘制的工作,若不存在上述两种情况,应判断该工作的所有紧前工作是否都同时作为其他工作的紧前工作。如果上述条件成立,应先将这些紧前工作箭线的箭头节点合并后,再从合并的节点开始画出该工作箭线。

d. 对于所要绘制的工作,若不存在前述情况,应将该工作箭线单独画在其紧前工作箭线之后的中部,然后用虚箭线将其紧前工作箭线的箭头节点与该工作箭线的箭尾节点分别相连。

③当各项工作箭线都绘制出来之后,应合并那些没有紧后工作的工作箭线的箭头节点,以保证网络图只有一个终点节点。

④当确认所绘制的网络图正确后,即可进行节点编号。当已知每一项工作的紧后工作时,绘制方法类似,只是其绘图的顺序由上述的从左向右改为从右向左。

(6)双代号网络计划时间参数的概念

所谓时间参数,是指网络计划、工作及节点所具有的各种时间值。网络计划的时间参数是确定工程计划工期、确定关键线路、关键工作的基础,也是判定非关键工作机动时间和进行优化、计划管理的依据。

时间参数计算应在各项工作的持续时间确定之后进行。双代号网络计划的时间参数主要有:

1)工作持续时间和工期。

①工作持续时间是指一项工作从开始到完成的时间。在双代号网络计划中,工作 i 持续时间用 D_{i-j} 表示。

②工期泛指完成一项任务所需要的时间。在网络计划中,工期一般有以下三种:

a. 计算工期。计算工期是根据网络计划时间参数计算而得到的工期,用 T_c 表示。

b. 要求工期。要求工期是任务委托人所提出的指令性工期,用 T_r 表示。

c. 计划工期。计划工期是指根据要求工期和计算工期所确定的作为实施目标的工期,用 T_p 表示。

当已规定了要求工期时,计划工期不应超过要求工期,即:

$$T_p \leqslant T_r \tag{3-1}$$

当未规定要求工期时,可令计划工期等于计算工期,即:

$$T_p = T_c \tag{3-2}$$

2)工作的六个时间参数。除工作持续时间外,网络计划中工作的六个时间参数是:最早开始时间、最早完成时间、最迟完成时间、最迟开始时间、总时差和自由时差。

①最早开始时间(ES_{i-j})和最早完成时间(ES_{i-j})。工作的最早开始时间是指在其所有紧前工作全部完成后,本工作有可能开始的最早时刻。工作的最早完成时间是指在其所有紧前工作全部完成后,本工作有可能完成的最早时刻。工作的最早完成时间等于本工作的最早开始时间与其持续时间之和。

在双代号网络计划中,工作 $i-j$ 的最早开始时间和最早完成时间分别用 ES_{i-j} 和 ES_{i-j} 表示。

②最迟完成时间(LF_{i-j})和最迟开始时间(LS_{i-j})。工作的最迟完成时间是指在不影响整个任务按期完成的前提下,本工作必须完成的最迟时刻。工作的最迟开始时间是指在不影响整个任务按期完成的前提下,本工作必须开始的最迟时刻。工作的最迟开始时间等于本工作的最迟完成时间与其持续时间之差。

在双代号网络计划中,工作 $i-j$ 的最迟完成时间和最迟开始时间分别用 LF_{i-j} 和 LS_{i-j} 表示。

③总时差(TF_{i-j})和自由时差(FF_{i-j})。工作的总时差是指在不影响总工期的前提下,本工作可以利用的机动时间。在双代号网络计划中,工作 $i-j$ 的总时差用 TF_{i-j} 表示。

工作的自由时差是指在不影响其紧后工作最早开始时间的前提下,本工作可以利用的机动时间。在双代号网络计划中,工作 $i-j$ 的自由时差用 FF_{i-j} 表示。

从总时差和自由时差的定义可知,对同一项工作而言,自由时差不会超过总时差。当工作的总时差为零时,其自由时差必然为零。

在网络计划的执行过程中,工作的自由时差是该工作可以自由使用的时间。

3)节点最早时间和最迟时间。

①节点最早时间(ET_i)。节点最早时间是指在双代号网络计划中,以该节点为开始节点的各项工作的最早开始时间。节点 i 的最早时间用 ET_i 表示。

②节点最迟时间(LT_j)。节点最迟时间是指在双代号网络计划中,以该节点为完成节点的各项工作的最迟完成时间。节点 j 的最迟时间用 LT_j 表示。

(7)双代号网络计划时间参数的计算

双代号网络计划时间参数的计算有按工作计算法和按节点计算法及标号法三种,下面分别予以说明。

1)按工作计算法计算时间参数。按工作计算法是指以网络计划中的工作为对象,直接计算各项工作的时间参数。为了简化计算,网络计划时间参数中的开始时间和完成时间都应以时间单位的终了时刻为标准。如第 4 天开始即是指第 4 天终了(下班)时刻开始,实际上是第 5 天上班时刻才开始;第 6 天完成即是指第 6 天终了(下班)时刻完成。

按工作计算法计算时间参数的过程如下:

① 计算工作的最早开始时间和最早完成时间。工作的最早开始时间是指其所有紧前工作全部完成后,本工作最早可能的开始时刻。工作的最早开始时间用 ES_{i-j} 表示。规定:工作的最早开始时间应从网络计划的起点节点开始,顺着箭线方向自左向右依次逐项计算,直到终点节点为止。必须先计算其紧前工作,然后再计算本工作。工作最早完成时间是工作最早开始时间加上工作持续时间所得到时间。

a. 网络计划起点节点为开始节点的工作,当未规定其最早开始时间时,其最早开始时间为零。

b. 工作的最早完成时间可利用下式进行计算:

$$EF_{i-j} = ES_{i-j} + D_{i-j} \tag{3-3}$$

c. 其他工作的最早开始时间应等于其紧前工作最早完成时间的最大值。

d. 网络计划的计算工期应等于以网络计划终点节点为完成节点的工作的最早完成时间的最大值。

② 确定网络计划的计划工期。

③ 计算工作的最迟完成时间和最迟开始时间。工作最迟完成时间和最迟开始时间的计算应从网络计划的终点节点开始,逆着箭线方向依次进行。其计算步骤如下:

a. 以网络计划终点节点为完成节点的工作,其最迟完成时间等于网络计划的计划工期。

$$LF_{i-n} = T_p \tag{3-4}$$

b. 工作的最迟开始时间可利用下式进行计算:

$$LS_{i-j} = LF_{i-j} - D_{i-j} \tag{3-5}$$

c. 其他工作的最迟完成时间应等于其紧后工作最迟开始时间的最小值。

④ 计算工作的总时差。工作的总时差等于该工作最迟完成时间与最早完成时间之差,或该工作最迟开始时间与最早开始时间之差。

⑤计算工作的自由时差。工作自由时差的计算应按以下两种情况分别考虑：

a. 对于有紧后工作的工作，其自由时差等于本工作紧后工作最早开始时间减去本工作最早完成时间所得差的最小值。

b. 对于无紧后工作的工作，也就是以网络计划终点节点为完成节点的工作，其自由时差等于计划工期与本工作最早完成时间之差。

需要指出的是，对于网络计划中以终点节点为完成节点的工作，其自由时差与总时差相等。此外，由于工作的自由时差是其总时差的构成部分，所以，当工作的总时差为零时，其自由时差必然为零，可不必进行专门计算。

⑥确定关键工作和关键线路。在网络计划中，总时差最小的工作为关键工作。特别地，当网络计划的计划工期等于计算工期时，总时差为零的工作就是关键工作。

找出关键工作之后，将这些关键工作首尾相连，便构成从起点节点到终点节点的通路，位于该通路上各项工作的持续时间总和最大，这条通路就是关键线路。在关键线路上可能有虚工作存在。

关键线路一般用粗箭线或双线箭线标出，也可以用彩色箭线标出。关键线路上各项工作的持续时间总和应等于网络计划的计算工期，这一特点也是判别关键线路是否正确的准则。

在上述计算过程中，标注方法是将每项工作的六个时间参数均标注在图中，故称为六时标注法。为使网络计划的图面更加简洁，在双代号网络计划中，除各项工作的持续时间以外，通常只需标注两个最基本的时间参数——各项工作的最早开始时间和最迟开始时间，而工作的其他四个时间参数（最早完成时间、最迟完成时间、总时差和自由时差）均可根据工作的最早开始时间、最迟开始时间及持续时间导出，这种方法称为二时标注法。

2）按节点计算法计算时间参数。所谓按节点计算法，就是先计算网络计划中各个节点的最早时间和最迟时间，然后再据此计算各项工作的时间参数和网络计划的计算工期。

下面是按节点计算法计算时间参数的过程。

①计算节点的最早时间。节点最早时间的计算应从网络计划的起点节点开始，顺着箭线方向依次进行。其计算步骤如下：

a. 网络计划起点节点，如未规定最早时间时，其值等于零。

b. 其他节点的最早时间应按下式进行计算：

$$ET_j = \max\{ET_i + D_{i-j}\} \tag{3-6}$$

c. 网络计划的计算工期等于网络计划终点节点的最早时间，即：

$$T_c = ET_n \tag{3-7}$$

式中：ET_n——网络计划终点节点 n 的最早时间。

②确定网络计划的计划工期。

计划工期应标注在终点节点的右上方。

③计算节点的最迟时间。节点最迟时间的计算应从网络计划的终点节点开始，逆着箭线方向依次进行。其计算步骤如下：

a. 网络计划终点节点的最迟时间等于网络计划的计划工期，即：

$$LT_n = T_p \tag{3-8}$$

b. 其他节点的最迟时间应按下式进行计算：

$$LT_i = min\{LT_j - D_{i-j}\} \tag{3-9}$$

④根据节点的最早时间和最迟时间判定工作的 6 个时间参数。

a. 工作的最早开始时间等于该工作开始节点的最早时间。

b. 工作的最早完成时间等于该工作开始节点的最早时间与其持续时间之和。

c. 工作的最迟完成时间等于该工作完成节点的最迟时间，即：

$$LF_{i-j} = LT_j \tag{3-10}$$

d. 工作的最迟开始时间等于该工作完成节点的最迟时间与其持续时间之差，即：

$$LS_{i-j} = LT_j - D_{i-j} \tag{3-11}$$

e. 工作的总时差可按下式进行计算：

$$TF_{i-j} = LF_{i-j} - EF_{i-j} = LF_j - (ET_i + D_{i-j}) \tag{3-12}$$

由上式可知，工作的总时差等于该工作完成节点的最迟时间减去该工作开始节点的最早时间所得差值再减去其持续时间。

f. 工作的自由时差等于该工作完成节点的最早时间减去该工作开始节点的最早时间所得差值再减去其持续时间。

特别需要注意的是，如果本工作与其各紧后工作之间存在虚工作时，其中的 ET_j 应为本工作紧后工作开始节点的最早时间，而不是本工作完成节点的最早时间。

⑤确定关键线路和关键工作。在双代号网络计划中，关键线路上的节点称为关键节点。关键工作两端的节点必为关键节点，但两端为关键节点的工作不一定是关键工作。关键节点的最迟时间与最早时间的差值最小。特别地，当网络计划的计划工期等于计算工期时，关键节点的最早时间与最迟时间必然

相等。关键节点必然处在关键线路上,但由关键节点组成的线路不一定是关键线路。

当利用关键节点判别关键线路和关键工作时,还要满足如下判别式:
$$ET_i + D_{i-j} = ET_j \tag{3-13}$$
或
$$LT_i + D_{i-j} = LT_j \tag{3-14}$$

如果两个关键节点之间的工作符合上述判别式,则该工作必然为关键工作,它应该在关键线路上,否则,该工作就不是关键工作,关键线路也就不会从此处通过。

⑥关键节点的特性。在双代号网络计划中,当计划工期等于计算工期时,关键节点具有以下一些特性,掌握好这些特性,有助于确定工作的时间参数。

a. 开始节点和完成节点均为关键节点的工作,不一定是关键工作。

b. 以关键节点为完成节点的工作,其总时差和自由时差必然相等。

c. 当两个关键节点间有多项工作,且工作间的非关键节点无其他内向箭线和外向箭线时,两个关键节点间各项工作的总时差均相等。在这些工作中,除以关键节点为完成的节点的工作自由时差等于总时差外,其余工作的自由时差均为零。

d. 当两个关键节点间有多项工作,且工作间的非关键节点有外向箭线而无其他内向箭线时,两个关键节点间各项工作的总时差不一定相等。在这些工作中,除以关键节点为完成的节点的工作自由时差等于总时差外,其余工作的自由时差均为零。

3)标号法。标号法是一种快速寻求网络计算工期和关键线路的方法。它利用按节点计算法的基本原理,对网络计划中的每一个节点进行标号,然后利用标号值确定网络计划的计算工期和关键线路。

下面是标号法的计算过程:

①网络计划起点节点的标号值为零。

②其他节点的标号值应根据下式按节点编号从小到大的顺序逐个进行计算:
$$b_j = \max\{b_i + D_{i-j}\} \tag{3-15}$$

当计算出节点的标号值后,应该用其标号值及其源节点对该节点进行双标号。所谓源节点,就是用来确定本节点标号值的节点。如果源节点有多个,应将所有源节点标出。

③网络计划的计算工期就是网络计划终点节点的标号值。

④关键线路应从网络计划的终点节点开始,逆着箭线方向按源节点确定。

(8)双代号时标网络计划

双代号时标网络计划是以时间坐标为尺度编制的网络计划,时标网络计划中应以实箭线表示工作,以虚箭线表示虚工作,以波形线表示工作的自由时差。

时标网络计划既具有网络计划的优点,又具有横道计划直观易懂的优点,它能将网络计划的时间参数直观地表达出来。

1)双代号时标网络计划的特点。双代号时标网络计划是以水平时间坐标为尺度编制的双代号网络计划,其主要特点如下:

①时标网络计划兼有网络计划与横道计划的优点,它能够清楚地表明计划的时间进程,使用方便。

②时标网络计划能在图上直接显示出各项工作的开始与完成时间、工作的自由时差及关键线路。

③在时标网络计划中可以统计每一个单位时间对资源的需要量,以便进行资源优化和调整。

④由于箭线受到时间坐标的限制,当情况发生变化时,对网络计划的修改比较麻烦,往往要重新绘图。

2)双代号时标网络计划的一般规定。

①双代号时标网络计划必须以水平时间坐标为尺度表示工作时间。时标的时间单位应根据需要在编制网络计划之前确定,可为时、天、周、月或季。

②时标网络计划中所有符号在时间坐标上的水平投影位置,都必须与其时间参数相对应。节点中心必须对准相应的时标位置。

③时标网络计划中虚工作必须以垂直方向的虚箭线表示,有自由时差时加波形线表示。

3)时标网络计划的编制方法。

①时标网络计划宜按各个工作的最早开始时间编制。

②在编制时标网络计划之前,应先按已经确定的时间单位绘制时标网络计划表。时间坐标可以标注在时标网络计划表的顶部或底部,也可以在时标网络计划表的顶部和底部同时标注时间坐标。

③编制时标网络计划时应先绘制无时标的网络计划草图,然后按间接绘制法或直接绘制法进行编制。

4)双代号时标网络计划绘制示例

现以图 3-13 所示的网络计划为例,将其按最早开始时间画成时标网络计划,如图 3-14 所示。

将图 3-13 按最迟开始时间画成时标网络计划,如图 3-15 所示。

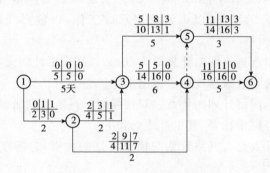

图 3-13 非时标网络计划

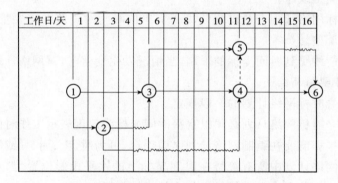

图 3-14 按最早时间绘制的时标网络计划

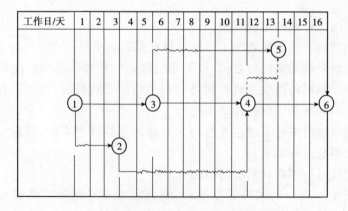

图 3-15 按最迟时间绘制的时标网络计划

第三节 建筑工程项目进度计划的实施与检查

施工项目进度计划的实施就是用施工进度计划指导施工活动,落实和完成计划,保证各进度目标的实现。

施工项目的施工进度计划应通过编制年、季、月、旬、周施工进度计划并应逐级落实,最终通过施工任务书或将计划目标层层分解、层层签订承包合同,明确施工任务、技术措施、质量要求等,由施工班组来实施。

一、施工项目进度计划实施的主要工作

施工项目进度计划的实施要做好以下几项工作:

1. 编制月(旬)作业计划和施工任务书

月(旬)作业计划除依据施工进度计划编制外,还应依据现场情况及月(旬)的具体要求编制。月(旬)计划以贯彻执行施工进度计划、明确当期任务及满足作业要求为前提。

施工任务书是一份计划文件,也是一份核算文件,又是原始记录,它把作业计划下达到班组进行责任承包,并将计划执行与技术管理、质量管理、成本核算、原始记录、资源管理等融合为一体,是计划与作业的联结纽带。

实际施工作业时是按月(旬)作业计划和施工任务书执行,故应认真进行编制。

2. 签发施工任务书

将每项具体任务通过签发施工任务书向班组下达。

3. 做好记录、掌握现场施工实际情况

在施工中,如实记载每项工作的开始日期、工作进程和结束日期,可为计划实施的检查、分析、调整、总结提供原始资料。要求跟踪记录,如实记录,并借助图表形成记录文件。

4. 做好调度工作

调度工作主要对进度控制起协调作用。协调配合关系,排除施工中出现的各种矛盾,克服薄弱环节,实现动态平衡。调度工作的内容包括:检查作业计划执行中的问题,找出原因,并采取措施解决;督促供应单位按进度要求供应资源;控制施工现场临时设施的使用;按计划进行作业条件准备;传达决策人员的决策意图;发布调度令等。要求调度工作做得及时、灵活、准确、果断。

二、施工任务书和调度工作

贯彻施工作业计划的有力手段是抓好施工任务书和生产调度工作。

1. 施工任务书

施工任务书是向班组贯彻施工作业计划的有效形式,也是企业实行定额管理、贯彻按劳分配,实行班组经济核算的主要依据。通过施工任务书,可以把企业生产、技术、质量、安全、降低成本等各项技术经济指标分解为小组指标落实到班组和个人,使企业各项指标的完成同班组和个人的日常工作和物质利益紧密连在一起,达到多快好省和按劳分配的要求。

(1) 施工任务书的内容

施工任务书的形式很多,一般包括下列内容:

1) 施工任务书是班组进行施工的主要依据,内容有项目名称、工程量、劳动定额、计划工数、开竣工日期、质量及安全要求等,如表3-2。

表3-2 施工任务书

执行单位_____班　　　　签发日期:

单位工程名称_____　　开工时间:　　　　竣工时间:

分项工程名称或工作内容	单位	计划				实际完成		
		工程量	定额编号	时间定额	定额工日	工程量	耗用工日	完成定额/%
1								
2								
3								
4								
质量及安全要求		质量评定			安全评定		限额领料	

签发:　　　　定额员:　　　　工长:

2) 小组记工单是班组的考勤记录,也是班组分配计件工资或奖励工资的依据。

3) 限额领料卡是班组完成任务所必需的材料限额,是班组领、退材料和节约材料的凭证,如表3-3。

(2) 施工任务书的管理内容

1) 签发施工任务书:签发施工任务书包括以下步骤:

① 工长根据月或旬施工作业计划,负责填写施工任务书中的执行单位、单位工程名称、分项工程名称(工作内容)、计划工程量、质量及安全要求等。

② 定额员根据劳动定额、填写定额编号、时间定额并计算所需工日。

③ 材料员根据材料消耗定额或施工预算填写限额领料卡。

第三章 建筑工程项目进度管理

表 3-3 限额领料卡

材料名称	规格	计量单位	单位用量	限额用量		领料记录						退料数量	执行情况		
				按计划工程量	按实际工程量	第一次		第二次		第三次			实际耗用量	节约或浪费（+、-）	其中:返工损失
						日/月	数量	日/月	数量	日/月	数量				

④施工队长审批并签发。

2) 执行:施工任务书签发后,技术员会同工长负责向班组进行技术、质量、安全等方面的交底;班组长组织全班讨论,制定完成任务的措施。在施工过程中,各管理部门要努力为班组完成任务创造条件,班组考勤员和材料员必须及时准确地记录用工用料情况。

3) 验收:班组完成任务后,施工队组织有关人员进行验收。工长负责验收完成工程量;质检员和安全员负责评定工程质量和安全并签署意见;材料员核定领料情况并签署意见;定额员将验收后的施工任务书回收登记,并计算实际完成定额的百分比,交劳资员作为班组计件工资结算的依据。

2. 生产的调度工作

生产的调度工作是落实作业计划的一个有力措施,通过调度工作及时解决施工中已发生的各种问题,并预防可能发生的问题。另外,通过调度工作也对作业计划不准确的地方给予补充,实际是对作业计划的不断调整。

(1) 调度工作的主要内容

1) 督促检查施工准备工作。

2) 检查和调节劳动力和物资供应工作。

3) 检查和调节现场平面管理。

4) 检查和处理总、分包协作配合关系。

5) 掌握气象、供电、供水等情况。

6) 及时发现施工过程中的各种故障,调节生产中的各个薄弱环节。

(2) 调度工作的原则和方法

1) 调度工作是建立在施工作业计划和施工组织设计的基础上,调度部门无权改变作业计划的内容。但在遇到特殊情况无法执行原计划时,可通过一定的批准手续,经技术部门同意,按下列原则进行调度:

①一般工程服从于重点工程和竣工工程。

②交用期限迟的工程服从于交用期限早的工程。

③小型或结构简单的工程服从于大型或结构复杂的工程。

2) 调度工作必须做到准确及时、严肃、果断。

3) 搞好调度工作,关键在于深入现场,掌握第一手资料,细致地了解各个施工具体环节,针对问题,研究对策,进行调度。

4) 除了危及工程质量和安全行为应当机立断随时纠正或制止外,对于其他方面的问题,一般应采取班组长碰头会进行讨论解决。

三、建筑工程项目进度计划的检查

在建筑工程项目施工进度计划的实施过程中,由于各种因素的影响,原始计划的安排常常会被打乱而出现进度偏差。因此,在进度计划执行一段时间后,必须对执行情况进行动态检查,并分析进度偏差产生的原因,以便为进度计划的调整提供必要的信息。

1. **进度计划检查的内容**

进度计划检查应按统计周期的规定进行定期检查;应根据需要进行不定期检查。进度计划的定期检查包括规定的年、季、月、旬、日检查。不定期检查是指根据需要由检查人(或组织)确定的专题(项)检查。

进度计划的检查应包括下列内容:工程量的完成情况;工作时间的执行情况;资源使用及与进度的匹配情况;上次检查提出问题的处理情况。除此之外,还可以根据需要由检查者确定其他检查内容。

2. **进度计划检查的方法**

进度计划的检查方法主要是对比法,即通过实际进度与计划进度对比,发现偏差,进行调整或修改计划。常用的检查比较方法有利用横道计划检查、利用前锋线进行检查和利用香蕉形曲线检查等。

(1) 利用横道计划检查

利用横道计划检查就是将在项目实施中针对工作任务检查实际进度搜集的信息,经整理后直接用横道线并列标于原计划的横道处,进行直观比较的方法,如图3-16所示。图3-16中,细线是计划进度,粗线是实际进度。通过这种比较,管理人员能很清晰和方便地分析实际进度与计划进度的偏差,从而完成进度控制中一项重要的工作。

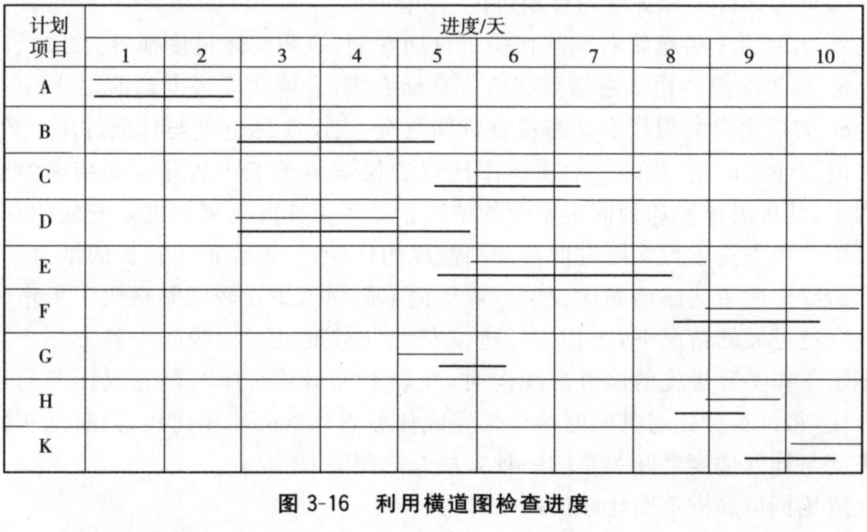

计划项目	进度/天									
	1	2	3	4	5	6	7	8	9	10
A										
B										
C										
D										
E										
F										
G										
H										
K										

图 3-16 利用横道图检查进度

利用横道图检查进度时,实际进度可用持续时间或任务完成量的累计百分比表示。但由于图中进度横道线一般只表示工作的开始时间、持续天数和完成时间,并不表示计划完成量和实际完成量。所以在实际工作中要根据工作任务的性质分别考虑。工作进展有两种情况:一是工作任务是匀速进行的,即工作任务在各单位时间内完成的任务量都是相等的;二是工作任务的进展速度是变化的,即工作任务在各单位时间内完成的任务量是不相等的。因此,根据工程项目中各项工作的进展是否匀速,可分别采用以下几种方法进行实际进度与计划进度的比较。

1)均匀进展横道图比较法。匀速进展是指施工项目实施过程中,每项工作的施工进展速度都是匀速的,即在单位时间内完成的任务量都是相等的,累计完成的任务量与时间成直线变化。匀速进度横道图比较法的步骤如下:

①根据横道图进度计划,分别描述当前各项工作任务的计划状况。

②在每一个工作任务的计划线上标出检查日期。

③将检查搜集的实际进度数据,按比例用涂黑粗线标于计划进度线的下方,如图3-17所示。

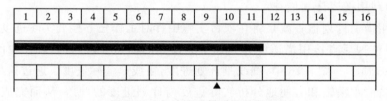

图 3-17 匀速进展横道图比较图

④对比分析实际进度与计划进度:

a. 如果涂黑的粗线右端落在检查日期左侧,表明实际进度拖后。

b. 如果涂黑的粗线右端落在检查日期右侧,表明实际进度超前。

c. 如果涂黑的粗线右端与检查日期重合,表明实际进度与计划进度一致。

需要注意的是,均匀进展横道图比较法仅适用于工作从开始到结束的整个过程中,其进展速度均为固定不变的情况。如果工作的进展速度是变化的,则不能采用这种方法进行实际进度与计划进度的比较,否则会得出错误的结论。

2)双比例单侧横道图比较法。双比例单侧横道图比较法是适用于工作的进度按变速进展的情况下,工作实际进度与计划进度进行比较的一种方法。它是在表示工作实际进度的涂黑粗线同时,在表上标出某对应时刻完成任务的累计百分比,将该百分比与其同时刻计划完成任务累计百分比相比较,判断工作的实际进度与计划进度之间关系的一种方法。如图3-18所示。

双比例单侧横道图比较法的步骤为:

第三章 建筑工程项目进度管理

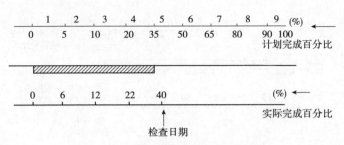

图 3-18 双比例单侧横道图比较法

①编制横道图进度计划。

②在横道线上方标出各工作主要时间的计划完成任务累计百分比。

③在计划横道线的下方标出工作的相应日期实际完成的任务累计百分比。

④用涂黑粗线标出实际进度线,并从开工日标出,同时反映施工过程中工作的连续与间断情况。若实际进度横道线的起点在计划横道线起点的右侧,表示实际晚开工,两端点之间的差距表示实际晚开工的时间。

⑤对照横道线上方计划完成累计量与同时间的下方实际完成累计量,比较实际进度与计划进度的偏差:当同一时刻上下两个累计百分比相等,表明实际进度与计划进度一致;当同一时刻计划累计百分比大于实际累计百分比,表明该时刻实际施工进度拖后,拖后的量为两者之差;当同一时刻计划累计百分比小于实际累计百分比,表明该时刻实际施工进度超前,超前的量为两者之差。

这种比较法不仅适合于施工速度变化情况下的进度比较,同时除找出检查日期进度比较情况外还能提供某一指定时间两者比较情况的信息。

3)双比例双侧横道图比较法。双比例双侧横道图比较法同样适用于工作进度按变速进展的情况,它是将表示工作实际进度的涂黑粗线(或其他填实图案线),按检查的期间和任务完成量的百分比交替绘制在计划横道线的上下两侧,其长度表示该时间内完成的任务量,在进度线的上方、下方分别标出计划任务完成累计百分比、实际任务完成累计百分比。通过上下相对的百分比相比较,判断该工作任务的实际进度与计划进度之间的关系,如图 3-19 所示。

双比例双侧横道图比较法的步骤为:

①编制横道图进度计划表。

②在横道图上方标出各工作主要时间的计划完成任务累计百分比。

③在计划横道线的下方标出工作相对应日期实际完成任务累计百分比。

④用粗线依次在横道线上方和下方交替绘制每次检查实际完成的百分比。

⑤比较实际进度与计划进度。实际结果同样有双比例单侧横道图比较法结果的三种情况。

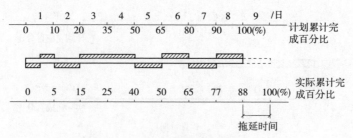

图 3-19 双比例双侧横道图比较法

匀速进展横道图比较法可用持续时间或任务完成量来进行实际进度与计划进度的比较,而双比例单侧与双比例双侧横道图比较法则主要用任务完成量来实现实际进度与计划进度的比较。

(2)利用前锋线进行检查

施工项目的进度计划用时标网络计划表达时,还可以采用前锋线比较法进行实际进度与计划进度的比较。前锋线比较法是通过绘制某检查时刻工程项目实际进度前锋线,进行工程实际进度与计划进度比较的方法,它主要适用于时标网络计划。

前锋线比较法是从计划检查时间的坐标点出发,用点画线依次连接各项工作的实际进度点,最后到计划检查时间的坐标点为止,形成前锋线,按前锋线与工作箭线交点的位置判定施工实际进度与计划进度偏差。简言之,前锋线法是通过施工项目实际进度前锋线,判定施工实际进度与计划进度偏差的方法。

采用前锋线比较法进行实际进度与计划进度的比较,其步骤如下:

1)绘制时标网络计划图

工程项目实际进度前锋线是在时标网络计划图上标示,为清楚起见,可在时标网络计划图的上方和下方各设一时间坐标。

2)绘制实际进度前锋线

一般从时标网络计划图上方时间坐标的检查日期开始绘制,依次连接相邻工作的实际进展位置点,最后与时标网络计划图下方坐标的检查日期相连接。

工作实际进展位置点的标定方法有两种:

①按该工作已完成任务量比例进行标定。

②按尚需作业时间进行标定。

例如,某工程项目时标网络计划执行到第 5 周末检查实际进度时,发现工作 B 已进行了 1 周,工作 C 尚需 1 周完成,工作 D 刚刚开始,绘制前锋线如图 3-20 所示。

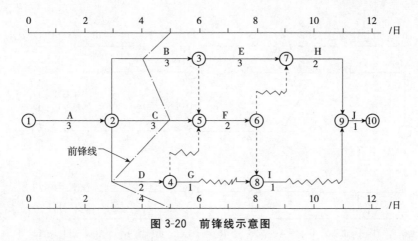

图 3-20 前锋线示意图

3）进行实际进度与计划进度的比较

前锋线可以直观地反映出检查日期有关工作实际进度与计划进度之间的关系。对某项工作来说，其实际进度与计划进度之间的关系可能存在以下情况：

①工作实际进展位置点落在检查日期的左侧（右侧），表明该工作实际进度拖后（超前），拖后（超前）的时间为两者之差。

②工作实际进展位置点与检查日期重合，表明该工作实际进度与计划进度一致。

4）预测进度偏差对后续工作及总工期的影响

通过实际进度与计划进度的比较确定进度偏差后，还可根据工作的自由时差和总时差预测该进度偏差对后续工作及项目总工期的影响。由此可见，前锋线比较法既适用于工作实际进度与计划进度之间的局部比较，又可用来分析和预测工程项目整体进度状况。

值得注意的是，以上比较是针对匀速进展的工作。对于非匀速进展的工作，比较方法较复杂，此处不赘述。

【例 3-1】 某分部工程施工网络计划如图 3-21 所示，在第 4 天下班时检查实际进度时，发现 C 工作尚需 2 天完成，D 工作完成了计划任务量的 25%，E 工作已全部完成，试用前锋线法进行实际进度与计划进度的比较。

【解】：根据第 4 天实际进度的检查结果绘制前锋线，如图 3-21 所示点画线，通过比较可以看出：

（1）工作 C 实际进度拖后 1 天，其总时差和自由时差均为 2 天，既不影响总工期，也不影响其后续工作的正常进行。

（2）工作 D 实际进度与计划进度相同，对总工期和后续工作均无影响。

（3）工作 E 实际进度提前 1 天，对总工期无影响，将使其后续工作 F、I 的最

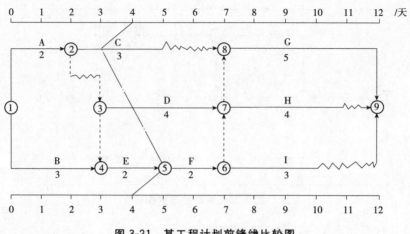

图 3-21 某工程计划前锋线比较图

早开始时间提前 1 天。

综上所述,该检查时刻各工作的实际进度对总工期无影响,将使工作 F、I 的最早开始时间提前 1 天。

(3)利用香蕉形曲线检查

香蕉形曲线是根据计划绘制的累计完成数量与时间对应关系的轨迹,如图 3-22 所示。A 线是按最早时间绘制的计划曲线,B 线是按最迟时间绘制的计划曲线,P 线是实际进度记录线。由于 A 线与 B 线构成香蕉状,因此称为香蕉形曲线。

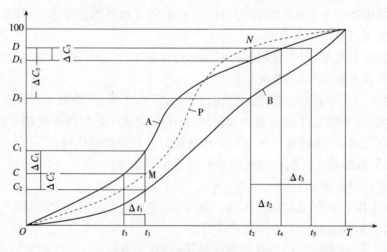

图 3-22 用香蕉形曲线检查进度

利用香蕉形曲线进行检查的方法是：当计划进行到时间 t_1 时,实际完成数量记录在 M 点。这个进度比最早时间计划曲线 A 的要求少完成 $\Delta C_1 = OC_1 - OC$；比最迟时间计划曲线 B 的要求多完成 $\Delta C_2 = OC - OC_2$；由于它的进度比最迟时间要求提前,因此不会影响总工期。同理可分析 t_2 时间的进度状况。

第四节 建筑工程项目进度计划的调整

在计划执行过程中,由于组织、管理、经济、技术、资源、环境和自然条件等因素的影响,往往会造成实际进度与计划进度产生偏差,如果偏差不能及时纠正,必将影响进度目标的实现。因此,在计划执行过程中采取相应措施来进行管理,对保证计划目标的顺利实现具有重要意义。

一、建筑工程项目进度计划调整流程

在建筑工程项目进度实施过程中,一旦发现实际进度偏离计划进度,即出现进度偏差,必须认真分析产生偏差的原因及其对后续工作和总工期的影响,要采取合理、有效的纠偏措施对进度计划进行调整,确保进度总目标的实现。建筑工程进度计划调整的流程为：出现进度偏差→分析进度偏差产生的原因→分析进度偏差对后续工作和总工期的影响→采取纠偏措施调整进度计划→实施调整后的进度计划。

1. 分析进度偏差产生的原因

通过建筑工程项目实际进度与计划进度的比较,发现进度偏差,为了采取有效的纠偏措施调整进度计划,必须进行深入而细致的调查,分析产生进度偏差的原因。

2. 分析进度偏差对后续工作和总工期的影响

当查明进度偏差产生的原因之后,要进一步分析进度偏差对后续工作和总工期的影响程度,以确定是否应采取措施进行纠偏。分析的方法为：

(1)分析出现进度偏差的工作是否为关键工作

若出现偏差的工作是关键工作,则无论偏差大小,都对后续工作及总工期产生影响,必须采取相应的调整措施；若出现偏差的工作不是关键工作,需要根据偏差值与总时差和自由时差的大小关系,确定对后续工作和总工期的影响程度。

(2)分析进度偏差是否大于总时差

若工作的进度偏差大于该工作的总时差,说明此偏差必将影响后续工作和总工期,必须采取相应的调整措施。若工作的进度偏差小于或等于该工作的总时差,说明此偏差对总工期无影响,但它对后续工作的影响程度,需要根据比较

偏差与自由时差的情况来确定。

（3）分析进度偏差是否大于自由时差

若工作的进度偏差大于该工作的自由时差，说明此偏差对后续工作产生影响，应该如何调整，应根据后续工作允许影响的程度而定。若工作的进度偏差小于或等于该工作的自由时差，则说明此偏差对后续工作无影响，因此，原进度计划可以不作调整。

3. 采取纠偏措施调整进度计划

采取纠偏措施调整进度计划，应以后续工作和总工期的限制条件为依据，确保要求的进度目标得以实现。

4. 实施调整后的进度计划

进度计划调整之后，应执行调整后的进度计划，并继续检查其执行情况，进行实际进度与计划进度的比较，不断循环此过程。

二、建筑工程项目进度计划的调整方法

在建筑工程项目实施过程中，当通过实际进度与计划进度的比较，发现有进度偏差时，需要分析该偏差对后续工作及总工期的影响，从而采取相应的调整措施对原进度计划进行调整。调整的内容为：调整关键线路的长度、调整非关键工作时差、增减工作项目、调整逻辑关系、重新估计某些工作的持续时间、对资源的投入作相应调整。

1. 调整关键线路的方法

（1）当关键线路的实际进度比计划进度拖后时，应在尚未完成的关键工作中，选择资源强度小或费用低的工作缩短其持续时间，并重新计算未完成部分的时间参数，将其作为一个新计划实施。

（2）当关键线路的实际进度比计划进度提前时，若不拟提前工期，应选用资源占用量大或者直接费用高的后续关键工作，适当延长其持续时间，以降低其资源强度或费用；当确定要提前完成计划时，应将计划尚未完成的部分作为一个新计划，重新确定关键工作的持续时间，按新计划实施。

2. 非关键工作时差的调整方法

非关键工作时差的调整应在其时差的范围内进行，以便更充分地利用资源、降低成本或满足施工的需要。每一次调整后都必须重新计算时间参数，观察该调整对计划全局的影响。可采用以下几种调整方法：

（1）将工作在其最早开始时间与最迟完成时间范围内移动。

（2）延长工作的持续时间。

(3)缩短工作的持续时间。

3. 增、减工作项目时的调整方法

增、减工作项目时应符合下列规定：

(1)不打乱原网络计划总的逻辑关系，只对局部逻辑关系进行调整。

(2)在增减工作后应重新计算时间参数，分析对原网络计划的影响；当对工期有影响时，应采取调整措施，以保证计划工期不变。

4. 调整逻辑关系

逻辑关系的调整只有当实际情况要求改变施工方法或组织方法时才可进行。调整时应避免影响原定计划工期和其他工作的顺利进行。

5. 调整工作的持续时间

当发现某些工作的原持续时间估计有误或实现条件不充分时，应重新估算其持续时间，并重新计算时间参数，尽量使原计划工期不受影响。

6. 调整资源的投入

当资源供应发生异常时，应采用资源优化方法对计划进行调整，或采取应急措施，使其对工期的影响最小。

网络计划的调整，可以定期进行，亦可根据计划检查的结果在必要时进行。

第四章 建筑工程项目质量管理

第一节 建筑工程项目质量管理概述

一、质量管理与质量控制的内涵

1. **质量与施工质量的概念**

质量是指一组固有特性满足要求的程度。该定义可理解为：质量不仅是指产品的质量，也包括某项活动或过程的工作质量，还包括质量管理活动体系运行的质量。质量的关注点是一组固有特性，而不是赋予的特性。质量是满足要求的程度，要求是指明示的、隐含的或必须履行的需要和期望。质量要求是动态的、发展的和相对的。

施工质量是指建筑工程项目施工活动及其产品的质量，即通过施工使工程满足业主(顾客)需要并符合国家法律、法规、技术规范标准、设计文件及合同定的要求，包括在安全、使用功能、耐久性、环境保护等方面所有明示和隐含需要的能力的特性综合。其质量特性主要体现在由施工形成的建筑工程的适用性、安全性、耐久性、可靠性、经济性及与环境的协调性六个方面。

2. **质量管理与施工质量管理**

我国标准《质量管理体系基础和术语》GB/T19000—2008关于质量管理的定义是：在质量方面指挥和控制组织的协调的活动。与质量有关的活动，通常包括质量方针和质量目标的建立、质量策划、质量控制、质量保证和质量改进等。所以，质量管理就是确定和建立质量方针、质量目标及职责并在质量管理体系中通过质量策划、质量控制、质量保证和质量改进等手段来实施和实现全部质量管理职能的所有活动。

施工质量管理是指在工程项目施工安装和竣工验收阶段，指挥和控制施工组织关于质量的相互协调的活动，是工程项目施工围绕着使施工产品质量满足质量要求，而开展的策划、组织、计划、实施、检查、监督和审核等所有管理活动的总和。它是工程项目施工各级职能部门领导的共同职责，而工程项目施工的最高领导即施工项目经理应负全责。施工项目经理必须调动与施工质量有关的所有人员的积极性,共同做好本职工作,才能完成施工质量管理的任务。

3. 质量控制与施工质量控制

根据国家标准《质量管理体系基础和术语》GB/T19000—2008/ISO9000：2005的定义,质量控制是质量管理的一部分,是致力于满足质量要求的一系列相关活动。这些活动主要包括：

(1)设定目标:即设定要求,确定需要控制的标准、区间、范围、区域。

(2)测量结果:测量满足所设定目标的程度。

(3)评价:即评价控制的能力和效果。

(4)纠偏:对不满足设定目标的偏差,及时纠偏,保持控制能力的稳定性。

也就是说,质量控制是在明确的质量目标和具体的条件下,通过行动方案和资源配置的计划、实施、检查和监督,进行质量目标的事前预控、事中控制和事后纠偏控制,实现预期质量目标的系统过程。

施工质量控制是在明确的质量方针指导下,通过对施工方案和资源配置的计划、实施、检查和处置,进行施工质量目标的事前控制、事中控制和事后控制的系统过程。

二、施工质量控制的特点

施工质量控制的特点是由工程项目的工程特点和施工生产的特点决定的,施工质量控制必须考虑和适应这些特点,并进行有针对性的管理。

1. 工程项目的工程特点和施工生产的特点

(1)施工的一次性

工程项目施工是不可逆的,当施工出现质量问题时,不可能完全回到原始状态,严重的可能导致工程报废。工程项目一般都投资巨大,一旦发生施工质量事故,会造成重大的经济损失。因此,工程项目施工都应一次成功,不能失败。

(2)工程的固定性和施工生产的流动性

每一项工程项目都固定在指定地点的土地上,工程项目施工全部完成后,由施工单位就地移交给使用单位。工程的固定性特点决定了工程项目对地基的特殊要求,施工采用的地基处理方案对工程质量产生直接影响。相对于工程的固定性特点,施工生产则表现出流动性的特点,表现为各种生产要素既在同一工程上的流动,又在不同工程项目之间的流动。

(3)产品的单件性

每一工程项目都要和周围环境相结合。由于周围环境以及地基情况的不同,只能单独设计生产;不能像一般工业产品那样,同一类型可以批量生产。建筑产品即使采用标准图纸生产,也会由于建筑地点、时间的不同,施工组织方法的不同,施工质量管理的要求也会存在差异,因此工程项目的运作和施工不能标准化。

(4)工程体形庞大

工程项目是由大量的工程材料、制品和设备构成的实体,体积庞大,无论是房屋建筑还是铁路、桥梁、码头等土木工程,都会占有很大的外部空间。一般只能露天进行施工生产,施工质量受气候和环境的影响较大。

(5)生产的预约性

施工产品不像一般的工业产品那样先生产后交易,只能是在施工现场根据预定的条件进行生产,即先交易后生产。因此,选择设计、施工单位,通过招标、投标、竞标、定约、成交,就成为建筑业物质生产的一种特有的方式。业主事先对这项工程产品的工期、造价和质量提出要求,并在生产过程中对工程质量进行必要的监督控制。

2. 施工质量控制所具有的特点

(1)控制因素多

工程项目的施工质量受多种因素的影响。这些因素包括设计、材料、机械、地质、水文、气象、施工工艺、操作方法、技术措施、管理制度、社会环境等。因此,要保证工程项目的施工质量,必须对所有这些影响因素进行有效控制。

(2)控制难度大

由于建筑产品生产的单件性和流动性,没有一般工业产品生产常有的固定生产流水线、规范化的生产工艺、完善的检测技术、成套的生产设备和稳定的生产环境,不能进行标准化施工,施工质量容易产生波动;而且施工场面大、人员多、工序多、关系复杂、作业环境差,都加大了质量控制的难度。

(3)过程控制要求高

工程项目在施工过程中,由于工序衔接多、中间交接多、隐蔽工程多,施工质量具有一定的过程性和隐蔽性。在施工质量控制工作中,必须加强对施工过程的质量检查,及时发现和整改存在的质量问题,避免事后从表面进行检查。过程结束后的检查难以发现在过程中产生、又被隐蔽了的质量隐患。

(4)终检局限大

工程项目建成以后不能像一般工业产品那样,依靠终检来判断产品的质量和控制产品的质量;也不可能像工业产品那样将其拆卸或解体检查内在质量,或更换不合格的零部件。所以,工程项目的终检(竣工验收)存在一定的局限性。故此,工程项目的施工质量控制应强调过程控制,边施工边检查边整改,及时做好检查、认证记录。

三、施工质量的影响因素

施工质量的影响因素主要有"人（Men）、材料（Material）、机械（Machine）、方法（Method）及环境（Environment）"五大方面因素（简称人、机、料、法、环）。

1. 人的因素

在工程项目质量管理中，人的因素起决定性的作用。项目质量控制应以控制人的因素为基本出发点。影响项目质量的人的因素，包括两个方面：一是指直接履行项目质量职能的决策者、管理者和作业者个人的质量意识及质量活动能力；二是指承担项目策划、决策或实施的建设单位、勘察设计单位、咨询服务机构、工程承包企业等实体组织的质量管理体系及其管理能力。前者是个体的人，后者是群体的人。我国实行建筑业企业经营资质管理制度、市场准入制度、执业资格注册制度、作业及管理人员持证上岗制度等，从本质上说，都是对从事建设工程活动的人的素质和能力进行必要的控制。人，作为控制对象，人的工作应避免失误；作为控制动力，应充分调动人的积极性，发挥人的主导作用。因此必须有效控制项目参与各方的人员素质，不断提高人的质量活动能力，才能保证项目质量。

2. 机械的因素

机械包括工程设备、施工机械和各类施工工器具。工程设备是指组成工程实体的工艺设备和各类机具，如各类生产设备、装置和辅助配套的电梯、泵机，以及通风空调、消防、环保设备等等，它们是工程项目的重要组成部分，其质量的优劣，直接影响到工程使用功能的发挥。施工机械和各类工器具是指施工过程中使用的各类机具设备，包括运输设备、吊装设备、操作工具、测量仪器、计量器具以及施工安全设施等。施工机械设备是所有施工方案和工法得以实施的重要物质基础，合理选择和正确使用施工机械设备是保证项目施工质量和安全的重要条件。

3. 材料的因素

材料包括工程材料和施工用料，又包括原材料、半成品、成品、构配件和周转材料等。各类材料是工程施工的基本物质条件，材料质量是工程质量的基础，材料质量不符合要求，工程质量就不可能达到标准。所以加强对材料的质量控制，是保证工程质量的基础。

4. 方法的因素

方法的因素也可以称为技术因素，包括勘察、设计、施工所采用的技术和方法以及工程检测、试验的技术和方法等。从某种程度上说，技术方案和工艺水平的高低,决定了项目质量的优劣。依据科学的理论,采用先进合理的技术方案和措施,按照规范进行勘察、设计、施工,必将对保证项目的结构安全和满足使用功能,对组成质量因素的产品精度、强度、平整度、清洁度、耐久性等物理、化学特性等方面起到良好的推进作用。比如建设主管部门近年在建筑业中推广应用的10项新的应用技术,包括地基基础和地下空间工程技术、高性能混凝土技术,高效钢筋和预应力技术、新型模板及脚手架应用技术、钢结构技术、建筑防水技术等,对消除质量通病保证建设工程质量起到了积极作用,收到了明显的效果。

5. 环境的因素

影响项目质量的环境因素,又包括项目的自然环境因素、社会环境因素、管理环境因素和作业环境因素。

(1)自然环境因素

主要指工程地质、水文、气象条件和地下障碍物以及其他不可抗力等影响项目质量的因素。例如,复杂的地质条件必然对地基处理和房屋基础设计提出更高的要求,处理不当就会对结构安全造成不利影响;在地下水位高的地区,若在雨期进行基坑开挖,遇到连续降雨或排水困难,就会引起基坑塌方或地基受水浸泡影响承载力等;在寒冷地区冬期施工措施不当,工程会因受到冻融而影响质量;在基层未干燥或大风天进行卷材屋面防水层的施工,就会导致粘贴不牢及空鼓等质量问题等。

(2)社会环境因素

主要是指会对项目质量造成影响的各种社会环境因素,包括国家建设法律法规的健全程度及其执法度;建设工程项目法人决策的理性化程度以及建筑业经营者的经营管理理念;建筑市场包括建设工程交易市场和建筑生产要素市场的发育程度及交易行为的规范程度;政府的工程质量监督及行业管理成熟程度;建设咨询服务业的发展程度及其服务水准的高低;廉政管理及行风建设的状况等。

(3)管理环境因素

主要是指项目参建单位的质量管理体系、质量管理制度和各参建单位之间的协调等因素。比如,参建单位的质量管理体系是否健全,运行是否有效,决定了该单位的质量管理能力;在项目施工中根据承发包的合同结构,理顺管理关系,建立统一的现场施工组织系统和质量管理的综合运行机制,确保工程项目质量保证体系处于良好的状态,创造良好的质量管理环境和氛围,则是施工顺利进行,提高施工质量的保证。

(4)作业环境因素

主要指项目实施现场平面和空间环境条件,各种能源介质供应,施工照明、通风、安全防护设施,施工场地给排水,以及交通运输和道路条件等因素。这些条件是否良好,都直接影响到施工能否顺利进行,以及施工质量能否得到保证。

上述因素项目质量的影响,具有复杂多变和不确定性的特点。对这些因素进行控制,是项目质量控制的主要内容。

四、全面质量管理思想和方法的应用

1. 全面质量管理(TQC)的思想

TQC(Total Quality Control)即全面质量管理,是20世纪中期开始在欧美和日本广泛应用的质量管理理念和方法。我国从20世纪80年代开始引进和推广全面质量管理,其基本原理就是强调在企业或组织最高管理者的质量方针指引下,实行全面、全过程和全员参与的质量管理。

TQC的主要特点是:以顾客满意为宗旨;领导参与质量方针和目标的制定;提倡预防为主、科学管理、用数据说话等。在当今世界标准化组织颁布的ISO9000:2005质量管理体系标准中,处处都体现了这些重要特点和思想。建设工程项目的质量管理,同样应贯彻"三全"管理的思想和方法。

(1)全面质量管理

建设工程项目的全面质量管理,是指项目参与各方所进行的工程项目质量管理的总称,其中包括工程(产品)质量和工作质量的全面管理。工作质量是产品质量的保证,工作质量直接影响产品质量的形成。建设单位、监理单位、勘察单位、设计单位、施工总承包单位、施工分包单位、材料设备供应商等,任何一方、任何环节的怠慢疏忽或质量责任不落实都会造成对建设工程质量的不利影响。

(2)全过程质量管理

全过程质量管理,是指根据工程质量的形成规律,从源头抓起,全过程推进。《质量管理体系基础和术语》GB/T19000—2008/ISO9000:2005强调质量管理的"过程方法"管理原则,要求应用"过程方法"进行全过程质量控制。要控制的主要过程有:项目策划与决策过程;勘察设计过程;设备材料采购过程;施工组织与实施过程;检测设施控制与计量过程;施工生产的检验试验过程;工程质量的评定过程;工程竣工验收与交付过程;工程回访维修服务过程等。

(3)全员参与质量管理

按照全面质量管理的思想,组织内部的每个部门和工作岗位都承担着相应的质量职能,组织的最高管理者确定了质量方针和目标,就应组织和动员全体员工参与到实施质量方针的系统活动中去,发挥自己的角色作用。开展全员参与质量管理的重要手段就是运用目标管理方法,将组织的质量总目标逐级进行分解,使之形成自上而下的质量目标分解体系和自下而上的质量目标保证体系,发

挥组织系统内部每个工作岗位、部门或团队在实现质量总目标过程中的作用。

2. 质量管理的 PDCA 循环

在长期的生产实践和理论研究中形成的 PDCA 循环,是建立质量管理体系和进行质量管理的基本方法。PDCA 循环如图 4-1 所示。从某种意义上说,管理就是确定任务目标,并通过 PDCA 循环来实现预期目标。每一循环都围绕着实现预期的目标,进行计划、实施、检查和处置活动,随着对存在问题的解决和改进,在一次一次的滚动循环中逐步上升,不断增强质量管理能力,不断提高质量水平。每一个循环的四大职能活动相互联系,共同构成了质量管理的系统过程。

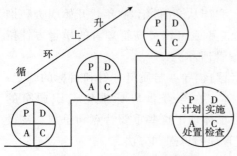

图 4-1 PDCA 循环示意图

(1) 计划 P(Plan)

计划由目标和实现目标的手段组成,所以说计划是一条"目标—手段"链。质量管理的计划职能,包括确定质量目标和制定实现质量目标的行动方案两方面。实践表明质量计划的严谨周密、经济合理和切实可行,是保证工作质量、产品质量和服务质量的前提条件。

建设工程项目的质量计划,是由项目参与各方根据其在项目实施中所承担的任务、责任范围和质量目标,分别制定质量计划而形成的质量计划体系。其中,建设单位的工程项目质量计划,包括确定和论证项目总体的质量目标,制定项目质量管理的组织、制度、工作程序、方法和要求。项目其他各参与方,则根据国家法律法规和工程合同规定的质量责任和义务,在明确各自质量目标的基础上,制定实施相应范围质量管理的行动方案,包括技术方法、业务流程、资源配置、检验试验要求、质量记录方式、不合格处理及相应管理措施等具体内容和做法的质量管理文件,同时亦须对其实现预期目标的可行性、有效性、经济合理性进行分析论证,并按照规定的程序与权限,经过审批后执行。

(2) 实施 D(Do)

实施职能在于将质量的目标值,通过生产要素的投入、作业技术活动和产出过程,转换为质量的实际值。为保证工程质量的产出或形成过程能够达到预期的结果,在各项质量活动实施前,要根据质量管理计划进行行动方案的部署和交底;交底的目的在于使具体的作业者和管理者明确计划的意图和要求,掌握质量标准及其实现的程序与方法。在质量活动的实施过程中,则要求严格执行计划的行动方案,规范行为,把质量管理计划的各项规定和安排落实到具体的资源配置和作业技术活动中去。

(3) 检查 C(Check)

指对计划实施过程进行各种检查,包括作业者的自检、互检和专职管理者专检。各类检查也都包含两大方面:一是检查是否严格执行了计划的行动方案,实际条件是否发生了变化,不执行计划的原因;二是检查计划执行的结果,即产出的质量是否达到标准的要求,对此进行确认和评价。

(4) 处置 A(Action)

对于质量检查所发现的质量问题或质量不合格,及时进行原因分析,采取必要的措施,加以纠正,保持工程质量形成过程的受控状态。处置分纠偏和预防改进两个方面。前者是采取有效措施,解决当前的质量偏差、问题或事故;后者是将目前质量状况信息反馈到管理部门,反思问题症结或计划时的不周,确定改进目标和措施,为今后类似质量问题的预防提供借鉴。

五、施工质量控制的基本环节

施工质量控制应贯彻全面质量管理的思想,运用动态控制原理,进行事前质量控制、事中质量控制和事后质量控制。

1. 事前质量控制

事前质量控制即在正式施工前进行的事前主动质量控制,通过编制施工质量计划,明确质量目标,制订施工方案,设置质量管理点,落实质量责任,分析可能导致质量目标偏离的各种影响因素,针对这些影响因素采取有效的预防措施,防患于未然。

2. 事中质量控制

事中质量控制指的是在施工质量形成过程中,对影响施工质量的各种因素进行全面的动态控制。事中控制首先是对质量活动的行为约束,其次是对质量活动过程和结果的监督控制。事中控制的关键是坚持质量标准;控制的重点是工序质量、工作质量和质量控制点。

3. 事后质量控制

事后质量控制也称为事后质量把关,以使不合格的工序或最终产品(包括单位工程或整个工程项目)不流入下道工序、不进入市场。事后控制包括对质量活动结果的评价、认定和对质量偏差的纠正。控制的重点是发现施工质量方面的缺陷,并通过分析提出施工质量改进的措施,保证质量处于受控状态。

以上三大环节不是互相孤立和截然分开的,它们共同构成有机的系统过程,实质上也就是质量管理 PDCA 循环的具体化,在每一次滚动循环中不断提高,达到质量管理和质量控制的持续改进。

六、质量检查的内容和方法

1. 现场质量检查的内容

(1) 开工前的检查：主要检查是否具备开工条件，开工后是否能够保持连续正常施工，能否保证工程质量。

(2) 工序交接检查：对于重要的工序或对工程质量有重大影响的工序，应严格执行"三检"制度，即自检、互检、专检。未经监理工程师（或建设单位技术负责人）检查认可，不得进行下道工序施工。

(3) 隐蔽工程的检查：施工中凡是隐蔽工程，必须检查认证后方可进行隐蔽掩盖。

(4) 停工后复工的检查：因客观因素停工或处理质量事故等停工复工时，经检查认可后方能复工。

(5) 分项、分部工程完工后的检查：应经检查认可，并签署验收记录后，才能进行下一工程项目的施工。

(6) 成品保护的检查：检查成品有无保护措施以及保护措施是否有效可靠。

2. 现场质量检查的方法

现场质量检查的方法主要有目测法、实测法和试验法等。

(1) 目测法

目测法即凭借感官进行检查，也称观感质量检验。其手段可概括为"看""摸""敲""照"四个字：所谓看，就是根据质量标准要求进行外观检查。例如，清水墙面是否洁净，喷涂的密实度和颜色是否良好、均匀，工人的操作是否规范，内墙抹灰的大面及口角是否平直，混凝土外观是否符合要求等。摸，就是通过触摸手感进行检查、鉴别。例如油漆的光滑度，浆活是否牢固、不掉粉等。敲，就是运用敲击工具进行音感检查。例如，对地面工程、装饰工程中的水磨石、面砖、石材饰面等，均应进行敲击检查。照，就是通过人工光源或反射光照射，检查难以看到或光线较暗的部位。例如，管道井、电梯井等内的管线、设备安装质量，装饰吊顶内连接及设备安装质量等。

(2) 实测法

实测法就是通过实测数据与施工规范、质量标准的要求及允许偏差值进行对照，以此判断质量是否符合要求。其手段可概括为"靠""量""吊""套"四个字。所谓靠，就是用直尺、塞尺检查墙面、地面、路面等的平整度。量，就是指用测量工具和计量仪表等检查断面尺寸、轴线、标高、湿度、温度等的偏差。例如，大理石板拼缝尺寸与超差数量，摊铺沥青拌和料的温度，混凝土坍落度的检测等。吊，就是利用托线板以及线锤吊线检查垂直度。例如，砌体垂直度检查、门窗的安装等。套,就是以方尺套方,辅以塞尺检查。例如,对阴阳角的方正、踢脚线的垂直度、预制构件的方正、门窗口及构件的对角线检查等。

(3) 试验法

试验法是指通过必要的试验手段对质量进行判断的检查方法。

1) 理化试验。工程中常用的理化试验包括物理力学性能方面的检验和化学成分及其含量的测定等两个方面。力学性能的检验如各种力学指标的测定,包括抗拉强度、抗压强度、抗弯强度、抗折强度、冲击韧性、硬度、承载力等。各种物理性能方面的测定,如密度、含水量、凝结时间、安定性及抗渗、耐磨、耐热性能等。化学成分及其含量的测定,如钢筋中的磷、硫含量,混凝土中粗集料中的活性氧化硅成分,以及耐酸、耐碱、抗腐蚀性等。此外,根据规定有时还需进行现场试验,例如,对桩或地基的静载试验、下水管道的通水试验、压力管道的耐压试验、防水层的蓄水或淋水试验等。

2) 无损检测。利用专门的仪器、仪表从表面探测结构物、材料、设备的内部组织结构或损伤情况。常用的无损检测方法有超声波探伤、X 射线探伤、γ 射线探伤等。

第二节　建筑工程项目质量控制

一、施工准备阶段的质量控制

1. 施工质量控制的准备工作

(1) 工程项目划分

一个建设工程从施工准备开始到竣工交付使用,要经过若干工序、工种的配合施工。施工质量的优劣,取决于各个施工工序、工种的管理水平和操作质量。因此,为了便于控制、检查、评定和监督每个工序和工种的工作质量,要把整个工程逐级划分为单位工程、分部工程、分项工程和检验批,并分级进行编号,据此来进行质量控制和检查验收,这是进行施工质量控制的一项重要基础工作。

从建筑工程施工质量验收的角度来说,工程项目应逐级划分为单位(子单位)工程、分部(子分部)工程、分项工程和检验批。

(2) 技术准备的质量控制

技术准备是指在正式开展施工作业活动前进行的技术准备工作。这类工作内容繁多,主要在室内进行,例如,熟悉施工图纸,进行详细的设计交底和图纸审查;进行工程项目划分和编号;细化施工技术方案和施工人员、机具的配置方案,编制施工作业技术指导书,绘制各种施工详图(如测量放线图、大样图及配筋、配板、配线图表等),进行必要的技术交底和技术培训。技术准备的质量控制,包括对上述技术准备工作成果的复核审查,检查这些成果是否符合相关技术规范、规程的要求和对施工质量的保证程度;制订施工质量控制计划,设置质量控制点,明确关键部位的质量管理点等。

2. 现场施工准备的质量控制

(1)工程定位和标高基准的控制

工程测量放线是建设工程产品由设计转化为实物的第一步。施工测量质量的好坏,直接决定工程的定位和标高是否正确,并且制约施工过程有关工序的质量。因此,施工单位必须对建设单位提供的原始坐标点、基准线和水准点等测量控制点进行复核,并将复测结果上报监理工程师审核,批准后施工单位才能建立施工测量控制网,进行工程定位和标高基准的控制。

(2)施工平面布置的控制

建设单位应按照合同约定并考虑施工单位施工的需要,事先划定并提供施工用地和现场临时设施用地的范围。施工单位要合理科学地规划好、使用好施工场地,保证施工现场的道路畅通、材料的合理堆放、良好的防洪排水能力、充分的给水和供电设施以及正确的机械设备安装布置。应制定施工场地质量管理制度,并做好施工现场的质量检查记录。

3. 材料的质量控制

建筑工程采用的主要材料、半成品、成品、建筑构配件等(统称"材料",下同)均应进行现场验收。凡涉及工程安全及使用功能的有关材料,应按各专业工程质量验收规范规定进行复验,并应经监理工程师(建设单位技术负责人)检查认可。为了保证工程质量,施工单位应从以下几个方面把好原材料的质量控制关。

(1)采购订货关

施工单位应制定合理的材料采购供应计划,在广泛把握市场材料信息的基础上,优选材料的生产单位或者销售总代理单位(简称"材料供货商",下同),建立严格的合格供应方资格审查制度,确保采购订货的质量。

1)材料供货商对下列材料必须提供《生产许可证》:钢筋混凝土用热轧带肋钢筋、冷轧带肋钢筋、预应力混凝土用钢材(钢丝、钢棒和钢绞线)、建筑防水卷材、水泥、建筑外窗、建筑幕墙、建筑钢管脚手架扣件、人造板、铜及铜合金管材、混凝土输水管、电力电缆等材料产品。

2)材料供货商对下列材料必须提供《建材备案证明》:水泥、商品混凝土、商品砂浆、混凝土掺和料、混凝土外加剂、烧结砖、砌块、建筑用砂、建筑用石、排水管、给水管、电工套管、防水涂料、建筑门窗、建筑涂料、饰面石材、木制板材、沥青混凝土、三渣混合料等材料产品。

3）材料供货商要对外墙外保温、外墙内保温材料实施建筑节能材料备案登记。

4）材料供货商要对下列产品实施强制性产品认证（简称或 CCC 或 3C 认证）：建筑安全玻璃（包括钢化玻璃、夹层玻璃、中空玻璃）、瓷质砖、混凝土防冻剂、溶剂型木器涂料、电线电缆、断路器、漏电保护器、低压成套开关设备等产品。

5）除上述材料或产品外，材料供货商对其他材料或产品必须提供出厂合格证或质量证明书。

（2）进场检验关

施工单位必须进行下列材料的抽样检验或试验，合格后才能使用。

1）水泥物理力学性能检验。同一生产厂、同一等级、同一品种、同一批号且连续进场的水泥，袋装不超过 200t 为一检验批，散装不超过 500t 为一检验批，每批抽样不少于一次。取样应在同一批水泥的不同部位等量采集，取样点不少于 20 个，并应具有代表性，且总量不少于 12kg。

2）钢筋力学性能检验。同一牌号、同一炉罐号、同一规格、同一等级、同一交货状态的钢筋，每批不大于 60t。从每批钢筋中抽取 5% 进行外观检查。力学性能试验从每批钢筋中任选两根钢筋，每根取两个试样分别进行拉伸试验（包括屈服点、抗拉强度和伸长率）和冷弯试验。

钢筋闪光对焊、电弧焊、电渣压力焊、钢筋气压焊，在同一台班内，由同一焊工完成的 300 个同级别、同直径钢筋焊接接头应作为一批；封闭环式箍筋闪光对焊接头，以 600 个同牌号、同规格的接头作为一批，只做拉伸试验。

3）砂、石常规检验。购货单位应按同产地、同规格分批验收。采用大型工具（如火车、货船或汽车）运输的，应以 400m³ 或 600t 为一验收批；采用小型工具（如拖拉机等）运输的，应以 200m³ 或 300t 为一验收批。不足上述量的，应按一验收批进行验收。

4）混凝土、砂浆强度检验。每拌制 100 盘且不超过 100m³ 的同配合比的混凝土取样不得少于一次。当一次连续浇筑超过 1000m³ 时，同配合比的混凝土每 200m³ 取样不得少于一次。

同条件养护试件的留置组数，应根据实际需要确定。同一强度等级的同条件养护试件，其留置数量应根据混凝土工程量和重要性确定，为 3~10 组。

5）混凝土外加剂检验。混凝土外加剂是由混凝土生产厂根据产量和生产设备条件，将产品分批编号，掺量不小于 1% 同品种的外加剂每一编号为 100t，掺量小于 1% 的外加剂每一编号为 50t，同一编号的产品必须是混合均匀的。

6）沥青、沥青混合料检验。同一品种、牌号、规格的卷材，抽验数量为 1000 卷抽取 5 卷；500~1000 卷抽取 4 卷；100~499 卷抽取 3 卷；小于 100 卷抽取 2

卷。同一批出厂，同一规格标号的沥青以20t为一个取样单位。

7）防水涂料检验。同一规格、品种、牌号的防水涂料，每10t为一批，不足10t者按一批进行抽检。

(3) 存储和使用关

施工单位必须加强材料进场后的存储和使用管理，避免材料变质（如水泥的受潮结块、钢筋的锈蚀等）和使用规格、性能不符合要求的材料造成工程质量事故。

例如，混凝土工程中使用的水泥，因保管不善，放置时间过久，受潮结块就会失效。使用不合格或失效的劣质水泥，就会对工程质量造成危害。例如，某住宅楼工程中使用了未经检验的安定性不合格的水泥，导致现浇混凝土楼板拆模后出现了严重的裂缝，随即对混凝土强度检验，发现其结构强度达不到设计要求而只能返工。

在混凝土工程中由于水泥品种的选择不当或外加剂的质量低劣及用量不准，同样会引起质量事故。如某学校的教学综合楼工程，在冬期进行基础混凝土施工时，采用火山灰质硅酸盐水泥配制混凝土，因工期要求较紧又使用了未经复试的不合格早强防冻剂，结果导致混凝土结构的强度不能满足设计要求，不得不返工重做。因此，施工单位既要做好对材料的合理调度，避免现场材料的大量积压，又要做好对材料的合理堆放，并正确使用材料，在使用材料时进行及时的检查和监督。

4. 施工机械设备的质量控制

施工机械设备的质量控制，就是要使施工机械设备的类型、性能、参数等与施工现场的实际条件、施工工艺、技术要求等因素相匹配，符合施工生产的实际要求。其质量控制主要从机械设备的选型、主要性能参数指标的确定和使用操作要求等方面进行。

(1) 机械设备的选型

机械设备的选型，应遵循技术上先进、生产上适用、经济上合理、使用上安全、操作上方便的原则进行。选配的施工机械应具有工程的适用性，具有保证工程质量的可靠性，具有使用操作的方便性和安全性。

(2) 主要性能参数指标的确定

主要性能参数是选择机械设备的依据，其参数指标的确定必须满足施工的需要和保证质量的要求。只有正确地确定主要的性能参数，才能保证正常的施工，不致引起安全质量事故。

(3) 使用操作要求

合理使用机械设备，正确地进行操作，是保证项目施工质量的重要环节。应贯彻"人机固定"原则,实行定机、定人、定岗位职责的使用管理制度,在使用中严格遵守操作规程和机械设备的技术规定,做好机械设备的例行保养工作,使机械保持良好的技术状态,防止出现安全质量事故,确保工程施工质量。

二、施工过程阶段的质量控制

1. 技术交底

做好技术交底是保证施工质量的重要措施之一。项目开工前应由项目技术负责人向承担施工的负责人或分包人进行书面技术交底,技术交底资料应办理签字手续并归档保存。每一分部工程开工前均应进行作业技术交底。技术交底资料应由施工项目技术人员编制,并经项目技术负责人批准实施。技术交底书的内容主要包括:任务范围、施工方法、质量标准和验收标准,施工中应注意的问题,可能出现意外的措施及应急方案,文明施工和安全防护措施以及成品保护要求等。技术交底书应围绕施工材料、机具、工艺、工法、施工环境和具体的管理措施等方面进行,应明确具体的步骤、方法、要求和完成的时间等。技术交底的形式有书面、口头、会议、挂牌、样板、示范操作等。

2. 测量控制

项目开工前应编制测量控制方案,经项目技术负责人批准后实施。对相关部门提供的测量控制点应做好复核工作,经审批后进行施工测量放线,并保存测量记录。在施工过程中应对设置的测量控制点、线妥善保护,不准擅自移动。同时在施工过程中必须认真进行施工测量复核工作,这是施工单位应履行的技术工作职责,其复核结果应报送监理工程师复验确认后,才能进行后续相关工序的施工。

3. 计量控制

计量控制是保证工程项目质量的重要手段和方法,是施工项目开展质量管理的一项重要基础工作。施工过程中的计量工作,包括施工生产时的投料计量、施工测量、监测计量以及对项目、产品或过程的测试、检验、分析计量等。其主要任务是统一计量单位制度,组织量值传递,保证量值统一。计量控制的工作重点是:建立计量管理部门和配置计量人员;建立健全和完善计量管理的规章制度;严格按规定有效控制计量器具的使用、保管、维修和检验;监督计量过程的实施,保证计量的准确。

4. 工序施工质量控制

施工过程由一系列相互联系与制约的工序构成。工序是人、材料、机械设备、施工方法和环境因素对工程质量综合起作用的过程,所以对施工过程的质量控制,必须以工序质量控制为基础和核心。因此,工序的质量控制是施工阶段质量控制的重点。只有严格控制工序质量,才能确保施工项目的实体质量。工序施工质量控制主要包括工序施工条件控制和工序施工效果控制。

(1)工序施工条件控制

工序施工条件是指从事工序活动的各生产要素质量及生产环境条件。工序施工条件控制就是控制工序活动的各种投入要素质量和环境条件质量。控制的手段主要有检查、测试、试验、跟踪监督等。控制的依据主要是设计质量标准、材料质量标准、机械设备技术性能标准、施工工艺标准以及操作规程等。

(2)工序施工效果控制

工序施工效果主要反映工序产品的质量特征和特性指标。对工序施工效果的控制就是控制工序产品的质量特征和特性指标能否达到设计质量标准以及施工质量验收标准的要求。工序施工质量控制属于事后质量控制,其控制的主要途径是实测获取数据、统计分析所获取的数据、判断认定质量等级和纠正质量偏差。

5. 特殊过程的质量控制

特殊过程是指该施工过程或工序的施工质量不易或不能通过其后的检验和试验而得到充分验证,或者万一发生质量事故则难以挽救的施工过程。特殊过程的质量控制是施工阶段质量控制的重点。对在项目质量计划中界定的特殊过程,应设置工序质量控制点,抓住影响工序施工质量的主要因素进行强化控制。

(1)选择质量控制点的原则

质量控制点的选择应以那些保证质量的难度大、对质量影响大或是发生质量问题时危害大的对象进行设置。选择的原则是:对工程质量形成过程产生直接影响的关键部位、工序或环节及隐蔽工程;施工过程中的薄弱环节,或者质量不稳定的工序、部位或对象;对下道工序有较大影响的上道工序;采用新技术、新工艺、新材料的部位或环节;施工上无把握的、施工条件困难的或技术难度大的工序或环节;用户反馈指出和过去有过返工的不良工序。

根据上述选择质量控制点的原则,一般建筑工程质量控制点的位置可参考表 4-1 设置。

表 4-1 质量控制点的设置位置

分项工程	质理控制点
工程测量定位	标准曲线桩、水平桩、龙门板、定位轴线、标高
地基、基础 (含设备基础)	基坑(槽)尺寸、标高、土质、地基耐压力、基础垫层标高、基础位置、尺寸、标高,预留洞孔,预埋件的位置、规格、数量、基础墙皮数杆及标高,标底弹线

(续)

分项工程	质理控制点
砌体	砌体轴线、皮数杆、砂浆配合比、预留洞孔、预埋件位置、数量、砌块排列
模板	位置、尺寸、标高、预埋件位置、预留洞孔尺寸、位置、模板强度及稳定性、模板内部清理及润湿情况
钢筋混凝土	水泥品种、强度等级、砂石质量、混凝土配合比、外加剂比例、混凝土振捣、钢筋品种、规格、尺寸、搭接长度、钢筋焊接、预留洞孔及预埋件规格、数量、尺寸、位置、预制构件吊装或出场(脱模)强度、吊装位置、标高、支承长度、焊缝长度
吊装	吊装设备起重能力、吊具、索具、地锚
钢结构	翻样图、放大样
焊接	焊接条件、焊接工艺
装修	视具体情况而定

(2)质量控制点重点控制的对象

质量控制点的选择要准确、有效,要根据对重要质量特性进行重点控制的要求,选择质量控制的重点部位、重点工序和重点的质量因素作为质量控制的对象,进行重点预控和控制,从而有效地控制和保证施工质量。可作为质量控制点中重点控制的对象主要包括以下几个方面:

1)人的行为。某些操作或工序,应以人为重点的控制对象,如高空、高温、水下、易燃易爆、重型构件吊装作业以及操作要求高的工序和技术难度大的工序等,都应从人的生理、心理、技术能力等方面进行控制。

2)材料的质量与性能。这是直接影响工程质量的重要因素,在某些工程中应作为控制的重点。例如,钢结构工程中使用的高强螺栓、某些特殊焊接使用的焊条,其材质与性能都应作为重点进行控制;又如水泥的质量是直接影响混凝土工程质量的关键因素,施工中就应对进场的水泥质量进行重点控制,必须检查核对其出厂合格证,并按要求进行强度和安定性的复试等。

3)施工方法与关键操作。某些直接影响工程质量的关键操作应作为控制的重点,如预应力钢筋的张拉工艺操作过程及张拉力的控制,是可靠地建立预应力值和保证预应力构件的关键过程。同时,那些易对工程质量产生重大影响的施工方法,也应列为控制的重点,如大模板施工中模板的稳定和组装问题、液压滑模施工时支撑杆稳定问题、升板法施工中提升差的控制等。

4)施工技术参数。如混凝土的外加剂掺量、水灰比,回填土的含水量,砌体的砂浆饱满度,防水混凝土的抗渗等级、钢筋混凝土结构的实体检测结果及混凝土冬期施工受冻临界强度等技术参数都是应重点控制的质量参数与指标。

5) 技术间歇。有些工序之间必须留有必要的技术间歇时间,例如,砌筑与抹灰之间,应在墙体砌筑后留 6~10d 时间,让墙体充分沉陷、稳定、干燥,再抹灰,抹灰层干燥后,才能喷白、刷浆;混凝土浇筑与模板拆除之间,应保证混凝土有一定的硬化时间,达到规定拆模强度后方可拆除等。

6) 施工顺序。某些工序之间必须严格控制先后的施工顺序,如对冷拉的钢筋,应当先焊接后冷拉,否则会失去冷强;屋架的安装固定,应采取对角同时施焊方法,否则会由于焊接应力导致校正好的屋架发生倾斜。

7) 易发生或常见的质量通病。例如,混凝土工程的蜂窝、麻面、空洞,墙、地面,屋面防水工程渗水、漏水、空鼓、起砂、裂缝等,都与工序操作有关,均应事先研究对策,提出预防措施。

8) 新技术、新材料及新工艺的应用。由于缺乏经验,施工时应将其作为重点进行控制。

9) 产品质量不稳定和不合格率较高的工序应列为重点,认真分析、严格控制。

10) 特殊地基或特种结构。对于湿陷性黄土、膨胀土、红黏土等特殊土地基的处理,以及大跨度结构、高耸结构等技术难度较大的施工环节和重要部位,均应予以特别的重视。

(3) 特殊过程质量控制的管理

除按一般过程质量控制的规定执行外,还应由专业技术人员编制作业指导书,经项目技术负责人审批后执行。作业前施工员、技术员做好交底和记录,要确保操作人员在明确工艺标准、质量要求的基础上进行作业。为保证质量控制点的目标实现,应严格按照三级检查制度进行检查控制。在施工中发现质量控制点有异常时,应立即停止施工,召开分析会,查找原因并采取对策予以解决。

6. 成品保护的控制

所谓成品保护,一般是指在项目施工过程中,某些部位已经完成,而其他部位还在施工,在这种情况下,施工单位必须负责对已完成部分采取妥善的措施予以保护,以免因成品缺乏保护或保护不善而造成损伤或污染,影响工程的实体质量。加强成品保护,首先要加强教育,提高全体员工的成品保护意识,同时要合理安排施工顺序,采取有效的保护措施。

成品保护的措施一般有:防护,就是提前保护,针对被保护对象的特点采取各种保护的措施,防止对成品的污染及损坏;包裹,就是将被保护物包裹起来,以防损伤或污染;覆盖,就是用表面覆盖的方法,防止堵塞或损伤;封闭,就是采取局部封闭的办法进行保护。

三、建筑工程项目施工质量控制方法

在施工质量控制中运用数理统计方法,可以科学地掌握质量状态,分析存在的质量问题,了解影响质量的各种因素,达到提高工程质量和经济效益的目的。建筑工程施工质量控制中常用的统计方法有排列图法、因果分析图法、频数分布直方图法、控制图法、相关图法、统计调查表法及分层法。

1. 排列图法

排列图又称帕累托图或主次因素排列图。它是根据意大利经济学家帕累托提出的关键的少数与次要的多数的原理提出的。后由质量管理专家朱兰博士把它应用于质量管理。其作用是寻找主要质量问题或影响质量的主要因素,以便抓住提高质量的关键,取得好的效果。在施工质量控制中运用排列图,便于找出主次矛盾,使错综复杂的问题一目了然,有利于采取对策,加以改善。

(1)作图方法

排列图有两个纵坐标,左侧纵坐标表示产品频数,即不合格产品件数;右侧纵坐标表示频率,即不合格产品累计百分数。如图 4-2 所示。图中横坐标表示影响产品质量的各个不良因素或项目,按影响质量程度的大小,从左到右依次排列。每个直方形的高度表示该因素影响的大小。在排列图上,通常把曲线的累计百分数分为三级,与此相对应的因素分三类:A 类因素对应于频率 0~80%,是影响产品质量的主要因素;B 类因素对应于频率 80%~90%,为次要因素;C 类因素对应于频率 90%~100%,属一般影响因素。

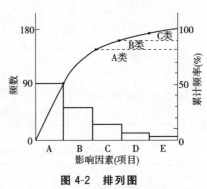

图 4-2 排列图

(2)绘图步骤

绘制排列图需要以准确而可靠的数据为基础,一般按以下步骤进行:

1)按照影响质量的因素进行分类。分类项目要具体而明确,一般按产品品种、规格、不良品、缺陷内容或经济损失等情况而定。

2)统计计算各类影响质量因素的频数和频率。

3)画左右两条纵坐标,确定两条纵坐标的刻度和比例。

4)根据各类影响因素出现的频数大小,从左到右依次排列在横坐标上。各类影响因素的横向间隔距离要相同,并画出相应的矩形图。

5)将各类影响因素发生的频率和累计频率逐个标注在相应的坐标点上,并将各点连成一条折线。

6)在排列图的适当位置,注明统计数据的日期、地点、统计者等可供参考的事项。

【例 4-1】 某工地现浇混凝土结构尺寸质量检查结果是:在全部检查的 8 个项目中不合格点(超过偏差限值)有 165 个,为改进并保证质量,应对这些不合格点进行分析,以便找出混凝土结构尺寸质量的薄弱环节。

【解】 (1)搜集整理数据。首先搜集混凝土结构尺寸各项目不合格点的数据资料,见表 4-2。各项目不合格点出现的次数即频数。然后对数据资料进行整理,将不合格点较少的轴线位置、预埋设施中心位置、预留孔洞中心位置三项合并为"其他"项。按不合格点的频数由大到小顺序排列各检查项目,"其他"项排在最后。以全部不合格点数为总数,计算各项的频率和累计频率,结果见表 4-3。

表 4-2 不合格点统计表

序 号	检查项目	不合格点数
1	轴线位置	6
2	垂直度	10
3	标高	1
4	截面尺寸	48
5	电梯井	18
6	表面平整度	80
7	预埋设施中心位置	1
8	预留孔洞中心位置	1

表 4-3 不合格点项目频数及频率统计表

序号	项目	频数	频率/%	累计频率/%
1	表面平整度	80	48.5	48.5
2	截面尺寸	48	29.1	77.6
3	电梯井	18	10.9	88.5
4	垂直度	10	6.1	94.6
5	轴线位置	6	3.6	98.2
6	其他	3	1.8	100.0
合计		165	100	

(2)绘制排列图。

1)画横坐标。将横坐标按项目数等分,并按项目频数由大到小顺序从左至右排列,该例中横坐标分为六等分。

2)画纵坐标。左侧的纵坐标表示项目不合格点数即频数,右侧纵坐标表示累计频率。要求总频数对应累计频率100%。该例中165应与100%在一条水平线上。

3)画频数直方形。以频数为高画出各项目的直方形。

4)画累计频率曲线。从横坐标左端点开始,依次连接各项目直方形右边线及所对应的累计频率值的交点,所得的曲线为累计频率曲线。

5)记录必要的事项。如标题、搜集数据的方法和时间等。

绘制好的混凝土结构尺寸不合格点排列图如图4-3所示。

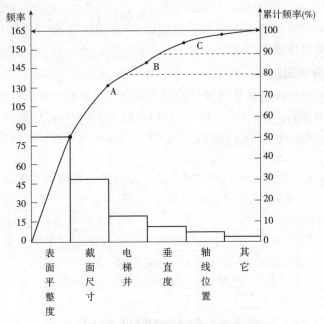

图4-3 混凝土结构尺寸不合格点排列图

(3)排列图的观察与分析

1)观察直方形,大致可看出各项目的影响程度。排列图中的每个直方形都表示一个质量问题或影响因素,影响程度与各直方形的高度成正比。

2)利用ABC分类法,确定主次因素。将累计频率曲线按(0~80%)、(80%~90%)、(90%~100%)分为三部分,各曲线下面所对应的影响因素分别为A、B、C三类因素,在例4-1中,A类即主要因素是表面平整度(2m长度)、截面尺寸(梁、柱、墙板、其他构件);B类即次要因素是电梯井(井筒长、宽对定位中心线,井筒全高垂直度);C类即一般因素,有垂直度、标高和其他项目。

综合以上分析结果，下步应重点解决 A 类质量问题。

(4)绘制注意事项

绘制排列图应注意以下几个问题：

1)要注意所取数据的时间和范围。作排列图的目的是为了找出影响质量因素的主次因素，如果搜集的数据是在发生时间内或不属本范围内的数据，做出的排列图起不了控制质量的作用。所以，为了有利于工作循环比较，说明对策的有效性，就必须注意所取数据的时间和范围。

2)找出的主要因素最好是 1～2 个，最多不超过 3 个，否则失去了抓住主要矛盾的意义。如遇到这类情况需要重新考虑因素分类，遇到项目较多时，可适当合并一般项目，不太重要的项目通常可以列入"其他"栏内最后一项。

3)针对影响质量的主要因素采取措施后，在 PDCA 循环过程中，为了检查实施效果需重新作排列图进行。

2. **因果分析图法**

因果分析图也称特性要因图、树枝图或鱼刺图，是利用因果分析图来系统整理分析某个质量问题(结果)与其产生原因之间关系的有效工具。

因果分析图的基本形式如图 4-4 所示。

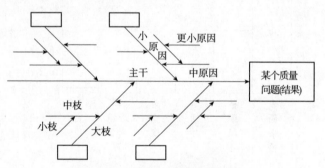

图 4-4　因果分析图的基本形式

从图 4-4 可见，因果分析图由质量特性(即质量结果或某个质量问题)、要因(产生质量问题的主要原因)、枝干(指一系列箭线，表示不同层次的原因)、主干(指较粗的直接指向质量结果的水平箭线)等所组成。

(1)因果分析图绘制步骤

因果分析图的绘制一般应按以下步骤进行：

1)先确定要分析的某个质量问题(结果)，然后由左向右画粗干线，并以箭头指向所要分析的质量问题。

2)座谈议论、集思广益、罗列影响该质量问题的原因。谈论时要请各方面的有关人员一起参加。把谈论中提出的原因，按照人、机、料、法、环五大要素进行分类,然后分别填入因果分析图的大原因的线条里,再顺序地把中原因、小原因及更小原因同样填入因果分析图内。

3)从整个因果分析图中寻找最主要的原因,并根据重要程度以顺序①、②、③……表示。

4)画出因果分析图并确定了主要原因后,必要时可到现场做实地调查,进一步搞清主要原因的项目,以便采取相应措施予以解决。

【例 4-2】 绘制混凝土强度不足的因果分析图。

【解】 (1)明确质量问题的结果。该例分析的质量问题是"混凝土强度不足",作图时首先由左至右画出一条水平主干线,箭头指向一个矩形框,框内注明研究的问题,即结果。

(2)分析确定影响质量特性大的方面的原因。一般来说,影响质量因素有五大方面,即人、机械、材料、方法、环境等。另外还可以按产品的生产过程进行分析。

(3)将每种大原因进一步分解为中原因、小原因,直至分解的原因可以采取具体措施加以解决为止。

(4)检查图中所列原因是否齐全,可以对初步分析结果广泛征求意见,并做必要的补充及修改。

(5)选择出影响大的关键因素,做出标记"△",以便重点采取措施。

绘制好的混凝土强度不足的因果分析图如图 4-5 所示。

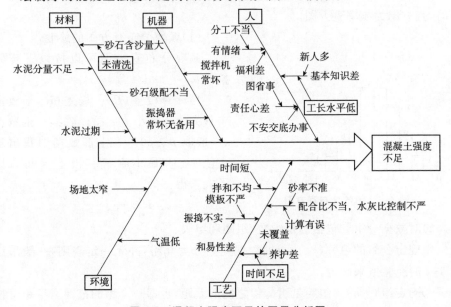

图 4-5 混凝土强度不足的因果分析图

(2) 因果分析图绘制注意事项

绘制因果分析图时应注意以下事项：

1) 如果对工程没有比较全面和深入的了解，没有掌握有关专业技术，是画不好的；同时，一个人的认识是有限的，所以要组织有关人员共同讨论、研究、分析原因所在，制定行之有效的对策。

2) 对于特性产生的原因，要大原因、中原因、小原因、更小原因，以抓住真正的原因。

(3) 因果分析图的观察方法

因果分析图的观察方法如下：

1) 大小各种原因，都是通过什么途径，在多大程度上影响结果的。

2) 各种原因之间有无关系。

3) 各种原因有无测定的可能，准确程度如何。

4) 把分析出来的原因与现场的实际情况逐项对比，看与现场有无出入、有无遗漏或不易遵守的条件等。

3. 频数分布直方图法

频数分布直方图又称质量分布图、矩形图法，它是将收集到的质量数据进行分组整理，绘制频数或频率分布直方图，用以描述质量发布状态的一种分析方法。如图 4-6 所示，频数分布直方图由一个纵坐标、一个横坐标和若干个长方形组成。横坐标为质量特性，纵坐标是频数时，直方图为频数直方图；纵坐标是频率时，直方图为频率直方图。

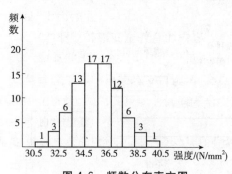

图 4-6 频数分布直方图

(1) 频数分布直方图的绘制

频数分布直方图可以按以下步骤绘制：

1) 计算极差 (R)。极差 (R) 是数据中最大值与最小值之差。收集一批数据（一般取 $n > 50$），在全部数据中找出最大值 x_{max} 和最小值 x_{min}，极差 R 可以按下式求得

$$R = x_{max} - x_{min} \quad (4-1)$$

2) 对数据分组。包括确定组数、组距和组限。

① 确定分组的组数 (k)。一批数据究竟分为几组，并无一定规则，一般采用表 4-4 的经验值来确定。

② 确定组距 (h)。组距是组与组之间的差距，也即一个组的范围。组距可按下式计算

表 4-4 数据分组

数据个数(n)	组数(R)	数据个数(n)	组数(R)
50 以内	5~6	100~250	7~12
50~100	6~10	250 以上	10~20

$$h = R/k \tag{4-2}$$

式中：R——极差；

k——组数。

分组应分适当，如果分得太多，则画出的直方图就像锯齿形，看不出明显的规律，如果分得太少，会掩盖组内数据变动的情况。

③确定组限(r_i)。一般情况下，组限计算方法为

$$r_1 = x_{\min} - h/2 \tag{4-3}$$

$$r_i = r_{i-1} + h \tag{4-4}$$

为了避免某些数据正好落在组界上，应将组界取得比数据多一位小数。

3）频数统计。根据搜集的每一个数据，用正字法计算落入每一组界内的频数，据以确定每一个小直方的高度。以上做出的频数统计，已经基本上显示了全部数据的分布状况，再用图示则更加清楚。直方图的图形由横轴和纵轴组成。选用一定比例在横轴上画出组界，在纵轴上画出频数，绘制成柱形的直方图。

【例 4-3】某些建筑工地浇筑 C30 混凝土，为对其抗压强度进行质量分析，共收集了 50 份抗压强度试验报告单，经整理见表 4-5。

表 4-5 数据整理表

序号	抗压强度数据							最大值	最小值
1	39.8	37.7	33.8	31.5	36.1	39.8	31.5		
2	37.2	38.0	33.1	39.0	36.0	39.0	33.1		
3	35.8	35.2	31.8	37.1	34.0	37.1	31.8		
4	39.9	34.3	33.2	40.4	41.2	41.2	33.2		
5	39.2	35.4	34.4	38.1	40.3	40.3	34.4		
6	42.3	37.5	35.5	39.3	37.3	42.3	35.5		
7	35.9	42.4	41.8	36.3	36.2	42.4	35.9		
8	46.2	37.6	38.0	39.7	46.2	46.2	37.6		
9	36.4	38.3	43.4	38.2	38.0	42.4	36.4		
10	44.4	42.0	37.9	38.4	39.5	44.1	37.9		

【解】 (1)计算极差(R)。

$$x_{max}=46.2N/mm^2$$
$$x_{min}=31.5N/mm^2$$
$$R=x_{max}-x_{min}=(46.2-31.5)N/mm^2=14.7N/mm^2$$

(2)确定组数(k)。根据表 9-16,本例中取 $k=8$。

(3)计算组距(h)

$$h=\frac{R}{k}=14.7N/mm^2/8=1.84N/mm^2\approx 2N/mm^2$$

(4)与组限(r_i)

$$r_1=x_{min}-\frac{h}{2}=31.5-\frac{2.0}{2}=30.5$$

第一组上界:30.5+h=30.5+2=32.5

第二组下界=第一组上界=32.5

第二组上界:32.5+h=32.5+2=34.5

以下以此类推,最高组界为 44.5～46.5,分组结果覆盖了全部数据。

(5)编制数据频数统计表:统计各组频数,可采用唱票形式进行,频数总和应等于全部数据个数。本例频数统计结果见表 4-6。

表 4-6 频数统计表

组号	组限/(N/mm²)	频数统计	频数	组号	组限/(N/mm²)	频数统计	频数
1	30.5～32.5	丅	2	5	38.5～40.5	正正	9
2	32.5～34.5	正一	6	6	40.5～42.5	正	5
3	34.5～36.5	正正	10	7	42.5～44.5	丅	2
4	36.5～38.5	正正正	15	8	44.5～46.5	一	1
合计							50

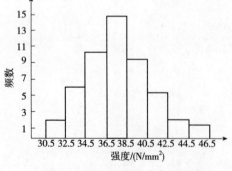

图 4-7 混凝土强度分布直方图

(6)绘制频数分布直方图。

在频数分布直方图中,横坐标表示质量特性值,本例中为混凝土强度,并标出各组的组限值。画出以组距为底,以频数为高的直方形,便得到混凝土强度的频数分布直方图,如图 4-7 所示。

(2)频数分布直方图的观察与分析

频数分布直方图形象直观地反映了数据分布情况,通过对直方图的观察和分析可以看出生产是否稳定及其质量的情况。常见的频数分布直方图典型形状如图 4-8 所示。

1)对称形:中间为峰,两侧对称分散者为对称形,如图 4-8a 所示。这是工序稳定正常时的分布状况。

2)孤岛形:在远离主分布中心的地方出现小的直方,形如孤岛,如图 4-8b 所示。孤岛的存在表明生产过程中出现了异常因素,例如原材料一时发生变化;有人代替操作;短期内工作操作不当。

3)双峰形:直方图呈现两个项峰,如图 4-8c 所示。这往往是两种不同的分布混在一起的结果。例如两台不同的机床加工的零件所造成的差异。

4)偏向形:直方图的顶峰偏向一侧,故又称偏坡形,它往往是因计数值或计量值只控制一侧界限或剔除了不合格数据造成的,如图 4-8d 所示。

5)平顶形:在直方图顶部呈平顶状态。一般是由多个母体数据混在一起造成的,或者在生产过程中有缓慢变化的因素在起作用所造成。如操作者疲劳而造成直方图的平顶状,如图 4-8e 所示。

6)绝壁形:是由于数据搜集不正常,可能有意识地去掉下限以下的数据,或是在检测过程中存在某种人为因素所造成的,如图 4-8f 所示。

7)锯齿形:直方图出现参差不齐的形状,即频数不是在相邻区间减少,而是在间隔区间减少,形成了锯齿状。造成这种现象的原因不是生产上的问题,而主要是绘制直方图时分组过多或测量仪器精度不够而造成的,如图 4-8g 所示。

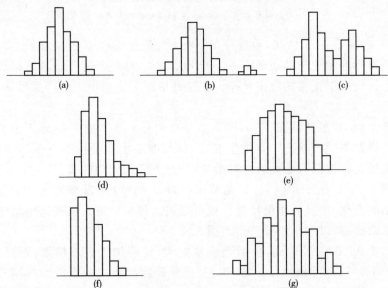

图 4-8　常见直方图形
(a)对称形;(b)孤岛形;(c)双峰形;(d)偏向形;(e)平顶形;(f)绝壁形;(g)锯齿形

(3)与质量标准对照比较,判断实际生产过程能力

绘制好频数分布直方图后,除了观察直方图形状,分析质量分布状态外,再将正常型直方图与质量标准比较,从而判断实际生产过程能力。正常型直方图与质量标准相比较,一般有六种情况,如图4-9所示。

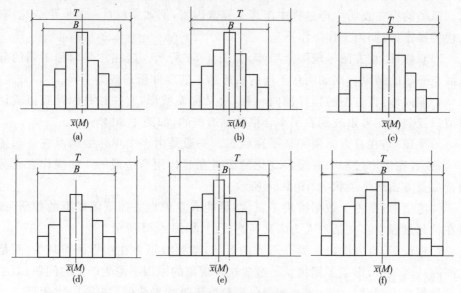

图4-9 实际质量分析与标准比较
T—质量标准要求界限;B—实际质量特性分布范围

1)图4-9a,B在T中间,质量分布中心z与质量标准中心M重合,实际数据分布与质量标准相比较两边还有一定余地。这样的生产过程质量是很理想的,说明生产过程处于正常的稳定状态。在这种情况下生产出来的产品可认为全都是合格品。

2)图4-9b,B虽然落在T内,但质量分布中心z与T的中心M不重合,偏向一边。这样如果生产状态一旦发生变化,就可能超出质量标准下限而出现不合格品。出现这种情况时应迅速采取措施,使直方图移到中间来。

3)图4-9c,B在T中间,且B的范围接近T的范围,没有余地,生产过程一旦发生小的变化,产品的质量特性值就可能超出质量标准。出现这种情况时,必须立即采取措施,以缩小质量分布范围。

4)图4-9d,B在T中间,但两边余地太大,说明加工过于精细,不经济。在这种情况下,可以对原材料、设备、工艺、操作等控制要求适当放宽些,有目的地使B扩大,从而有利于降低成本。

5)图4-9e,质量分布范围B已超出标准下限之外,说明已出现不合格品。此时必须采取措施进行调整,使质量分布位于标准之内。

6)图 4-9f,质量分布范围完全超出了质量标准上、下界限;散差太大,产生许多废品,应提高过程能力,使质量分布范围 B 缩小。

4. 控制图法

控制图又叫管理图,是能够表达施工过程中质量波动状态的一种图形。使用控制图,能够及时地提供施工中质量状态偏离控制目标的信息,提醒人们不失时机地采取措施,使质量始终处于控制状态。

使用控制图,使工序质量的控制由事后检查转变为预防为主,使质量控制产生了一个飞跃。1924 年美国人休哈特发明了这种图形,此后其在质量控制中得到了日益广泛的应用。

控制图与前述各统计方法的根本区别在于,前述各种方法所提供的数据是静态的,而控制图则可提供动态的质量数据,使人们有可能控制异常状态的产生和蔓延。

如前所述,质量的特性总有波动,波动的原因主要有人、材料、设备、工艺、环境五个方面。控制图就是通过分析不同状态下统计数据的变化,来判断五个系统因素是否有异常而影响着质量,也就是要及时发现异常因素而加以控制,保证工序处于正常状态。它通过子样数据来判断总体状态,以预防不良产品的产生。

【例 4-4】表 4-7 为某工程中混凝土构件强度数据表,根据抽样数据来绘制控制图。

表 4-7　混凝土构件强度数据表(单位:MPa)

组号	测定日期	X_1	X_2	X_3	X_4	X_5	$\overline{X}$	R
1	10 月 10 日	21.0	19.0	19.0	22.0	20.0	20.2	3.0
2	11	23.0	17.0	18.0	19.0	21.0	19.6	6.0
3	12	21.0	21.0	22.0	21.0	22.0	21.4	1.0
4	13	20.0	19.0	19.0	23.0	20.2	20.2	4.0
5	14	21.0	22.0	20.0	20.0	21.0	20.2	2.0
6	15	21.0	17.0	18.0	17.0	22.0	19.0	5.0
7	16	18.0	18.0	20.0	19.0	20.0	19.0	2.0
8	17	22.0	22.0	19.0	20.0	19.0	20.4	3.0
9	18	20.0	18.0	20.0	19.0	20.0	19.4	2.0
10	19	18.0	17.0	20.0	0.0	20.0	18.4	3.0
11	20	18.0	19.0	19.0	24.0	21.0	20.2	6.0
12	21	19.0	22.0	20.0	20.0	20.0	20.2	3.0
13	22	22.0	19.0	16.0	19.0	18.0	18.8	6.0

(续)

组号	测定日期	X_1	X_2	X_3	X_4	X_5	$\bar{X}$	R
14	23	20.0	22.0	21.0	21.0	18.8	206	3.0
15	24	19.0	18.0	21.0	21.0	20.0	19.8	3.0
16	25	16.0	18.0	19.0	20.0	20.0	18.6	4.0
17	26	21.0	22.0	21.0	20.0	18.0	20.4	4.0
18	27	18.0	18.0	16.0	21.0	22.0	19.0	6.0
19	28	21.0	21.0	21.0	21.0	20.0	20.8	4.0
20	29	21.0	19.0	19.0	19.0	19.0	19.4	2.0
21	30	20.0	19.0	19.0	20.0	22.0	20.0	3.0
22	31	20.0	20.0	23.0	22.0	18.0	20.6	5.0
23	11月1日	22.0	22.0	20.0	18.0	22.0	20.8	4.0
24	2	19.0	19.0	20.0	24.0	22.0	20.8	5.0
25	3	17.0	21.0	21.0	18.0	19.0	19.2	4.0
合计							497.6	93.0

$\bar{X}-R$ 控制图如图 4-10 所示

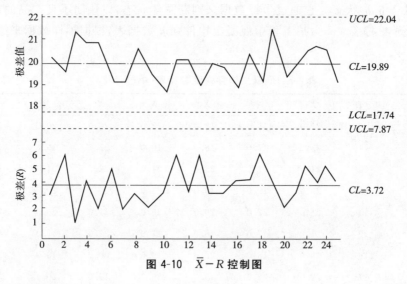

图 4-10 $\bar{X}-R$ 控制图

5. 相关图法

相关图法又叫散布图法,它不同于前述各种方法之处是,它不是对一种数据进行处理和分析,而是对两种测定数据之间的相关关系进行处理、分析和判断。它也是一种动态的分析方法。在工程施工中,工程质量的相关关系有三种类型:第一种是质量特性和影响因素之间的关系,例如混凝土强度与温度的关系;第二种是质量特性与质量特性之间的关系;第三种是影响因素与影响因素之间的关系,如混凝土密度与抗渗能力之间的关系,沥青的黏结力与沥青的延伸率之间的关系等。

通过对相关关系的分析、判断,人们可以得到对质量目标进行控制的信息。

分析质量结果与产生原因之间的相关关系,有时从数据上比较容易看清楚,但有时从数据上很难看清楚,这时就必须借助于相关图为相关分析提供方便。

使用相关图,就是通过绘图、计算与观察,判断两种数据之间究竟是什么关系,建立相关方程,从而通过控制一种数据达到控制另一种数据的目的。正如我们掌握了在弹性极限内钢材的应力和应变的正相关关系(直线关系)可以通过控制拉伸长度(应变)从而达到提高钢材强度的目的一样(冷拉的原理)。

【例 4-5】 根据表 4-8 所示的混凝土密度与抗渗的关系,绘制其相关图。

表 4-8 混凝土密度与抗渗的关系

抗渗 (kN·m^{-2})	密度 (kg·m^{-3})	抗渗 (kN·m^{-2})	密度 (kg·m^{-3})	抗渗 (kN·m^{-2})	密度 (kg·m^{-3})
780	2290	750	2250	780	2350
500	1919	480	1850	350	2300
550	1960	730	2200	550	1940
810	2400	750	2240	680	2140
800	2350	810	2440	620	2110
650	2080	690	2170	630	2120
700	2150	580	2040	700	2200
840	2520	590	2050		
520	1900	640	2060		

混凝土密度与抗渗相关图,如图 4-11 所示。

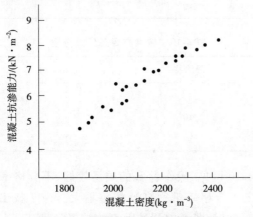

图 4-11　混凝土密度与抗渗相关图

6. 分层法

分层法又称分类法或分组法,就是将搜集到的质量数据,按统计分析的需要,进行分类整理,使之系统化,以便于找到产生质量问题的原因,及时采取措施加以预防。分层的结果使数据各层间的差异突出地显示出来,减少了层内数据的差异。在此基础上再进行层间、层内的比较分析,可以更深入地发现和认识质量问题的原因。

分层时,常用的数据分类方法有以下几种:
(1)按时间分:如按日班、夜班、日期、周、旬、月、季划分。
(2)按人员分:如按新、老、男、女或不同年龄特征划分。
(3)按使用仪器工具分:如按不同的测量仪器、不同的钻探工具等划分。
(4)按操作方法分:如按不同的技术作业过程、不同的操作方法等划分。
(5)按原材料分:按不同材料成分、不同进料时间等划分。

【例4-6】钢筋焊接质量的调查分析,共检查了50个焊接点,其中不合格19个,不合格率为38%。存在严重的质量问题,试用分层法分析质量问题的原因。

现已查明这批钢筋的焊接是由A、B、C三个师傅操作的,而焊条是由甲、乙两个厂家提供的。因此,分别按操作者和焊条生产厂家进行分层分析,即考虑一种因素单独的影响,见表4-9和表4-10。

表4-9 按操作者分层

操作者	不合格	合格	不合格率(%)
A	6	13	32
B	3	9	25
C	10	9	53
合计	19	31	38

表4-10 按供应焊条厂家分层

工厂	不合格	合格	不合格率(%)
甲	9	14	39
乙	10	17	37
合计	19	31	38

由表4-9和表4-10可见,操作者B的质量较好,不合格率为25%;而不论是采用甲厂还是乙厂的不合格率都很高且相差不大。为了找出问题所在,再进一步采用综合分层进行分析,即考虑两种因素的结果。见表4-11。

表 4-11 综合分层分析焊接质量

操作者	焊接质量	甲厂 焊接点	不合格率(%)	乙厂 焊接点	不合格率(%)	合计 焊接点	不合格率(%)
A	不合格	6	75	9	0	6	32
	合格	2		11		13	
B	不合格	0	0	3	43	3	25
	合格	5		4		9	
C	不合格	3	30	7	78	10	53
	合格	7		2		9	
合计	不合格	9	39	10	37	19	28
	合格	14		17		31	

从表 4-11 的综合分层法分析可知,在使用甲厂焊条时,应采用 B 师傅的操作方法为好;在使用乙厂的焊条时,应采用 A 师傅的操作方法为好,这样会大大提高合格率。

第三节 建筑工程项目质量过程验收

工程项目质量验收,应将项目划分为单位(子单位)工程、分部(子分部)工程、分项工程和检验批进行验收。施工过程质量验收主要是指检验批和分项、分部工程的质量验收。

一、施工过程质量验收的内容

《建筑工程施工质量验收统一标准》GB50300—2013 与各个专业工程施工质量验收规范,明确规定了各分项工程的施工质量的基本要求,规定了分项工程检验批量的抽查办法和抽查数量,规定了检验批主控项目、一般项目的检查内容和允许偏差,规定了对主控项目、一般项目的检验方法,规定了各分部工程验收的方法和需要的技术资料等,同时对涉及人民生命财产安全、人身健康、环境保护和公共利益的内容以强制性条文做出规定,要求必须坚决、严格遵照执行。

检验批和分项工程是质量验收的基本单元;分部工程是在所含全部分项工程验收的基础上进行验收的,在施工过程中随完工随验收,并留下完整的质量验收记录和资料;单位工程作为具有独立使用功能的完整的建筑产品,进行竣工质量验收。

施工过程的质量验收包括以下验收环节,通过验收后留下完整的质量验收记录和资料,为工程项目竣工质量验收提供依据:

1. 检验批质量验收

所谓检验批是指"按同一的生产条件或按规定的方式汇总起来供检验用的,由一定数量样本组成的检验体",检验批可根据施工及质量控制和专业验收需要按楼层、施工段、变形缝等进行划分。检验批是工程验收的最小单位,是分项工程乃至整个建筑工程质量验收的基础。

检验批应由监理工程师(建设单位项目技术负责人)组织施工单位项目专业质量(技术)负责人等进行验收。

检验批质量验收合格应符合下列规定:

(1)主控项目和一般项目的质量经抽样检验合格。

(2)具有完整的施工操作依据、质量检查记录。

主控项目是指建筑工程中的对安全、卫生、环境保护和公众利益起决定性作用的检验项目。主控项目的验收必须从严要求,不允许有不符合要求的检验结果,主控项目的检查具有否决权。除主控项目以外的检验项目称为一般项目。

2. 分项工程质量验收

分项工程的质量验收在检验批验收的基础上进行。一般情况下,两者具有相同或相近的性质,只是批量的大小不同而已。分项工程可由一个或若干检验批组成。

分项工程应由监理工程师(建设单位项目技术负责人)组织施工单位项目专业质量(技术)负责人进行验收。

分项工程质量验收合格应符合下列规定:

(1)分项工程所含的检验批均应符合合格质量的规定。

(2)分项工程所含的检验批的质量验收记录应完整。

3. 分部工程质量验收

分部工程的验收在其所含各分项工程验收的基础上进行。

分部工程应由总监理工程师(建设单位项目负责人)组织施工单位项目负责人和技术、质量负责人等进行验收;地基与基础、主体结构分部工程的勘察、设计单位工程项目负责人和施工单位技术、质量部门负责人也应参加相关分部工程验收。

分部(子分部)工程质量验收合格应符合下列规定:

(1)分部(子分部)工程所含分项工程的质量均应验收合格。

(2)质量控制资料应完整。

(3)地基与基础、主体结构和设备安装等分部工程有关安全及功能的检验和抽样检测结果应符合有关规定。

(4)观感质量验收应符合要求。

必须注意的是,由于分部工程所含的各分项工程性质不同,因此它并不是在所含分项验收基础上的简单相加,即所含分项验收合格且质量控制资料完整,只是分部工程质量验收的基本条件,还必须在此基础上对涉及安全和使用功能的地基基础、主体结构、有关安全及重要使用功能的安装分部工程进行见证取样试验或抽样检测;而且还需要对其观感质量进行验收,并综合给出质量评价,对于评价为"差"的检查点应通过返修处理等进行补救。

二、施工过程质量验收不合格的处理

施工过程的质量验收是以检验批的施工质量为基本验收单元。检验批质量不合格可能是由于使用的材料不合格,或施工作业质量不合格,或质量控制资料不完整等原因所致,其处理方法有:

(1)在检验批验收时,发现存在严重缺陷的应推倒重做,有一般的缺陷可通过返修或更换器具、设备消除缺陷后重新进行验收。

(2)个别检验批发现某些项目或指标(如试块强度等)不满足要求难以确定是否验收时,应请有资质的法定检测单位检测鉴定,当鉴定结果能够达到设计要求时,应予以验收。

(3)当检测鉴定达不到设计要求,但经原设计单位核算仍能满足结构安全和使用功能的检验批,可予以验收。

(4)严重质量缺陷或超过检验批范围内的缺陷,经法定检测单位检测鉴定以后,认为不能满足最低限度的安全储备和使用功能,则必须进行加固处理,虽然改变外形尺寸,但能满足安全使用要求,可按技术处理方案和协商文件进行验收,责任方应承担经济责任。

(5)通过返修或加固处理后仍不能满足安全使用要求的分部工程严禁验收。

第四节 建筑工程项目质量事故处理

一、工程质量问题和质量事故的分类

1. 工程质量不合格

(1)质量不合格和质量缺陷

根据我国标准《质量管理体系基础和术语》GB/T19000—2008/ISO9000:2005 的规定,凡工程产品没有满足某个规定的要求,就称之为质量不合格;而未满足某个与预期或规定用途有关的要求,称为质量缺陷。

(2)质量问题和质量事故

凡是工程质量不合格,影响使用功能或工程结构安全,造成永久质量缺陷或存在重大质量隐患,甚至直接导致工程倒塌或人身伤亡,必须进行返修、加固或报废处理,按照由此造成直接经济损失的大小分为质量问题和质量事故。

2. 工程质量事故

根据住房和城乡建设部《关于做好房屋建筑和市政基础设施工程质量事故报告和调查处理工作的通知》(建质[2010]111号),工程质量事故是指由于建设、勘察、设计、施工、监理等单位违反工程质量有关法律法规和工程建设标准,使工程产生结构安全、重要使用功能等方面的质量缺陷,造成人身伤亡或者重大经济损失的事故。

工程质量事故具有成因复杂、后果严重、种类繁多、往往与安全事故共生的特点,建设工程质量事故的分类有多种方法,不同专业工程类别对工程质量事故的等级划分也不尽相同。

(1)按事故造成损失的程度分级

上述建质[2010]111号文根据工程质量事故造成的人员伤亡或者直接经济损失将工程质量事故分为4个等级:

1)特别重大事故,是指造成30人以上死亡,或者100人以上重伤,或者1亿元以上直接经济损失的事故。

2)重大事故,是指造成10人以上30人以下死亡,或者50人以上100人以下重伤,或者5000万元以上1亿元以下直接经济损失的事故。

3)较大事故,是指造成3人以上10人以下死亡,或者10人以上50人以下重伤,或者1000万元以上5000万元以下直接经济损失的事故。

4)一般事故,是指造成3人以下死亡,或者10人以下重伤,或者100万元以上1000万元以下直接经济损失的事故。

该等级划分所称的"以上"包括本数,所称的"以下"不包括本数。

(2)按事故责任分类

1)指导责任事故:指由于工程实施指导或领导失误而造成的质量事故。例如,由于工程负责人片面追求施工进度,放松或不按质量标准进行控制和检验,降低施工质量标准等。

2)操作责任事故:指在施工过程中,由于实施操作者不按规程和标准实施操作,而造成的质量事故。例如,浇筑混凝土时随意加水,或振捣疏漏造成混凝土质量事故等。

3)自然灾害事故:指由于突发的严重自然灾害等不可抗力造成的质量事故。例如地震、台风、暴雨、雷电、洪水等对工程造成破坏甚至倒塌。这类事故虽然不是人为责任直接造成,但灾害事故造成的损失程度也往往与人们是否在事前采取了有效的预防措施有关,相关责任人员也可能负有一定责任。

二、施工质量事故的预防

建立健全施工质量管理体系,加强施工质量控制,就是为了预防施工质量问题和质量事故,在保证工程质量合格的基础上,不断提高工程质量。所以,施工质量控制的所有措施和方法,都是预防施工质量事故的措施。具体来说,施工质量事故的预防,应运用风险管理的理论和方法,从寻找和分析可能导致施工质量事故发生的原因入手,抓住影响施工质量的各种因素和施工质量形成过程的各个环节,采取针对性的预防控制措施。

1. 施工质量事故发生的原因

施工质量事故发生的原因大致有如下四类:

(1)技术原因:指引发质量事故是由于在项目勘察、设计、施工中技术上的失误。例如,地质勘察过于疏略,对水文地质情况判断错误,致使地基基础设计采用不正确的方案;或结构设计方案不正确,计算失误,构造设计不符合规范要求;施工管理及实际操作人员的技术素质差,采用了不合适的施工方法或施工工艺等。这些技术上的失误是造成质量事故的常见原因。

(2)管理原因:指引发的质量事故是由于管理上的不完善或失误。例如,施工单位或监理单位的质量管理体系不完善,质量管理措施落实不力,施工管理混乱,不遵守相关规范,违章作业,检验制度不严密,质量控制不严格,检测仪器设备管理不善而失准,以及材料质量检验不严等原因引起质量事故。

(3)社会、经济原因:指引发的质量事故是由于社会上存在的不正之风及经济上的原因,滋长了建设中的违法违规行为,而导致出现质量事故。例如,违反基本建设程序,无立项、无报建、无开工许可、无招投标、无资质、无监理、无验收的"七无"工程,边勘察、边设计、边施工的"三边"工程,屡见不鲜,几乎所有的重大施工质量事故都能从这个方面找到原因;某些施工企业盲目追求利润而不顾工程质量,在投标报价中随意压低标价,中标后则依靠违法的手段或修改方案追加工程款,甚至偷工减料等,这些因素都会导致发生重大工程质量事故。

(4)人为事故和自然灾害原因:指造成质量事故是由于人为的设备事故、安全事故,导致连带发生质量事故,以及严重的自然灾害等不可抗力造成质量事故。

2. 施工质量事故预防的具体措施

(1)严格按照基本建设程序办事

首先要做好项目可行性论证,不可未经深入的调查分析和严格论证就盲目拍板定案；要彻底搞清工程地质水文条件方可开工；杜绝无证设计、无图施工；禁止任意修改设计和不按图纸施工；工程竣工不进行试车运转、不经验收不得交付使用。

(2) 认真做好工程地质勘察

地质勘察时要适当布置钻孔位置和设定钻孔深度。钻孔间距过大，不能全面反映地基实际情况；钻孔深度不够，难以查清地下软土层、滑坡、墓穴、孔洞等有害地质构造。地质勘察报告必须详细、准确，防止因根据不符合实际情况的地质资料而采用错误的基础方案，导致地基不均匀沉降、失稳，使上部结构及墙体开裂、破坏、倒塌。

(3) 科学地加固处理好地基

对软弱土、冲填土、杂填土、湿陷性黄土、膨胀土、岩层出露、岩溶、土洞等不均匀地基要进行科学的加固处理。要根据不同地基的工程特性，按照地基处理与上部结构相结合使其共同工作的原则，从地基处理与设计措施、结构措施、防水措施、施工措施等方面综合考虑治理。

(4) 进行必要的设计审查复核

要请具有合格专业资质的审图机构对施工图进行审查复核，防止因设计考虑不周、结构构造不合理、设计计算错误、沉降缝及伸缩缝设置不当、悬挑结构未通过抗倾覆验算等原因，导致质量事故的发生。

(5) 严格把好建筑材料及制品的质量关

要从采购订货、进场验收、质量复验、存储和使用等几个环节，严格控制建筑材料及制品的质量，防止不合格或是变质、损坏的材料和制品用到工程上。

(6) 对施工人员进行必要的技术培训

要通过技术培训使施工人员掌握基本的建筑结构和建筑材料知识，懂得遵守施工验收规范对保证工程质量的重要性，从而在施工中自觉遵守操作规程，不蛮干，不违章操作，不偷工减料。

(7) 依法进行施工组织管理

施工管理人员要认真学习、严格遵守国家相关政策法规和施工技术标准，依法进行施工组织管理；施工人员首先要熟悉图纸，对工程的难点和关键工序、关键部位应编制专项施工方案并严格执行；施工作业必须按照图纸和施工验收规范、操作规程进行；施工技术措施要正确，施工顺序不可搞错，脚手架和楼面不可超载堆放构件和材料；要严格按照制度进行质量检查和验收。

(8) 做好应对不利施工条件和各种灾害的预案

要根据当地气象资料的分析和预测，事先针对可能出现的风、雨、高温、严寒、雷电等不利施工条件，制定相应的施工技术措施；还要对不可预见的人为事故和严重自然灾害做好应急预案,并有相应的人力、物力储备。

(9)加强施工安全与环境管理

许多施工安全和环境事故都会连带发生质量事故,加强施工安全与环境管理,也是预防施工质量事故的重要措施。

三、施工质量问题和质量事故的处理

1. 施工质量事故处理的依据

(1)质量事故的实况资料

包括质量事故发生的时间、地点;质量事故状况的描述;质量事故发展变化的情况;有关质量事故的观测记录、事故现场状态的照片或录像;事故调查组调查研究所获得的第一手资料。

(2)有关合同及合同文件

包括工程承包合同、设计委托合同、设备与器材购销合同、监理合同及分包合同等。

(3)有关的技术文件和档案

主要是有关的设计文件(如施工图纸和技术说明)、与施工有关的技术文件、档案和资料(如施工方案、施工计划、施工记录、施工日志、有关建筑材料的质量证明资料、现场制备材料的质量证明资料、质量事故发生后对事故状况的观测记录、试验记录或试验报告等)。

(4)相关的建设法规

主要有《建筑法》《建设工程质量管理条例》和《关于做好房屋建筑和市政基础设施工程质量事故报告和调查处理工作的通知》(建质[2010]111号)等与工程质量及质量事故处理有关的法规,以及勘察、设计、施工、监理等单位资质管理和从业者资格管理方面的法规,建筑市场管理方面的法规,以及相关技术标准、规范、规程和管理办法等。

2. 施工质量事故报告和调查处理程序

施工质量事故报告和调查处理的一般程序如图4-12所示。

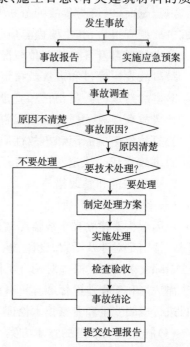

图4-12 施工质量事故处理的一般程序

(1)事故报告

工程质量事故发生后,事故现场有关人员应当立即向工程建设单位负责人报告;工程建设单位负责人接到报告后,应于1小时内向事故发生地县级以上人民政府住房和城乡建设主管部门及有关部门报告;同时应按照应急预案采取相应措施。情况紧急时,事故现场有关人员可直接向事故发生地县级以上人民政府住房和城乡建设主管部门报告。

事故报告应包括下列内容:

1)事故发生的时间、地点、工程项目名称、工程各参建单位名称。
2)事故发生的简要经过、伤亡人数和初步估计的直接经济损失。
3)事故原因的初步判断。
4)事故发生后采取的措施及事故控制情况。
5)事故报告单位、联系人及联系方式。
6)其他应当报告的情况。

(2)事故调查

事故调查要按规定区分事故的大小分别由相应级别的人民政府直接或授权委托有关部门组织事故调查组进行调查。未造成人员伤亡的一般事故,县级人民政府也可以委托事故发生单位组织事故调查组进行调查。事故调查应力求及时、客观、全面,以便为事故的分析与处理提供正确的依据。调查结果要整理撰写成事故调查报告,其主要内容应包括:

1)事故项目及各参建单位概况。
2)事故发生经过和事故救援情况。
3)事故造成的人员伤亡和直接经济损失。
4)事故项目有关质量检测报告和技术分析报告。
5)事故发生的原因和事故性质。
6)事故责任的认定和事故责任者的处理建议。
7)事故防范和整改措施。

(3)事故的原因分析

原因分析要建立在事故情况调查的基础上,避免情况不明就主观推断事故的原因。特别是对涉及勘察、设计、施工、材料和管理等方面的质量事故,事故的原因往往错综复杂,因此,必须对调查所得到的数据、资料进行仔细的分析,依据国家有关法律法规和工程建设标准分析事故的直接原因和间接原因,必要时组织对事故项目进行检测鉴定和专家技术论证,去伪存真,找出造成事故的主要原因。

(4)制定事故处理的技术方案

事故的处理要建立在原因分析的基础上,要广泛地听取专家及有关方面的意见,经科学论证,决定事故是否要进行技术处理和怎样处理。在制定事故处理的技术方案时,应做到安全可靠、技术可行、不留隐患、经济合理、具有可操作性、满足项目的安全和使用功能要求。

(5)事故处理

事故处理的内容包括:事故的技术处理,按经过论证的技术方案进行处理,解决事故造成的质量缺陷问题;事故的责任处罚,依据有关人民政府对事故调查报告的批复和有关法律法规的规定,对事故相关责任者实施行政处罚,负有事故责任的人员涉嫌犯罪的,依法追究刑事责任。

(6)事故处理的鉴定验收

质量事故的技术处理是否达到预期的目的,是否依然存在隐患,应当通过检查鉴定和验收做出确认。事故处理的质量检查鉴定,应严格按施工验收规范和相关质量标准的规定进行,必要时还应通过实际量测、试验和仪器检测等方法获取必要的数据,以便准确地对事故处理的结果做出鉴定,形成鉴定结论。

(7)提交事故处理报告

事故处理后,必须尽快提交完整的事故处理报告,其内容包括:事故调查的原始资料、测试的数据;事故原因分析和论证结果;事故处理的依据;事故处理的技术方案及措施;实施技术处理过程中有关的数据、记录、资料;检查验收记录;对事故相关责任者的处罚情况和事故处理的结论等。

3. 施工质量事故处理的基本要求

(1)质量事故的处理应达到安全可靠、不留隐患、满足生产和使用要求、施工方便、经济合理的目的。

(2)消除造成事故的原因,注意综合治理,防止事故再次发生。

(3)正确确定技术处理的范围和正确选择处理的时间和方法。

(4)切实做好事故处理的检查验收工作,认真落实防范措施。

(5)确保事故处理期间的安全。

4. 施工质量缺陷处理的基本方法

(1)返修处理

当项目的某些部分的质量虽未达到规范、标准或设计规定的要求,存在一定的缺陷,但经过采取整修等措施后可以达到要求的质量标准,又不影响使用功能或外观的要求时,可采取返修处理的方法。例如,某些混凝土结构表面出现蜂窝、麻面,或者混凝土结构局部出现损伤,如结构受撞击、局部未振实、冻害、火灾、酸类腐蚀、碱骨料反应等,当这些缺陷或损伤仅仅在结构的表面或局部,不影响其使用和外观,可进行返修处理。再比如对混凝土结构出现裂缝,经分析研究后如果不影响结构的安全和使用功能时,也可采取返修处理。当裂缝宽度不大于 0.2mm 时,可采用表面密封法;当裂缝宽度大于 0.3mm 时,采用嵌缝密闭法;当裂缝较深时,则应采取灌浆修补的方法。

(2)加固处理

主要是针对危及结构承载力的质量缺陷的处理。通过加固处理,使建筑结构恢复或提高承载力,重新满足结构安全性与可靠性的要求,使结构能继续使用或改作其他用途。对混凝土结构常用的加固方法主要有:增大截面加固法、外包角钢加固法、粘钢加固法、增设支点加固法、增设剪力墙加固法、预应力加固法等。

(3)返工处理

当工程质量缺陷经过返修、加固处理后仍不能满足规定的质量标准要求,或不具备补救可能性,则必须采取重新制作、重新施工的返工处理措施。例如,某防洪堤坝填筑压实后,其压实土的干密度未达到规定值,经核算将影响土体的稳定且不满足抗渗能力的要求,须挖除不合格土,重新填筑,重新施工;某公路桥梁工程预应力按规定张拉系数为 1.3,而实际仅为 0.8,属严重的质量缺陷,也无法修补,只能重新制作。再比如某高层住宅施工中,有几层的混凝土结构误用了安定性不合格的水泥,无法采用其他补救办法,不得不爆破拆除重新浇筑。

(4)限制使用

当工程质量缺陷按修补方法处理后无法保证达到规定的使用要求和安全要求,而又无法返工处理的情况下,不得已时可做出诸如结构卸荷或减荷以及限制使用的决定。

(5)不作处理

某些工程质量问题虽然达不到规定的要求或标准,但其情况不严重,对结构安全或使用功能影响很小,经过分析、论证、法定检测单位鉴定和设计单位等认可后可不作专门处理。一般可不作专门处理的情况有以下几种。

1)不影响结构安全和使用功能的。例如,有的工业建筑物出现放线定位的偏差,且严重超过规范标准规定,若要纠正会造成重大经济损失,但经过分析、论证其偏差不影响生产工艺和正常使用,在外观上也无明显影响,可不作处理。又如,某些部位的混凝土表面的裂缝,经检查分析,属于表面养护不够的干缩微裂,不影响安全和外观,也可不作处理。

2)后道工序可以弥补的质量缺陷。例如,混凝土结构表面的轻微麻面,可通过后续的抹灰、刮涂、喷涂等弥补,也可不作处理。再比如,混凝土现浇楼面的平整度偏差达到 10mm,但由于后续垫层和面层的施工可以弥补,所以也可不作处理。

3)法定检测单位鉴定合格的。例如,某检验批混凝土试块强度值不满足规范要求,强度不足,但经法定检测单位对混凝土实体强度进行实际检测后,其实际强度达到规范允许和设计要求值时,可不作处理。对经检测未达到要求值,但相差不多,经分析论证,只要使用前经再次检测达到设计强度,也可不作处理,但应严格控制施工荷载。

4)出现的质量缺陷,经检测鉴定达不到设计要求,但经原设计单位核算,仍能满足结构安全和使用功能的。例如,某一结构构件截面尺寸不足,或材料强度不足,影响结构承载力,但按实际情况进行复核验算后仍能满足设计要求的承载力时,可不进行专门处理。这种做法实际上是挖掘设计潜力或降低设计的安全系数,应谨慎处理。

(6)报废处理

出现质量事故的项目,通过分析或实践,采取上述处理方法后仍不能满足规定的质量要求或标准,则必须予以报废处理。

第五节　建筑工程项目质量改进

一、建筑工程项目质量改进基本规定

施工项目应利用质量方针、质量目标定期分析和评价项目管理状况,识别质量持续改进区域,确定改进目标,实施选定的解决办法,改进质量管理体系的有效性。

(1)项目经理部应定期对项目质量状况进行检查、分析,向组织提出质量报告,提出目前质量状况、发包人及其他相关方满意程度、产品要求的符合性以及项目经理部的质量改进措施。

(2)组织应对项目经理部进行检查、考核,定期进行内部审核,并将审核结果作为管理评审的输入,促进项目经理部的质量改进。

(3)组织应了解发包人及其他相关方对质量的意见,对质量管理体系进行审核,确定改进目标,提出相应措施并检查落实。

二、建筑工程项目质量改进步骤

建筑工程项目质量改进步骤如下:
(1)分析和评价现状,以识别改进的区域。
(2)确定改进目标。
(3)寻找可能的解决办法以实现这些目标。
(4)评价这些解决办法并做出选择。
(5)实施选定的解决办法。

(6)测量、验证、分析和评价实施的结果以确定这些目标已经实现。
(7)正式采纳更正(形成正式的规定)。
(8)必要时,对结果进行评审,以确定进一步改进的机会。

三、建筑工程项目质量改进方法

(1)质量改进应坚持全面质量管理的 PDCA 循环方法。随着质量管理循环的不停进行,原有的问题解决了,新的问题又产生了,问题不断产生而又不断被解决,如此循环不止,每一次循环都把质量管理活动推向一个新的高度。

(2)坚持"三全"管理:"全过程"质量管理指的就是在产品质量形成全过程中,把可以影响工程质量的环节和因素控制起来;"全员"质量管理就是上至项目经理下至一般员工,全体人员行动起来参加质量管理;"全面质量管理"就是要对项目各方面的工作质量进行管理。这个任务不仅由质量管理部门来承担,而且项目的各部门都要参加。

(3)质量改进要运用先进的管理办法、专业技术和数理统计方法。

第五章 建筑工程职业健康安全与环境管理

第一节 建筑工程职业健康安全管理概述

建筑工程项目职业健康安全管理就是运用现代管理的科学知识,根据项目职业健康安全生产的目标要求,进行控制、处理,以提高职业健康安全管理工作的水平。在施工过程中只有用现代管理的科学方法去组织、协调生产,才能大幅度降低伤亡事故,才能充分调动施工人员的主观能动性。在提高经济效益的同时,改变不安全、不卫生的劳动环境和工作条件,在提高劳动生产率的同时,加强对工程项目的职业健康安全管理。

建筑工程项目施工现场存在着较多不安全因素,属于事故多发的作业现场。因此,加强对建设工程施工现场进行职业健康安全管理具有重要意义。

职业健康安全管理是建筑工程施工企业职业健康安全系统管理的关键,是保证建筑工程施工企业处于职业健康安全状态的重要基础。在建筑工程施工中多单位、多工种集中在一个场地,而且人员、作业位置流动性较大,因此,加强对施工现场各种要素的管理和控制,对减少职业健康安全事故的发生非常重要。同时,随着我国经济改革的发展,建设工程施工企业迅速发展壮大,建设工程施工企业难免良莠不齐,为了规范建设市场,也必须加强建筑工程施工职业健康安全管理。

一、职业健康安全管理体系标准

1.《职业健康安全管理体系》GB/T28000 标准体系构成

2011 年 12 月 30 日,我国颁布了新的《职业健康安全管理体系》GB/T28000 系列国家标准体系,代替了 2001 版的《职业健康安全管理体系》GB/T28000,并于 2012 年 2 月 1 日正式实施,其结构如下:

GB/T28001—2011《职业健康安全管理体系要求》。

GB/T28002—2011《职业健康安全管理体系实施指南》。

GB/T28000 系列标准的制定是为了满足职业健康安全管理体系评价和认

证的需要。为满足组织整合质量、环境和职业健康安全管理体系的需要,GB/T28000 系列标准考虑了与《质量管理体系要求》GB/T19001—2008、《环境管理体系要求及使用指南》GB/T24001—2004 标准的兼容性。此外,GB/T28000 系列标准还考虑了与国际劳工组织(ILO)的《职业健康安全管理体系指南》ILO-OSH：2001 标准间的兼容性。

2.《职业健康安全管理体系要求》GB/T28001—2011 的总体结构及内容(见表 5-1)

表 5-1 《职业健康安全管理体系要求》的总体结构及内容

项次	体系的总体结构	基本要求和内容
1	范围	本标准提出了对职业健康安全管理体系的要求,适用于任何有愿望建立职业健康安全管理体系的组织
2	规范性引用条件	《职业健康安全管理体系 要求》GB/T 28001—2011(OHSAS18001：2007,IDT)
		《质量和(或)环境管理体系审核指南》GB/T 19011—2003(ISO 19011：2001,IDT)
		《职业健康安全管理体系指南》ILO-OSH：2001
3	术语和定义	共有 23 项术语和定义
4	职业健康安全管理体系要求	
4.1	总要求	组织应根据本标准的要求建立、实验、保持和持续改进职业健康安全管理体系
4.2	职业健康安全方针	最高管理者应确定和批准本组织的职业健康安全方针,并确保职业健康安全方针在界定的职业健康安全管理体系范围内
4.3	策划	4.3.1 危险源识别、风险评估和控制措施的确定
		4.3.2 法律法规和其他要求
		4.3.3 目标和方案
4.4	实验和运行	4.4.1 资源、作用、职责、责任和权限
		4.4.2 能力、培训和意识
		4.4.3 沟通、参与和协商
		4.4.4 文件
		4.4.5 文件控制
		4.4.6 运行控制
		4.4.7 应急准备和响应

(续)

项次	体系的总体结构	基本要求和内容
4.5	检查	4.5.1 绩效测量和监视 4.5.2 合规性评价 4.5.3 事件调查、不符合、纠正措施和预防措施 4.5.4 记录控制 4.5.5 内部审核
4.6	管理评审	最高管理者应按计划的时间间隔,对组织的职业健康安全管理体系进行评审,以确保其持续适宜性、充分性和有效性。评审应包括评价改进的可能性和对职业健康安全管理体系进行修改的需求,包括对职业健康安全方针和职业健康安全目标的修改需求

管理体系中的职业健康安全方针体现了企业实现风险控制的总体职业健康安全目标。危险源识别、风险评价和风险控制策划,是企业通过职业健康安全管理体系的运行,实行事故控制的开端。

3. 职业健康安全管理体系标准实施的特点

职业健康安全管理体系是各类组织总体管理体系的一部分。目前,《职业健康安全管理体系》GB/T28000 系列标准作为推荐性标准被各类组织普遍采用,适用于各行各业、任何类型和规模的组织,用于建立组织的职业健康安全管理体系,并作为其认证的依据。其建立和运行过程的特点体现在以下几个方面:

(1)标准的结构系统采用 PDCA 循环管理模式,即标准由"职业健康安全方针—策划—实施与运行—检查和纠正措施—管理评审"五大要素构成,采用了 PDCA 动态循环、不断上升的螺旋式运行模式,体现了持续改进的动态管理思想。职业健康安全管理体系的运行模式如图 5-1 所示。

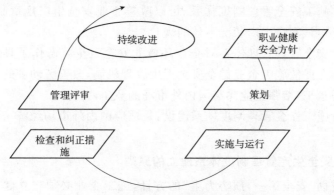

图 5-1 职业健康安全管理体系运行模式

(2)标准强调了职业健康安全法规和制度的贯彻执行,要求组织必须对遵守法律、法规做出承诺,并定期进行评审以判断其遵守的实效。

(3)标准重点强调以人为本,使组织的职业健康安全管理由被动强制行为转变为主动自愿行为,从而要求组织不断提升职业健康安全的管理水平。

(4)标准的内容全面、充实、可操作性强,为组织提供了一套科学、有效的职业健康安全管理手段,不仅要求组织强化安全管理,完善组织安全生产的自我约束机制,而且要求组织提升社会责任感和对社会的关注度,形成组织良好的社会形象。

(5)实施职业健康安全管理体系标准,组织必须对全体员工进行系统的安全培训,强化组织内全体成员的安全意识,可以增强劳动者身心健康,提高职工的劳动效率,从而为组织创造更大的经济效益。

(6)我国《职业健康安全管理体系要求》GB/T28001—2011等同于国际上通行的《职业健康安全管理体系要求》BS~OHSAS18001:2007标准,很多国家和国际组织把职业健康安全与贸易挂钩,形成贸易壁垒,贯彻执行职业健康安全管理标准将有助于消除贸易壁垒,从而可以为参与国际市场竞争创造必备的条件。

二、职业健康安全管理制度

1. 施工安全管理制度体系建立的重要性

由于建设工程规模大、周期长、参与单位多、技术复杂以及环境复杂多变等因素,导致建设工程安全生产的管理难度很大。因此,依据现行的法律法规,通过建立各项安全生产管理制度体系规范建设工程参与各方的安全生产行为,提高建设工程安全生产管理水平,防止和避免安全事故的发生是非常重要的。

(1)依法建立施工安全管理制度体系,能使劳动者获得安全与健康,是体现社会经济发展和社会公正、安全、文明的基本标志。

(2)建立施工安全管理制度体系,可以改善企业安全生产规章制度不健全、管理方法不适当、安全生产状况不佳的现状。

(3)施工安全管理管理体系对企业环境的安全卫生状态作了具体的要求和限定,从根本上促使施工企业健全安全卫生管理机制,改善劳动者的安全卫生条件,提升管理水平,增强企业参与国内外市场的竞争能力。

(4)推行施工安全管理制度体系建设,是适应国内外市场经济一体化趋势的需要。

2. 施工安全生产管理制度体系建立的原则

(1)应贯彻"安全第一,预防为主"的方针,施工企业必须建立健全安全生产责任制和群防群治制度,确保工程施工劳动者的人身和财产安全。

(2)施工安全管理管理体系的建立,必须适用于工程施工全过程的安全管理和控制。

(3)施工安全管理管理体系必须符合《中华人民共和国建筑法》《中华人民共和国安全生产法》《建设工程安全生产管理条例》《安全生产许可证条例》《生产安全事故报告和调查处理条例》《特种设备安全监察条例》《职业安全健康管理体系》《职业安全卫生管理体系标准》和国际劳工组织(ILO)167号公约等法律、行政法规及规程的要求。

(4)项目经理部应根据本企业的安全生产管理制度体系,结合各项目的实际情况加以充实,确保工程项目的施工安全。

(5)企业应加强对施工项目安全生产管理,指导、帮助项目经理部建立和实施安全生产管理制度体系。

3. 施工安全生产管理制度体系的主要内容

《建筑法》《安全生产法》《建设工程安全生产管理条例》《生产安全事故报告和调查处理条例》《特种设备安全监察条例》《安全生产许可证条例》等建设工程相关法律法规对政府主管部门、相关企业及相关人员的建设工程安全生产和管理行为进行了全面的规范,为建设工程施工安全生产管理制度体系的建立奠定了基础。现阶段涉及施工企业的主要安全生产管理制度包括:

(1)安全生产责任制度
(2)安全生产许可证制度
(3)政府安全生产监督检查制度
(4)安全生产教育培训制度
(5)安全措施计划制度
(6)特种作业人员持证上岗制度
(7)专项施工方案专家论证制度
(8)严重危及施工安全的工艺、设备、材料淘汰制度
(9)施工起重机械使用登记制度
(10)安全检查制度
(11)生产安全事故报告和调查处理制度
(12)"三同时"制度
(13)安全预评价制度
(14)工伤和意外伤害保险制度

三、职业健康安全管理方针

在《建筑法》中规定了建筑工程安全生产(施工)管理必须坚持"安全第一、预

防为主"的方针。这一方针体现了国家对在建筑安全生产(施工)过程中"以人为本",保护劳动者权利、保护社会生产力、保护建筑生产(施工)的高度重视。安全生产(施工)是保护社会生产力、发展社会主义经济的重要条件。

"安全第一"是指在解决企业管理中职业健康安全和其他工作的关系时,把确保职业健康安全放在首要位置,就是说:"生产必须安全。"安全第一是从保护和发展生产力的角度,表明在生产范围内安全与生产的关系,肯定安全在建筑生产活动中的首要位置和重要性。当生产和安全发生矛盾,危及职工生命和国家财产的时候,要停产治理,消除隐患,在保证职工安全的前提下,组织领导生产。

"预防为主"是指在建筑生产活动中,针对建筑生产的特点,对生产要素采取管理措施,有效地控制不安全因素的发展与扩大,把可能发生的事故消灭在萌芽状态,以保证生产活动中人的安全与健康。即在职业健康安全管理工作中,把重点放在预防上,对可能发生的各类事故,在事先的防范上下工夫。教育和依靠职工,严格贯彻执行国家关于安全生产方针、政策、法规及企业的各项安全管理、安全操作制度。以主要精力,防止各类事故,把事故化解在发生之前。要深刻意识到任何重大事故的发生,其严重后果的影响和损失很难挽回。

四、职业健康安全管理的要求

1. 正确处理职业健康安全的五种关系

(1)职业健康安全与危险的关系

职业健康安全与危险在同一事物的运动中是相互对立的,也是相互依赖而存在的,因为有危险,所以才进行职业健康安全生产过程控制,以防止或减少危险。职业健康安全与危险并非是等量并存、平静相处,随着事物的运动变化,职业健康安全与危险每时每刻都在起变化,彼此进行斗争。事物的发展将向斗争的胜方倾斜。可见,在事物的运动中,都不会存在绝对的职业健康安全或危险。保持生产的职业健康安全状态,必须采取多种措施,以预防为主,危险因素是可以控制的。因为危险因素是客观地存在于事物运动之中的,是可知的,也是可控的。

(2)职业健康安全与生产的统一

生产是人类社会存在和发展的基础,如生产中的人、物、环境都处于危险状态,则生产无法顺利进行,因此,职业健康安全是生产的客观要求,当生产完全停止,职业健康安全也就失去意义;就生产目标来说,组织好职业健康安全生产就是对国家、人民和社会最大的负责。有了职业健康安全保障,生产才能持续、稳定、健康地发展。若生产活动中事故不断发生,生产势必陷于混乱,甚至瘫痪。

当生产与职业健康安全发生矛盾,危及员工生命或资产时,停止生产经营活动进行整治、消除危险因素以后,生产经营形势会变得更好。

(3)职业健康安全与质量同步

质量和职业健康安全工作,交互作用,互为因果。职业健康安全第一,质量第一,这两个第一并不矛盾。职业健康安全第一是从保护生产经营因素的角度提出的。而质量第一则是从关心产品成果的角度而强调的,职业健康安全为质量服务,质量需要职业健康安全保证。生产过程哪一头都不能丢掉,否则,将陷于失控状态。

(4)职业健康安全与速度互促

生产中违背客观规律,盲目蛮干、乱干,在侥幸中求得的进度,缺乏真实与可靠的安全支撑,往往容易酿成不幸,不但无速度可言,反而会延误时间,影响生产。速度应以职业健康安全作保障,职业健康安全就是速度,我们应追求职业健康安全加速度,避免职业健康安全减速度。职业健康安全与速度成正比关系。一味强调速度,置职业健康安全于不顾的做法是极其有害的。当速度与职业健康安全发生矛盾时,暂时减缓速度,保证职业健康安全才是正确的选择。

(5)职业健康安全与效益同在

职业健康安全技术措施的实施,会不断改善劳动条件,调动职工的积极性,提高工作效率,带来经济效益,从这个意义上说,职业健康安全与效益完全是一致的,职业健康安全促进了效益的增长。在实施职业健康安全措施中,投入要精打细算、统筹安排。既要保证职业健康安全生产,又要经济合理,还要考虑力所能及。为了省钱而忽视职业健康安全生产,或追求资金盲目高投入,都是不可取的。

2. 做到"六个坚持"

(1)坚持生产、职业健康安全同时管

职业健康安全寓于生产之中,并对生产发挥促进与保证作用,因此,职业健康安全与生产虽有时会出现矛盾,但从职业健康安全、生产管理的目标,表现出高度的一致和统一。职业健康安全管理是生产管理的重要组成部分,职业健康安全与生产在实施过程中,两者存在着密切的联系,存在着进行共同管理的基础。国务院在《关于加强企业生产中安全工作的几项规定》中明确指出:"各级领导人员在管理生产的同时,必须负责管理安全工作"。"企业中各有关专职机构,都应该在各自业务范围内,对实现安全生产的要求负责"。

管生产同时管安全,不仅是对各级领导人员明确职业健康安全管理责任,同时,也向一切与生产有关的机构、人员明确了业务范围内的职业健康安全管理责任。由此可见,一切与生产有关的机构、人员,都必须参与职业健康安全管理,并在管理中承担责任。认为职业健康安全管理只是职业健康安全部门的事,是一种片面的、错误的认识。各级人员职业健康安全生产责任制度的建立,管理责任的落实,体现了管生产同时管安全的原则。

(2)坚持目标管理

职业健康安全管理的内容是对生产中的人、物、环境因素状态的管理,在于有效地控制人的不安全行为和物的不安全状态,消除或避免事故,达到保护劳动者的职业健康安全的目标。没有明确目标的职业健康安全管理是一种盲目行为。盲目的职业健康安全管理,往往劳民伤财,危险因素依然存在。在一定意义上,盲目的职业健康安全管理,只能纵容威胁人的职业健康安全的状态,向更为严重的方向发展或转化。

(3)坚持预防为主

职业健康安全生产的方针是"安全第一、预防为主",安全第一是从保护生产力的角度和高度,表明在生产范围内,职业健康安全与生产的关系,肯定职业健康安全在生产活动中的位置和重要性。进行职业健康安全管理不是处理事故,而是在生产经营活动中,针对生产的特点,对生产要素采取管理措施,有效地控制不安全因素的发生与扩大,把可能发生的事故,消灭在萌芽状态,以保证生产经营活动中,人的职业健康安全。预防为主,首先是端正对生产中不安全因素的认识和消除不安全因素的态度,选准消除不安全因素的时机。在安排与布置生产经营任务的时候,针对施工生产中可能出现的危险因素,采取措施予以消除是最佳选择,在生产活动过程中,经常检查,及时发现不安全因素,采取措施,明确责任,尽快地、坚决地予以消除,是职业健康安全管理应有的鲜明态度。

(4)坚持全员管理

职业健康安全管理不是少数人和职业健康安全机构的事,而是一切与生产有关的机构、人员共同的事,缺乏全员的参与,职业健康安全管理不会有生气、不会出现好的管理效果。当然,这并非否定职业健康安全管理第一责任人和职业健康安全监督机构的作用。单位负责人在职业健康安全管理中的作用固然重要,但全员参与职业健康安全管理更加重要。职业健康安全管理涉及生产经营活动的方方面面,涉及从开工到竣工交付的全部过程、生产时间和生产要素。因此,生产经营活动中必须坚持全员、全方位的职业健康安全管理。

(5)坚持过程控制

通过识别和控制特殊关键过程,做到预防和消除事故,防止或消除事故伤害。在职业健康安全管理的主要内容中,虽然都是为了达到职业健康安全管理的目标,但是对生产过程的控制,与职业健康安全管理目标关系更直接,显得更为突出,因此,对生产中人的不安全行为和物的不安全状态的控制,必须列入过程安全控制管理的节点。事故发生往往由于人的不安全行为运动轨迹与物的不安全状态运动轨迹的交叉所造成的,从事故发生的原因看,也说明了对生产过程的控制,应该作为职业健康安全管理重点。

(6)坚持持续改进

职业健康安全管理是在变化着的生产经营活动中的管理,是一种动态管理。其管理就意味着是不断改进发展的、不断变化的,以适应变化的生产活动,消除新的危险因素。需要的是不间断地摸索新的规律,总结控制的办法与经验,指导新的变化后的管理,从而不断提高职业健康安全管理水平。

五、职业健康安全管理的程序

施工项目职业健康安全管理应遵循以下程序:

(1)确定项目的职业健康安全目标。按"目标管理"方法使目标在相关的职能和层次上进行分解。以保证职业健康安全目标的实现。

(2)编制职业健康安全技术措施计划。对施工生产中识别的危险源采用技术手段加以消除和控制的措施,并形成文件。这是落实"预防为主"方针的具体体现。

(3)职业健康安全技术措施计划实施。包括建立健全安全生产责任制、设置安全生产设施、进行安全教育和培训、沟通和交流信息、通过安全控制使生产作业的安全状况处于受控制状态。

(4)职业健康安全技术措施计划的验证。包括安全检查、纠正不符合情况,并做好检查记录工作。根据实际情况补充和修改安全技术措施。

(5)持续改进,直至完成建设工程项目的所有工作。

第二节 建筑工程职业健康安全技术措施计划与实施

一、职业健康安全技术措施计划

职业健康安全技术措施计划已经成为施工单位按计划改善劳动条件、搞好安全生产(施工)的一项行之有效的制度。

职业健康安全技术措施计划是对项目施工中不安全因素采用技术措施(手段)加以控制、消除安全事故隐患、防止工伤事故和职业病危害的指导性文件。

1. 建筑工程职业健康安全技术措施计划编制的依据

职业健康安全技术措施计划的编制是依据以下几方面的情况来进行的:

(1)国家职业健康安全法规、条例、规程、政策及企业有关的职业健康安全规章制度。

(2)在职业健康安全生产检查中发现的,但尚未发生的问题。

(3)造成工伤事故与职业病的主要设备与技术原因,应采取的有效防止措施。

(4)生产发展需要所采取的职业健康安全技术与工业卫生技术措施。

(5)职业健康安全技术革新项目和职工提出的合理化建议项目。

2. 项目职业健康安全技术措施计划编制的原则

职业健康安全技术措施计划的编制要以切合实际,符合当前经济、技术条件,花钱少,效果好,保证计划的实现为原则。编制职业健康安全技术措施计划要综合考虑需要和可能两方面的因素。

(1)在确定是否需要编制职业健康安全技术措施计划时,应着重考虑下列因素:

1)国家颁布的劳动保护法令和各产业部门颁布的有关劳动保护的各项政策、指示等。

2)职业健康安全检查中发现的隐患。

3)职工提出的有关职业健康安全、工业卫生方面的合理化建议等。

(2)在分析职业健康安全技术措施计划的可能性时应着重分析下列因素:

1)在当前的科学技术条件下,计划是否具有可行性。

2)本单位是否具备实现职业健康安全技术措施计划的人力、物力和财力。

3)职业健康安全技术措施计划实施后的职业健康安全效果和经济效益。

在选择职业健康安全技术措施计划方案时,要尽可能采用效果相同而花钱少的方案。

3. 编制职业健康安全技术措施计划的步骤

编制职业健康安全技术措施计划应遵循以下步骤:

(1)工作分类

(2)识别危险源

危险源是可能导致人身伤害和(或)健康损害的根源、状态或行为、或其组合。在施工过程中的危险源有物理性的、化学性的、生物性的和社会心理性的。如:不平坦的场地、高处作业、高空物体坠落、手工搬运、火灾和爆炸、尘粒的吸入、受污染食品的摄入、昆虫的叮咬、工作量过度、缺乏沟通和交流等。

(3)确定风险、评价风险和风险的控制

确定风险就是确定危险源将会造成发生危险事件或有害暴露的可能性与由该事件或暴露可造成的人身伤害或健康损害的严重性的组合。

评价风险是指对危险源导致的风险进行评估;对风险是否可接受予以考虑。对现有的控制措施是否充分,是否能防止危险事件或有害暴露的发生应加以确定。对现有的控制措施是否需要改进、是否要采取新的措施应加以明确。

4. 项目职业健康安全技术措施计划的内容

(1)职业健康安全技术措施计划的项目

职业健康安全技术措施计划应包括的主要项目有:单位或工作场所,措施名称,措施的内容和目的,经费预算及其来源,负责设计、施工单位或负责人,开工日期及竣工日期,措施执行情况及其效果。

(2)职业健康安全技术措施计划的内容

职业健康安全技术措施计划的内容,包括以改善企业劳动条件、防止工伤事故、预防职业病和职业中毒为主要目的的一切技术组织措施。按照《职业健康安全技术措施计划项目总名称表》规定,具体可分为以下四类:

1)职业健康安全技术措施。职业健康安全技术措施是指以预防工伤事故为目的的一切技术措施。如防护装置、保险装置、信号装置及各种防护设施等。

2)工业卫生技术措施。工业卫生技术措施是指以改善劳动条件,预防职业病为目的的一切技术措施。如防尘、防毒、防噪声、防振动设施以及通风工程等。

3)辅助房屋及设施。辅助房屋及设施是指有关保证职业健康安全生产、工业卫生所必需的房屋及设施。如淋浴室、更衣室、消毒室、妇女卫生室等。

4)职业健康安全宣传教育所需的设施。职业健康安全宣传教育所需的设施包括:购置职业健康安全教材、图书、仪器。举办职业健康安全生产劳动保护展览会,设立陈列室、教育室等。

企业在编制职业健康安全技术措施计划时,必须划清项目范围。凡属医疗福利、劳保用品、消防器材、环保设施、基建和技改项目中的安全卫生设施等,均不应列入职业健康安全技术措施计划中,以确保职业健康安全技术措施经费真正用于改善劳动条件。例如,设备的检修、厂房的维修和个人的劳保用品、公共食堂、公用浴室、托儿所、疗养院等集体福利设施以及采用新技术、新工艺、新设备时必须解决的安全卫生设施等,均不应列入职业健康安全技术措施项目经费预算的范围。

二、职业健康安全技术措施计划实施

为了职业健康安全技术措施计划得到有效的实施,必须做好安全教育、安全技术交底、安全检查和建立安全生产责任制度等工作。

1. 职业健康安全教育

(1) 职业健康安全教育的对象

国家法律法规规定：生产经营单位应当对从业人员进行职业健康安全生产教育和培训，保证从业人员具备必要的职业健康安全生产知识，熟悉有关的职业健康安全生产规章制度和职业健康安全操作规程，掌握本岗位的职业健康安全操作技能。未经职业健康安全生产教育和培训不合格的从业人员，不得上岗作业。

地方政府及行业管理部门对项目各级管理人员的职业健康安全教育培训做出了具体规定，要求项目职业健康安全教育培训率实现100%。

建筑工程项目职业健康安全教育培训的对象包括以下五类人员：

1) 工程项目经理、项目执行经理、项目技术负责人：工程项目主要管理人员必须经过当地政府或上级主管部门组织的职业健康安全生产专项培训，培训时间不得少于24小时，经考核合格后持"安全生产资质证书"上岗。

2) 工程项目基层管理人员：施工项目基层管理人员每年必须接受公司职业健康安全生产年审，经考试合格后持证上岗。

3) 分包负责人、分包队伍管理人员：必须接受政府主管部门或总包单位的职业健康安全培训，经考试合格后持证上岗。

4) 特种作业人员：必须经过专门的职业健康安全理论培训和职业健康安全技术实际训练，经理论和实际操作的双项考核，合格者，持"特种作业操作证"上岗作业。

5) 操作工人：新入场工人必须经过三级职业健康安全教育，考试合格后持"上岗证"上岗作业。

(2) 职业健康安全教育的内容

职业健康安全是生产赖以正常进行的前提，职业健康安全教育又是职业健康安全管理工作的重要环节，是提高全员职业健康安全素质、职业健康安全管理水平和防止事故，从而实现职业健康安全生产的重要手段。

1) 职业健康安全生产思想教育。职业健康安全思想教育的目的是为职业健康安全生产奠定思想基础。通常从加强思想认识、方针政策和劳动纪律教育等方面进行：

① 思想认识和方针政策的教育。一是提高各级管理人员和广大职工群众对职业健康安全生产重要意义的认识。从思想上、理论上认识社会主义制度下搞好职业健康安全生产的重要意义，以增强关心人、保护人的责任感，树立牢固的群众观点；二是通过职业健康安全生产方针、政策教育。提高各级技术、管理人员和广大职工的政策水平，使他们正确全面地理解党和国家的职业健康安全生产方针、政策，严肃认真地执行职业健康安全生产方针、政策和法规。

②劳动纪律教育。主要是使广大职工懂得严格执行劳动纪律对实现职业健康安全生产的重要性,企业的劳动纪律是劳动者进行共同劳动时必须遵守的。反对违章指挥,反对违章作业,严格执行职业健康安全操作规程,遵守劳动纪律是贯彻职业健康安全生产方针、减少伤害事故、实现安全生产的重要保证。

2)职业健康安全知识教育。企业所有职工必须具备职业健康安全基本知识。因此,全体职工都必须接受职业健康安全知识教育和每年按规定学时进行职业健康安全培训。职业健康安全基本知识教育的主要内容是:企业的基本生产概况;施工(生产)流程、方法;企业施工(生产)危险区域及其职业健康安全防护的基本知识和注意事项;机械设备、厂(场)内运输的有关职业健康安全知识;有关电气设备(动力、照明)的基本职业健康安全知识;高处作业职业健康安全知识;生产(施工)中使用的有毒、有害物质的职业健康安全防护基本知识;消防制度及灭火器材应用的基本知识;个人防护用品的正确使用知识等。

3)职业健康安全技能教育。职业健康安全技能教育就是结合本工种专业特点,实现职业健康安全操作、职业健康安全防护所必须具备的基本技术知识要求。每个职工都要熟悉本工种、本岗位专业职业健康安全技术知识。职业健康安全技能知识是比较专门、细致和深入的知识。它包括职业健康安全技术、劳动卫生和职业健康安全操作规程。国家规定建筑登高架设、起重、焊接、电气、爆破、压力容器、锅炉等特种作业人员必须进行专门的职业健康安全技术培训。宣传先进经验,既是教育职工找差距的过程,又是学、赶先进的过程;事故教育可以从事故教训中吸取有益的东西,防止今后类似事故的重复发生。

4)法制教育。法制教育就是要采取各种有效形式,对全体职工进行职业健康安全生产法规和法制教育,从而提高职工遵法、守法的自觉性,以达到职业健康安全生产的目的。

2. 职业健康安全技术交底

职业健康安全技术交底是指导工人安全施工的技术措施,是项目职业健康安全技术方案的具体落实。职业健康安全技术交底一般由技术管理人员根据分部分项工程的具体要求、特点和危险因素编写,是操作者的指令性文件,因而,要具体、明确、针对性强,不得用施工现场的安全纪律、安全检查等制度代替,在进行工程技术交底的同时进行职业健康安全技术交底。

建筑工程项目开工前,工程项目负责人应向参加施工的各类人员认真进行职业健康安全技术措施交底,使大家明白工程施工特点及各时期职业健康安全施工的要求,这是贯彻施工职业健康安全措施的关键。施工过程中,现场管理人员应按施工职业健康安全措施要求,对操作人员进行详细的工序、工种职业健康安全技术交底,使全体施工人员懂得各自岗位职责和职业健康安操作方法，这是贯彻施工方案中职业健康安全措施的补充和完善过程。工序、工种职业健康安全技术交底要结合职业健康安全操作规程及职业健康安全施工的规范标准进行，避免口号式、无针对性的交底，并认真履行交底签字手续，以提高接受交底人员的责任心。

职业健康安全技术交底具体可从以下几个方面着手：

(1) 项目部技术人员必须根据施工组织设计的职业健康安全技术措施，结合具体施工方案及施工现场作业环境，制定出全面有针对性的职业健康安全技术交底内容。

(2) 职业健康安全技术交底要与施工技术交底同时进行，交底人为技术人而非安全员或其他管理人员。

(3) 各施工队、班组在接受施工任务时，必须先进行职业健康安全技术交底后再上岗。其主要内容为职业健康安全防护设施、各工种职业健康安全操作规程、特殊工程、季节性施工职业健康安全注意事项等，交底时既要有针对性又要简单明了。

(4) 各工种的职业健康安全技术交底应根据工程施工进度，施工部位分阶段多次交底，不可图省事一次交齐，但对固定场所工种可作一次性交底。

(5) 职业健康安全技术交底应一式两份，交底人与被交底人各持一份，且双方签字后生效。

(6) 如果工程的施工工艺很复杂，技术难度大，作业条件很危险，可单独进行工程交底，以引起操作者高度重视，避免职业健康安全事故发生。

(7) 职业健康安全技术交底不明确，施工队、班组可拒绝接受项目的施工，必须彻底弄清楚后方可作业。

(8) 施工队、班组在接受施工任务后，应严格要求各施工人员遵章守法，在施工过程中努力按职业健康安全技术交底要求进行操作。

3. 职业健康安全检查

职业健康安全检查是指施工企业（单位）安全生产监察部门或项目经理部对企业贯彻国家职业健康安全法律法规情况、安全生产情况、劳动条件、事故隐患等所进行的检查。检查目的是验证安全技术措施计划的实施效果。

(1) 检查的类型

1) 定期检查。定期对项目进行安全检查、分析不安全行为和隐患存在的部位和危险程度。一般施工企业每年检查1~4次；项目经理部每月至少检查一次；班组每周、每班次都应进行检查。专职安全技术人员的日常检查应该有计划，针对重点部位周期性地进行检查。

2) 专业性检查。专业性检查是针对特种作业、特种设备、特种场所进行的检查,如电焊、气焊、起重设备、运输车辆、锅炉压力容器、易燃易爆场所等。

3)季节性检查。季节性检查是指根据季节特点,为保障安全生产的特殊要求所进行的检查。如春季风大,要着重防火、防爆;夏季高温多雨有雷电,要着重防暑、降温、防汛、防雷击、防触电;冬季着重防寒、防冻等。

4)节假日前后的检查。节假日前后的检查是针对节假日期间容易产生麻痹思想的特点而进行的安全检查,包括节日前进行安全生产综合检查,节日后要进行遵章守纪的检查等。

5)不定期检查。不定期检查是指在工程或设备开工和停工前、检修中,工程或设备竣工及试运转时进行的安全检查。

(2)职业健康安全检查的内容

职业健康安全检查的主要内容有以下几方面:

1)查思想。主要检查企业的领导和职工对安全生产工作的认识。

2)查管理。主要检查工程的安全生产管理是否有效。主要内容包括:安全生产责任制,安全技术措施计划,安全组织机构,安全保证措施,安全技术交底,安全教育,持证上岗,安全设施,安全标识,操作规程,违规行为,安全记录等。

3)查隐患。主要检查作业现场是否符合安全生产、文明生产的要求。

4)查整改。主要检查对过去提出问题的整改情况。

5)查事故处理。对安全事故的处理应达到查明事故原因、明确责任并对责任者做出处理、明确和落实整改措施等要求。同时还应检查对伤亡事故是否做到了及时报告、认真调查、严肃处理。职业健康安全检查的重点是违章指挥和违章作业。职业健康安全检查后应编制安全检查报告,说明已达标项目、未达标项目、存在的问题,原因分析以及纠正和预防措施。

(3)对项目经理部的职业健康安全检查的规定

对项目经理部进行职业健康安全检查做出了如下规定:

1)定期对安全控制计划的执行情况进行检查、记录、评价和考核。对作业中存在的不安全行为和隐患,签发安全整改通知,由相关部门制订整改方案,落实整改措施,实施整改后应予复查。

2)根据施工过程的特点和安全目标的要求确定职业健康安全检查的内容。

3)职业健康安全检查应配备必要的设备或器具,确定检查负责人和检查人员,并明确检查的方法和要求。

4)检查应采取随机抽样、现场观察和实地检测的方法,并记录检查结果,纠正违章指挥和违章作业。

5)对检查结果进行分析,找出安全隐患,确定危险程度。

6)编写职业健康安全检查报告并上报。

第三节　建筑工程职业健康安全隐患和事故处理

一、建筑工程项目职业健康安全隐患

1. 职业健康安全隐患的概念

职业健康安全事故隐患是指可能导致职业健康安全事故的缺陷和问题,包括职业健康安全设施、过程和行为等诸方面的缺陷问题,因此,对检查和检验中发现的事故隐患,应采取必要的措施及时处理和化解,以确保不合格设施不使用,不合格过程不通过,不安全行为不放过,并通过事故隐患的适当处理,防止职业健康安全事故的发生。

2. 职业健康安全隐患的分类

(1)按危害程度分类。分为:一般隐患,重大隐患,特别重大隐患。

(2)按危害类型分类。分为:火灾隐患,坍塌和倒塌隐患,滑坡隐患,交通隐患,泄漏隐患,中毒隐患。

(3)按表现形式分类。分为:人的隐患,机的状态隐患,环境隐患,管理隐患。

3. 职业健康安全隐患的控制要求

(1)项目部对各类事故隐患应确定相应的处理部门和人员,规定其职责和权限,要求一般问题当天解决,重大问题限期解决。

(2)处理方式。

1)对性质严重的隐患应停止使用、封存。

2)指定专人进行整改,以达到规定的要求。

3)进行返工,以达到规定的要求。

4)对有不安全行为的人员先停止其作业或指挥,纠正违章行为,然后进行批评教育,情节严重的给予必要的处罚。

5)对不安全生产的过程重新组织等。

(3)隐患处理后的复查验证。

1)对存在隐患的职业健康安全设施、职业健康安全防护用品的整改措施落实情况,必要时由项目部职业健康安全部门组织有关专业人员对其进行复查验证,并做好记录。只有当险情排除,采取了可靠措施后方可恢复使用或施工。

2)上级或政府行业主管部门提出的事故隐患通知,由项目部及时报告企业主管部门,同时制定措施、实施整改,自查合格报企业主管部门复查后,再报有关上级或政府行业主管部门消项。

(4)事故隐患的控制要按规定表格样式和内容填写并保存有关记录。

4. 职业健康安全隐患的整改和处理

对检查出隐患的处理一般要经过以下几步：

(1)对检查出来的职业健康安全隐患和问题仔细分门别类的进行登记。登记的目的是为了积累信息资料，并作为整改的备查依据，以便对施工职业健康安全进行动态管理。

(2)查清产生职业健康安全隐患的原因。对职业健康安全隐患要进行细致分析，并对各个项目工程施工存在的问题进行横向和纵向的比较，找出"通病"和个例，发现"顽固症"，具体问题具体对待，分析原因，制定对策。

(3)发出职业健康安全隐患整改通知单。对各个项目工程存在的职业健康安全隐患发出整改通知单，以便引起整改单位重视。对容易造成事故重大的职业健康安全隐患，检查人员应责令停工，被查单位必须立即整改。整改时，要做到"四定"，即定整改责任人、定整改措施、定整改完成时间、定整改验收人。

二、建筑工程职业健康安全事故的处理

1. 职业伤害事故的分类

(1)按照事故发生的原因分类

按照我国《企业职工伤亡事故分类》(GB6441—1986)规定，职业伤害事故分为 20 类，其中与建筑业有关的有以下 12 类。

1)物体打击：指落物、滚石、锤击、碎裂、崩块、碰伤等造成的人身伤害，不包括因爆炸而引起的物体打击。

2)车辆伤害：指被车辆挤、压、撞和车辆倾覆等造成的人身伤害。

3)机械伤害：指被机械设备或工具绞、碾、碰、割、戳等造成的人身伤害，不包括车辆、起重设备引起的伤害。

4)起重伤害：指从事各种起重作业时发生的机械伤害事故，不包括上下驾驶室时发生的坠落伤害，起重设备引起的触电及检修时制动失灵造成的伤害。

5)触电：由于电流经过人体导致的生理伤害，包括雷击伤害。

6)灼烫：指火焰引起的烧伤、高温物体引起的烫伤、强酸或强碱引起的灼伤、放射线引起的皮肤损伤，不包括电烧伤及火灾事故引起的烧伤。

7)火灾：在火灾时造成的人体烧伤、窒息、中毒等。

8)高处坠落：由于危险势能差引起的伤害，包括从架子、屋架上坠落以及平地坠入坑内等。

9)坍塌：指建筑物、堆置物倒塌以及土石塌方等引起的事故伤害。

10）火药爆炸：指在火药的生产、运输、储藏过程中发生的爆炸事故。

11）中毒和窒息：指煤气、油气、沥青、化学、一氧化碳中毒等。

12）其他伤害：包括扭伤、跌伤、冻伤、野兽咬伤等。

以上12类职业伤害事故中，在建筑工程领域中最常见的是高处坠落、物体打击、机械伤害、触电、坍塌、中毒、火灾7类。

（2）按安全事故伤害程度分类

根据《企业职工伤亡事故分类》（GB6441—1986）规定，安全事故按伤害程度分类为轻伤事故、重伤事故和死亡事故。

（3）按生产安全事故造成的人员伤亡或直接经济损失分类

根据中华人民共和国国务院令第493号《生产安全事故报告和调查处理条例》第三条规定：生产安全事故造成的人员伤亡或者直接经济损失，事故一般分为以下等级：

1）特别重大事故，是指造成30人以上死亡，或者100人以上重伤，或者1亿元以上直接经济损失的事故；

2）重大事故，是指造成10人以上30人以下死亡，或者50人以上100人以下重伤，或者5000万元以上1亿元以下直接经济损失的事故；

3）较大事故，是指造成3人以上10人以下死亡，或者10人以上50人以下重伤，或者1000万元以上5000万元以下直接经济损失的事故；

4）一般事故，是指造成3人以下死亡，或者10人以下重伤，或者100万元以上1000万元以下直接经济损失的事故

本等级划分所称的"以上"包括本数，所称的"以下"不包括本数。

2. 建筑工程生产安全事故报告和调查处理

（1）生产安全事故报告和调查处理原则

根据国家法律法规的要求，在进行生产安全事故报告和调查处理时，要坚持实事求是、尊重科学的原则，既要及时、准确地查明事故原因，明确事故责任，使责任人受到追究，又要总结经验教训，落实整改和防范措施，防止类似事故再次发生。因此，施工项目一旦发生安全事故，必须实施"四不放过"的原则：

1）事故原因未查明不放过。

2）事故责任者和员工未受到教育不放过。

3）事故责任者未处理不放过。

4）整改措施未落实不放过。

（2）事故报告

事故报告应当及时、准确、完整，任何单位和个人对事故不得迟报、漏报、谎报或者瞒报。

1)施工单位事故报告要求

生产安全事故发生后,受伤者或最先发现事故的人员应立即用最快的传递手段,将发生事故的时间、地点、伤亡人数、事故原因等情况,向施工单位负责人报告;施工单位负责人接到报告后,应当在1小时内向事故发生地县级以上人民政府建设主管部门和有关部门报告。

情况紧急时,事故现场有关人员可以直接向事故发生地县级以上人民政府建设主管部门和有关部门报告。

实行施工总承包的建设工程,由总承包单位负责上报事故。

2)建设主管部门事故报告要求

建设主管部门接到事故报告后,应当依照下列规定上报事故情况,并通知安全生产监督管理部门、公安机关、劳动保障行政主管部门、工会和人民检察院。

①较大事故、重大事故及特别重大事故逐级上报至国务院建设主管部门。

②一般事故逐级上报至省、自治区、直辖市人民政府建设主管部门。

③建设主管部门依照规定上报事故情况,应当同时报告本级人民政府。国务院建设主管部门接到重大事故和特别重大事故的报告后,应当立即报告国务院。

必要时,建设主管部门可以越级上报事故情况。建设主管部门按照上述规定逐级上报事故情况时,每级上报的时间不得超过2小时。

3)事故报告的内容

①事故发生的时间、地点和工程项目、有关单位名称。

②事故的简要经过。

③事故已经造成或者可能造成的伤亡人数(包括下落不明的人数)和初步估计的直接经济损失。

④事故的初步原因。

⑤事故发生后采取的措施及事故控制情况。

⑥事故报告单位或报告人员。

⑦其他应当报告的情况。

4)事故补报

事故报告后出现新情况,以及事故发生之日起30日内伤亡人数发生变化的,应当及时补报。

3. **事故调查**

事故调查处理应当坚持实事求是、尊重科学的原则,及时、准确地查清事故经过、事故原因和事故损失,查明事故性质,认定事故责任,总结事故教训,提出整改措施,并对事故责任者依法追究责任。

1)施工单位项目经理应指定技术、安全、质量等部门的人员,会同企业工会、安全管理部门组成调查组,开展调查。

2)建设主管部门应当按照有关人民政府的授权或委托组织事故调查组,对事故进行调查,并履行下列职责:

①核实事故项目基本情况,包括项目履行法定建设程序情况、参与项目建设活动各方主体履行职责的情况。

②查明事故发生的经过、原因、人员伤亡及直接经济损失,并依据国家有关法律法规和技术标准分析事故的直接原因和间接原因。

③认定事故的性质,明确事故责任单位和责任人员在事故中的责任。

④依照国家有关法律法规对事故的责任单位和责任人员提出处理建议。

⑤总结事故教训,提出防范和整改措施。

⑥提交事故调查报告。

3)事故调查报告的内容。

①事故发生单位概况。

②事故发生经过和事故救援情况。

③事故造成的人员伤亡和直接经济损失。

④事故发生的原因和事故性质。

⑤事故责任的认定和对事故责任者的处理建议。

⑥事故防范和整改措施。

事故调查报告应当附具有关证据材料,事故调查组成员应当在事故调查报告上签名。

4. 事故处理

(1)事故现场处理

事故处理是落实"四不放过"原则的核心环节。当事故发生后,事故发生单位应当严格保护事故现场,做好标志,排除险情,采取有效措施抢救伤员和财产,防止事故蔓延扩大。事故现场是追溯、判断发生事故原因和事故责任人责任的客观物质基础。因抢救人员、疏导交通等原因,需要移动现场物件时,应当做出标志,绘制现场简图并做出书面记录,妥善保存现场重要痕迹、物证,有条件的可以拍照或录像。

(2)事故登记

施工现场要建立安全事故登记表,作为安全事故档案,对发生事故人员的姓名、性别、年龄、工种等级、负伤时间、伤害程度、负伤部位及情况、简要经过及原因记录归档。

(3)事故分析记录

施工现场要有安全事故分析记录,对发生轻伤、重伤、死亡、重大设备事故及未遂事故必须按"四不放过"的原则组织分析,查出主要原因,分清责任,提出防范措施,应吸取的教训要记录清楚。

(4) 事故月报制度

要坚持安全事故月报制度,若当月无事故也要报空表。

5. 法律责任

(1) 事故报告和调查处理的违法行为

根据规定,对事故报告和调查处理中的违法行为,任何单位和个人有权向安全生产监督管理部门、监察机关或者其他有关部门举报,接到举报的部门应当依法及时处理。

事故报告和调查处理中的违法行为,包括事故发生单位及其有关人员的违法行为,还包括政府、有关部门及有关人员的违法行为,其种类主要有以下几种:

1) 不立即组织事故抢救。
2) 在事故调查处理期间擅离职守。
3) 迟报或者漏报事故。
4) 谎报或者瞒报事故。
5) 伪造或者故意破坏事故现场。
6) 转移、隐匿资金、财产,或者销毁有关证据、资料。
7) 拒绝接受调查或者拒绝提供有关情况和资料。
8) 在事故调查中作伪证或者指使他人作伪证。
9) 事故发生后逃匿。
10) 阻碍、干涉事故调查工作。
11) 对事故调查工作不负责任,致使事故调查工作有重大疏漏。
12) 包庇、袒护负有事故责任的人员或者借机打击报复。
13) 故意拖延或者拒绝落实经批复的对事故责任人的处理意见。

(2) 法律责任

1) 事故发生单位主要负责人有上述 1)~3) 目违法行为之一的,处上一年年收入 40%~80% 的罚款;属于国家工作人员的,并依法给予处分;构成犯罪的,依法追究刑事责任。

2) 事故发生单位及其有关人员有上述 4)~9) 目违法行为之一的,对事故发生单位处 100 万元以上 500 万元以下的罚款;对主要负责人、直接负责的主管人员和其他直接责任人员处上一年年收入 60%~100% 的罚款;属于国家工作人员的,并依法给予处分;构成违反治安管理行为的,由公安机关依法给予治安管理处罚;构成犯罪的,依法追究刑事责任。

3) 有关地方人民政府、安全生产监督管理部门和负有安全生产监督管理职责的有关部门有上述 1)、3)、4)、8)、10)目违法行为之一的,对直接负责的主管人员和其他直接责任人员依法给予处分;构成犯罪的,依法追究刑事责任。

4)参与事故调查的人员在事故调查中有上述 11)、12)目违法行为之一的,依法给予处分;构成犯罪的,依法追究刑事责任。

5)有关地方人民政府或者有关部门故意拖延或者拒绝落实经批复的对事故责任人的处理意见的,由监察机关对有关责任人员依法给予处分。

第四节　建筑工程项目环境管理概述

建筑工程是人类社会发展过程中一项规模浩大、旷日持久的频密生产活动,在这个生产过程中,人们不仅改变了自然环境,还不可避免地对环境造成污染和损害。因此,在建设工程生产过程中,要竭尽全力控制工程对资源环境污染和损害程度,采用组织、技术、经济和法律的手段,对不可避免的环境污染和资源损坏予以治理,保护环境,造福人类,防止人类与环境关系的失调,促进经济建设、社会发展和环境保护的协调发展。

一、环境管理体系标准

1.《环境管理体系》GB/T24000 标准体系构成

随着全球经济的发展,人类赖以生存的环境不断恶化,20 世纪 80 年代,联合国组建了世界环境与发展委员会,提出了"可持续发展"的观点。2005 年 5 月 10 日我国颁布了新的《环境管理体系》GB/T24000 国家标准体系,代替了 1996 年版的《环境管理体系》GB/T24000,并于 2005 年 5 月 15 日实施,其主要包括:

GB/T24001—2004《环境管理体系要求及使用指南》。

GB/T24004—2004《环境管理体系原则、体系和支持技术通用指南》。

国际标准化组织制定的 ISO14000 体系标准,被我国等同采用。ISO14000 环境管理体系标准是 ISO(国际标准化组织)在总结了世界各国的环境管理标准化成果,并具体参考了英国的 BS7750 标准后,于 1996 年底正式推出的一整套环境系列标准。其总的目的是支持环境保护和污染预防,协调它们与社会需求和经济需求的关系,指导各类组织取得并表现出良好的环境行为。

在《环境管理体系要求及使用指南》GB/T24001—2004 中,认为环境是指"组织运行活动的外部存在,包括空气、水、土地、自然资源、植物、动物、人,以及它(他)们之间的相互关系"。这个定义是以组织运行活动为主体,其外部存在主要是指人类认识到的、直接或间接影响人类生存的各种自然因素及它(他)们之间的相互关系。

2.《环境管理体系要求及使用指南》GB/T24001—2004 的总体结构及内容(见表 5-2)

表 5-2 《环境管理体系要求及使用指南》的总体机构及内容

项次	体系标准的总体结构	基本要求和内容
1	范围	本标准适用于任何有愿望建立环境管理体系的组织
2	规范性引用文件	无规范性引用文件
3	术语和定义	共有 20 项术语和定义
4	环境管理体系要求	
4.1	总要求	组织应根据本标准的要求建立、实施、保持和持续改进环境管理体系
4.2	环境方针	最高管理者应确定本组织的环境方针
4.3	策划	4.3.1 环境因素 4.3.2 法律法规和其他要求 4.3.3 目标、指标和方案
4.4	实施与运行	4.4.1 资源、作用、职责和权限 4.4.2 能力、培训和意识 4.4.3 信息交流 4.4.4 文件 4.4.5 文件控制 4.4.6 运行控制 4.4.7 应急准备和响应
4.5	检查	4.5.1 检测和测量 4.5.2 合规性评价 4.5.3 不符合,纠正措施和预防措施 4.5.4 记录控制 4.5.5 内部审核
4.6	管理评审	最高管理者应按计划的时间间隔,对组织的环境管理体系进行评审,以确保其持续适宜性、充分性和有效性。评审应包括评价改进的机会和对环境管理体系进行修改的需求,包括环境方针、环境目标和指标的修改需求

3. 环境管理体系标准的特点

(1)标准作为推荐性标准被各类组织普遍采用,适用于各行各业、任何类型和规模的组织,用于建立组织的环境管理体系,并作为其认证的依据。

(2)标准在市场经济驱动的前提下,促进各类组织提高环境管理水平、达到实现环境目标的目的。

(3)环境管理体系的结构系统,采用的是 PDCA 动态循环、不断上升的螺旋式管理运行模式,其形式与职业健康安全管理体系的运行模式相同,即由"环境方针—策划—实施与运行—检查与纠正措施—管理评审"五大要素构成的动态循环过程组成,体现了持续改进的动态管理思想。该模式为环境管理体系提供了一套系统化的方法,指导组织合理有效地推行其环境管理工作。环境管理体系运行模式如图 5-2 所示。

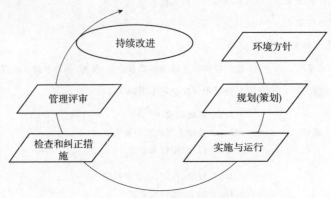

图 5-2 环境管理体系运行模式

(4)标准着重强调与环境污染预防、环境保护等法律法规的符合性。

(5)标准注重体系的科学性、完整性和灵活性。

(6)标准具有与其他管理体系的兼容性。标准的制定是为了满足环境管理体系评价和认证的需要。为满足组织整合质量、环境和职业健康安全管理体系的需要,GB/T24000 系列标准考虑了与《质量管理体系要求》GB/T19001—2008、《职业健康安全管理体系要求》GB/T28001—2011 标准的兼容性。此外,GB/T28000 系列标准还考虑了与国际 ISO14000 体系标准的兼容性。

4. 环境管理体系标准的应用原则

(1)标准的实施强调自愿性原则,并不改变组织的法律责任。

(2)有效的环境管理需建立并实施结构化的管理体系。

(3)标准着眼于采用系统的管理措施。

(4)环境管理体系不必成为独立的管理系统,而应纳入组织整个管理体系中。

(5)实施环境管理体系标准的关键是坚持持续改进和环境污染预防。

(6)有效地实施环境管理体系标准,必须有组织最高管理者的承诺和责任以及全员的参与。

总之,GB/T24000 系列标准的实施,可以规范所有组织的环境行为,降低环境风险和法律风险,最大限度地节约能源和资源消耗,从而减少人类活动对环境造成的不利影响,维持和改善人类生存和发展的环境,有利于实现经济可持续发展和环境管理现代化的需要。

二、建筑工程项目环境管理的程序

组织应根据批准的建设项目环境影响报告,通过对环境因素的识别和评估,确定管理目标及主要指标,并在各个阶段贯彻实施。项目的环境管理应遵循下列程序:

(1)确定项目环境管理目标。
(2)进行项目环境管理策划。
(3)实施项目环境管理策划。
(4)验证并持续改进。

确定环境管理目标应进行环境因素识别,确定重要环境因素。根据法律法规和组织自行确定的要求设立目标和指标以实现环境方针的承诺,并达到组织的其他目的。目标和指标应当进行分解,落实到现场的各个参与单位,一般采用分区划块负责的方法。项目经理部应定期组织检查,及时解决发现的问题,做到环境绩效的持续改进。

三、建筑工程项目环境管理的工作内容

项目的环境管理要与组织的环境管理体系一致,应制定适当的方案。该方案要与环境的影响程度相适应。当现场环境管理体系中的过程、活动、产品发生变化时,应当对目标、指标和相关的方案进行必要的调整。

项目经理负责现场环境管理工作的总体策划和部署,建立项目环境管理组织机构,制定相应制度和措施,组织培训,使各级人员明确环境保护的意义和责任。

(1)按照分区划块原则,搞好项目的环境管理,进行定期检查,加强协调,及时解决发现的问题,实施纠正和预防措施,保持现场良好的作业环境、卫生条件和工作秩序,做到污染预防。

(2)对环境因素进行控制,制定应急准备和相应措施,并保证信息通畅,预防可能出现的非预期损害。在出现环境事故时,应消除污染,并应制定相应措施防止环境二次污染。应识别紧急情况,制定环境事故的应急准备和响应预案,并预防可能的二次和多次污染。

(3)保存有关环境管理的工作记录。
(4)进行现场节能管理,有条件时应规定能源使用指标,对现场使用节能设

施,对使用能源的单位规定指标,对水、电或其他能源以及原材料消耗进行定量的监测。

第五节 文明施工与环境保护

文明施工是环境管理的一部分,鉴于施工现场的特殊性和国家有关部门以及各地对建筑业文明施工的重视,另行列出有关的要求。由于各地对施工现场文明施工的要求不尽一致,项目经理部在进行文明施工管理时应按照当地的要求进行。文明施工主要包括:规范施工现场的场容,保持作业环境的整洁卫生;科学组织施工,使生产有序进行;减少施工对周围居民和环境的影响;遵守施工现场文明施工的规定和要求,保证职工的安全和身体健康等。

一、文明施工

1. 施工现场文明施工的要求

1)有整套的施工组织设计或施工方案,施工总平面布置紧凑、施工场地规划合理,符合环保、市容、卫生的要求。

2)有健全的施工组织管理机构和指挥系统,岗位分工明确;工序交叉合理,交接责任明确。

3)有严格的成品保护措施和制度,大小临时设施和各种材料构建、构件、半成品按平面布置堆放整齐。

4)施工场地平整,道路畅通,排水设施得当,水电线路整齐,机具设备状况良好,使用合理。施工作业符合消防和安全要求。

5)搞好环境卫生管理,包括施工区、生活区环境卫生和食堂卫生管理。

6)文明施工应贯穿施工结束后的清场。

2. 施工现场文明施工的措施

(1)文明施工的组织措施

1)建立文明施工的管理组织

应确立项目经理为现场文明施工的第一责任人,以各专业工程师、施工质量、安全、材料、保卫、后勤等现场项目经理部人员为成员的施工现场文明管理组织,共同负责本工程现场文明施工工作。

2)健全文明施工的管理制度

包括建立各级文明施工岗位责任制、将文明施工工作考核列入经济责任制,建立定期的检查制度,实行自检、互检、交接检制度,建立奖惩制度,开展文明施工立功竞赛,加强文明施工教育培训等。

(2)文明施工的管理措施

1)现场围挡设计

围挡封闭是创建文明工地的重要组成部分。工地四周设置连续、密闭的砖砌围墙,与外界隔绝进行封闭施工,围墙高度按不同地段的要求进行砌筑,市区主要路段和其他涉及市容景观路段的工地设置围挡的高度不低于2.5m,其他工地的围挡高度不低于1.8m,围挡材料要求坚固、稳定、统一、整洁、美观。

结构外墙脚手架设置安全网,防止杂物、灰尘外散,也防止人与物的坠落。安全网使用不得超出其合理使用期限,重复使用的应进行检验,检验不合格的不得使用。

2)现场工程标志牌设计

按照文明工地标准,严格按照相关文件规定的尺寸和规格制作各类工程标志牌。"五牌一图",即工程概况牌、管理人员名单及监督电话牌、消防保卫(防火责任)牌、安全生产牌、文明施工牌和施工现场平面图。

3)临设布置

现场生产临设及施工便道总体布置时,必须同时考虑工程基地范围内的永久道路,避免冲突,影响管线的施工。临时建筑物、构筑物,包括办公用房、宿舍、食堂、卫生间及化粪池、水池皆用砖砌。临时建筑物、构筑物要求稳固、安全、整洁,满足消防要求。集体宿舍与作业区隔离,人均床铺面积不小于$2m^2$,适当分隔,防潮、通风,采光性能良好。按规定架设用电线路,严禁任意拉线接电,严禁使用电炉和明火烧煮食物。对于重要材料设备,搭设相应适用存储保护的场所或临时设施。

4)成品、半成品、原材料堆放

仓库做到账物相符。进出仓库有手续,凭单收发,堆放整齐。保持仓库整洁,专人负责管理。严格按施工组织设计中的平面布置图划定的位置堆放成品、半成品和原材料,所有材料应堆放整齐。

5)现场场地和道路

场内道路要平整、坚实、畅通。主要场地应硬化,并设置相应的安全防护设施和安全标志。施工现场内有完善的排水措施,不允许有积水存在。

6)现场卫生管理

①明确施工现场各区域的卫生责任人。

②食堂必须有卫生许可证,并应符合卫生标准,生、熟食操作应分开,熟食操作时应有防蝇间或防蝇罩。禁止使用食用塑料制品作熟食容器,炊事员和茶水工需持有效的健康证明和上岗证。

③施工现场应设置卫生间,并有水源供冲洗,同时设简易化粪池或集粪池,

加盖并定期喷药,每日有专人负责清洁。

④设置足够的垃圾池和垃圾桶,定期搞好环境卫生、清理垃圾,施药除"四害"。

⑤建筑垃圾必须集中堆放并及时清运。

⑥施工现场按标准制作有顶盖茶棚,茶桶必须上锁,茶水和消毒水有专人定时更换,并保证供水。

⑦夏季施工备有防暑降温措施。

⑧配备保健药箱,购置必要的急救、保健药品。

7) 文明施工教育

①做好文明施工教育,管理者首先应为建设者营造一个良好的施工、生活环境。保障施工人员的身心健康。

②开展文明施工教育,教育施工人员应遵守和维护国家的法律法规,防止和杜绝盗窃、斗殴及黄、赌、毒等非法活动的发生。

③现场施工人员均佩戴胸卡,按工种统一编号管理。

④进行多种形式的文明施工教育,如例会、报栏、录像及辅导,参观学习。

⑤强调全员管理的概念,提高现场人员的文明施工的意识。

二、施工现场环境保护

1. 施工现场环境保护的要求

(1) 环境保护的目的

1) 保护和改善环境质量,从而保护人民的身心健康,防止人体在环境污染影响下产生遗传突变和退化。

2) 合理开发和利用自然资源,减少或消除有害物质进入环境,加强生物多样性的保护,维护生物资源的生产能力,使之得以恢复。

(2) 环境保护的原则

1) 经济建设与环境保护协调发展的原则。

2) 预防为主、防治结合、综合治理的原则。

3) 依靠群众保护环境的原则。

4) 环境经济责任原则,即污染者付费的原则。

(3) 环境保护的要求

1) 工程的施工组织设计中应有防治扬尘、噪声、固体废物和废水等污染环境的有效措施,并在施工作业中认真组织实施。

2) 施工现场应建立环境保护管理体系,层层落实,责任到人,并保证有效运行。

3)对施工现场防治扬尘、噪声、水污染及环境保护管理工作进行检查。
4)定期对职工进行环保法规知识的培训考核。

2. 施工现场环境保护的措施

(1)施工环境影响的类型

通常施工环境影响的类型如表5-3所示。

表5-3 环境影响类型表

序号	环境因素	产生的地点、工序和部位	环境影响
1	噪声	施工机械、运输设备、电动工具	影响人体健康、居民休息
2	粉尘的排放	施工产地平整、土堆、砂堆、石灰、现场路面、进出车辆车轮带泥沙、水泥搬运、混凝土搅拌、木工房锯木、喷砂、除锈、衬里	污染大气、影响居民身体健康
3	运输的遗撒	现场渣土、商品混凝土、生活垃圾、原材料运输当中	污染路面和人员健康
4	化学危险品、油品泄漏或挥发	实验室、油漆库、油库、化学材料库及其作业面	污染土地和人员健康
5	有毒有害废弃物排放	施工现场、办公区、生活区废弃物	污染土地、水体、大气
6	生产、生活污水的排放	现场搅拌站、厕所、现场洗车处、生活服务设施、食堂等	污染水体
7	生产用水、用电的消耗	现场、办公区、生活区	资源浪费
8	办公用纸的消耗	办公室、现场	资源浪费
9	光污染	现场焊接、切割作业、夜间照明	影响居民生活、休息和邻近人员健康
10	离子辐射	放射源储存、运输、使用中	严重危害居民、人员健康
11	混凝土防冻剂的排放	混凝土使用	影响健康

施工单位应当遵守国家有关环境保护的法律规定,对施工造成的环境影响采取针对性措施,有效控制施工现场的各种粉尘、废气、废水、固体废弃物以及噪声、振动对环境的污染和危害。

(2)施工现场环境保护的措施

1)环境保护的组织措施

施工现场环境保护的组织措施是施工组织设计或环境管理专项方案中的重要组成部分,是具体组织与指导环保施工的文件,旨在从组织和管理上采取措施,消除或减轻施工过程中的环境污染与危害。主要的组织措施包括:

①建立施工现场环境管理体系,落实项目经理责任制。项目经理全面负责施工过程中的现场环境保护的管理工作,并根据工程规模、技术复杂程度和施工现场的具体情况,建立施工现场管理责任制并组织实施,将环境管理系统化、科学化、规范化,做到责权分明,管理有序,防止互相扯皮,提高管理水平和效率。主要包括环境岗位责任制、环境检查制度、环境保护教育制度以及环境保护奖惩制度。

②加强施工现场环境的综合治理。加强全体职工的自觉保护环境意识,做好思想教育、纪律教育与社会公德、职业道德和法制观念相结合的宣传教育。

2)环境保护的技术措施

根据《建设工程施工现场管理规定》第三十二条规定,施工单位应当采取下列防止环境污染的技术措施:

①妥善处理泥浆水,未经处理不得直接排入城市排水设施和河流。

②除设有符合规定的装置外,不得在施工现场熔融沥青或者焚烧油毡、油漆以及其他会产生有毒有害烟尘和恶臭气体的物质。

③使用密封式的卷筒或者采取其他措施处理高空废弃物。

④采取有效措施控制施工过程中的扬尘。

⑤禁止将有毒有害废弃物用作土方回填。

⑥对产生噪声、振动的施工机械,应采取有效控制措施,减轻噪声扰民。

建设工程施工由于受技术、经济条件限制,对环境的污染不能控制在规定范围内的,建设单位应当会同施工单位事先报请当地人民政府建设行政主管部门和环境保护行政主管部门批准。

3. 施工现场环境污染的处理

(1)大气污染的处理

1)施工现场外围围挡不得低于1.8m,以避免或减少污染物向外扩散。

2)施工现场垃圾杂物要及时清理。清理多、高层建筑物的施工垃圾时,采用定制带盖铁桶吊运或利用永久性垃圾道,严禁凌空随意抛撒。

3) 施工现场堆土,应合理选定位置进行存放堆土,并洒水覆膜封闭或表面临时固化或植草,防止扬尘污染。

4) 施工现场道路应硬化。采用焦渣、级配砂石、混凝土等作为道路面层,有条件的可利用永久性道路,并指定专人定时洒水和清扫养护,防止道路扬尘。

5) 易飞扬材料入库密闭存放或覆盖存放。如水泥、白灰、珍珠岩等易飞扬的细颗粒散体材料,应入库存放。若室外临时露天存放时,必须下垫上盖,严密遮盖防止扬尘。运输水泥、白灰、珍珠岩粉等易飞扬的细颗粒粉状材料时,要采取遮盖措施,防止沿途遗洒、扬尘。卸货时,应采取措施,以减少扬尘。

6) 施工现场易扬尘处使用密目式安全网封闭,使一网两用,并定人定时清洗粉尘,防止施工过程扬尘或二次污染。

7) 在大门口铺设一定距离的石子(定期过筛洗选)路自动清理车轮或作一段混凝土路面和水沟用水冲洗车轮车身,或人工清扫车轮车身。装车时不应装得过满,行车时不应猛拐,不急刹车。卸货后清扫干净车箱,注意关好车箱门。场区内外定人定时清扫,做到车辆不外带泥沙、不洒污染物、不扬尘,消除或减轻对周围环境的污染。

8) 禁止施工现场焚烧有毒、有害烟尘和恶臭气体的物资。如焚烧沥青、包装箱袋和建筑垃圾等。

9) 尾气排放超标的车辆,应安装净化消声器,防止噪声和冒黑烟。

10) 施工现场炉灶(如茶炉、锅炉等)采用消烟除尘型,烟尘排放控制在允许范围内。

11) 拆除旧有建筑物时,应适当洒水,并且在旧有建筑物周围采用密目式安全网和草帘搭设屏障,防止扬尘。

12) 在施工现场建立集中搅拌站,由先进设备控制混凝土原材料的取料、称料、进料、混合料搅拌、混凝土出料等全过程,在进料仓上方安装除尘器,可使粉尘降低98%以上。

13) 在城区、郊区城镇和居民稠密区、风景旅游区、疗养区及国家规定的文物保护区内施工的工程,严禁使用敞口锅熬制沥青。凡进行沥青防水作业时,要使用密闭和带有烟尘处理装置的加热设备。

(2) 水污染的处理

1) 施工现场搅拌站的污水、水磨石的污水等须经排水沟排放和沉淀池沉淀后再排入城市污水管道或河流,污水未经处理不得直接排入城市污水管道或河流。

2) 禁止将有毒有害废弃物作土方回填,避免污染水源。

3) 施工现场存放油料、化学溶剂等设有专门的库房,必须对库房地面和高

250mm 墙面进行防渗处理,如采用防渗混凝土或刷防渗漏涂料等。领料使用时,要采取措施,防止油料跑、冒、滴、漏而污染水体。

4)对于现场气焊用的乙炔发生罐产生的污水严禁随地倾倒,要求专用容器集中存放,并倒入沉淀池处理,以免污染环境。

5)施工现场100人以上的临时食堂,污水排放时可设置简易有效的隔油池,定期掏油、清理杂物,防止污染水体。

6)施工现场临时厕所的化粪池应采取防渗漏措施,防止污染水体。

7)施工现场化学药品、外加剂等要妥善入库保存,防止污染水体。

(3)噪声污染的处理

1)合理布局施工场地,优化作业方案和运输方案,尽量降低施工现场附近敏感点的噪声强度,避免噪声扰民。

2)在人口密集区进行较强噪声施工时,须严格控制作业时间,一般避开晚10时到次日早6时的作业;对环境的污染不能控制在规定范围内的,必须昼夜连续施工时,要尽量采取措施降低噪声。

3)夜间运输材料的车辆进入施工现场,严禁鸣笛和乱轰油门,装卸材料要做到轻拿轻放。

4)进入施工现场不得高声喊叫和乱吹哨,不得无故敲打模板、钢筋铁件和工具设备等,严禁使用高音喇叭、机械设备空转和不应当的碰撞其他物件(如混凝土振捣器碰撞钢筋或模板等),减少噪声扰民。

5)加强各种机械设备的维修保养,缩短维修保养周期,尽可能降低机械设备噪声的排放。

6)施工现场超噪声值的声源,采取如下措施降低噪声或转移声源:

①尽量选用低噪声设备和工艺来代替高噪声设备和工艺(如用电动空压机代替柴油空压机;用静压桩施工方法代替锤击桩施工方法等),降低噪声。

②在声源处安装消声器消声,即在鼓风机、内燃机、压缩机各类排气装置等进出风管的适当位置设置消声器(如阻性消声器、抗性消声器、阻抗复合消声器、穿微孔板消声器等),降低噪声。

③加工成品、半成品的作业(如预制混凝土构件、制作门窗等),尽量放在工厂车间生产,以转移声源来消除噪声。

7)在施工现场噪声的传播途径上,采取吸声、隔声等的声学处理的方法来降低噪声。

8)建筑施工过程中场界环境噪声白天不得超过70dB,夜间不得超过55dB。

(4)固体废物污染的处理

1)施工现场设立专门的固体废弃物临时贮存场所,用砖砌成池,废弃物应分类存放,对有可能造成二次污染的废弃物必须单独贮存、设置安全防范措施且有醒目标识。对储存物应及时收集并处理,可回收的废弃物做到回收再利用。

2)固体废弃物的运输应采取分类、密封、覆盖,避免泄露、遗漏,并送到政府批准的单位或场所进行处理。

3)施工现场应使用环保型的建筑材料、工器具、临时设施、灭火器和各种物质的包装箱袋等,减少固体废弃物污染。

4)提高工程施工质量,减少或杜绝工程返工,避免产生固体废弃物污染。

5)施工中及时回收使用落地灰和其他施工材料,做到工完料尽,减少固体废弃物污染。

(5)光污染的处理

1)对施工现场照明器具的种类、灯光亮度加以控制,不对着居民区照射,并利用隔离屏障(如灯罩、搭设排架密挂草帘或篷布等)。

2)电气焊应尽量远离居民区或在工作面设蔽光屏障。

第六章 建筑工程项目合同管理

第一节 建筑工程项目合同管理概述

一、合同基础知识

1. 合同的概念

我国《合同法》第二条规定,"合同是平等主体的自然人、法人、其他组织之间设立、变更、终止民事权利义务关系的协议",即具有平等民事主体资格的当事人,为了达到一定目的,经过自愿、平等、协商一致设立、变更、终止民事权利义务关系达成的协议。

2. 合同法律关系的构成要素

合同法律关系是指由合同法律规范调整的、在民事流转过程中所产生的权利义务关系。法律关系都是由法律关系主体、法律关系客体和法律关系内容三个要素构成的,缺少其中任一个要素都不能构成法律关系。由于三个要素的内涵不同,则组成不同的法律关系,如民事法律关系、行政法律关系、劳动法律关系、经济法律关系等。

(1)法律关系主体

法律关系主体主要是指参加或管理、监督建设活动,受建筑工程法律规范调整,在法律上享有权利、承担义务的自然人、法人或其他组织。

1)自然人。自然人可以成为工程建设法律关系的主体。如建设企业工作人员(建筑工人、专业技术人员、注册执业人员等)同企业单位签订劳动合同,即成为劳动法律关系主体。

2)法人。法人是指按照法定程序成立,设有一定的组织机构,拥有独立的财产或独立经营管理的财产,能以自己的名义在社会经济活动中享有权利和承担义务的社会组织。

法人的成立要满足四个条件:依法成立;有必要的财产或经费;有自己的名称、组织机构和场所;能独立承担民事责任。

3)其他组织。其他组织是指依法成立,但不具备法人资格,而能以自己的名义参与民事活动的经营实体或者法人的分支机构等社会组织。如法人的分支机构、不具备法人资格的联营体、合伙企业、个人独资企业等。

(2)法律关系客体

法律关系客体是指参加法律关系的主体享有的权利和承担的义务所共同指向的对象。在通常情况下,主体都是为了某一客体,彼此才设立一定的权利、义务,从而产生法律关系,这里的权利、义务所指向的事物,即法律关系的客体。

法学理论上,一般客体分为财、物、行为和非物质财富。法律关系客体也不外乎此四类。

1)表现为财的客体。财一般指资金及各种有价证券。在法律关系中表现为财的客体主要是建设资金,如基本建设贷款合同的标的,即一定数量的货币。

2)表现为物的客体。法律意义上的物是指可为人们控制的并具有经济价值的生产资料和消费资料。

3)表现为行为的客体。法律意义上的行为是指人的有意识的活动。

4)表现为非物质财富的客体。法律意义上的非物质财富是指人们脑力劳动的成果或智力方面的创作,也称智力成果。

(3)合同法律关系的内容

合同法律关系的内容即权利和义务。

1)权利。权利是指法律关系主体在法定范围内有权进行各种活动。权利主体可要求其他主体做出一定的行为或抑制一定的行为,以实现自己的权利,因其他主体的行为而使权利不能实现时有权要求国家机关加以保护并予以制裁。

2)义务。义务是指法律关系主体必须按法律规定或约定承担应负的责任。义务和权利是相互对应的,相应主体应自觉履行建设义务,义务主体如果不履行或不适当履行,就要承担相应的法律责任。

3. 合同法律关系的产生、变更与终止

(1)合同法律关系的产生

合同法律关系的产生,是指法律关系的主体之间形成了一定的权利和义务关系。如某单位与其他单位签订了合同,主体双方就产生了相应的权利和义务。此时,受法律规范调整的法律关系即告产生。

(2)合同法律关系的变更

合同法律关系的变更,是指法律关系的三个要素发生变化。

1)主体变更。主体变更是指法律关系主体数目增多或减少,也可以是主体改变。在合同中,客体不变,相应权利义务也不变,此时主体改变也称为合同转让。

2)客体变更。客体变更是指法律关系中权利义务所指向的事物发生变化。客体变更可以是其范围变更,也可以是其性质变更。

法律关系主体与客体的变更,必然导致相应的权利和义务变更,即内容的变更。

(3)合同法律关系的终止

合同法律关系的终止,是指法律关系主体之间的权利义务不复存在,彼此丧失了约束力。

1)自然终止。法律关系的终止,是指某类法律关系所规范的权利义务顺利得到履行,取得了各自的利益,从而使该法律关系达到完结。

2)协议终止。法律关系协议终止,是指法律关系主体之间协商解除某类工程建设法律关系规范的权利义务,致使该法律关系归于终止。

3)违约终止。法律关系违约终止,是指法律关系主体一方违约,或发生不可抗力,致使某类法律关系规范的权利不能实现。

二、建筑工程合同概述

1. 建筑工程合同的概念

建筑工程合同是指由承包方进行工程建设,业主支付价款的合同。我国建设领域习惯上把建筑工程合同的当事人双方称为发包方和承包方,这与我国《合同法》将他们称为发包方和承包方是没有区别的。双方当事人在合同中明确各自的权利和义务,但主要是承包方进行工程建设,发包方支付工程款。

按照《中华人民共和国合同法》的规定,建筑工程合同包括三种:建筑工程勘察合同、建筑工程设计合同、建筑工程施工合同。建筑工程实行监理的,业主也应当与监理方采取书面形式订立委托监理合同。

建筑工程合同是一种诺成合同,合同订立生效后双方应当严格履行。

建筑工程合同也是一种双务、有偿合同,当事人双方都应当在合同中有各自的权利和义务,在享有权利的同时也必须履行义务。

从合同理论上说,建筑工程合同在广义上是承揽合同的一种,也是承揽人按定做人的要求完成工作,交付工作成果,定做人给报酬的合同。但由于工程建设合同在经济活动、社会活动中的重要作用,以及国家管理、合同标的等方面均有别于一般承揽合同,我国一直将建筑工程合同列为单独一类的重要合同。但考虑到建筑工程合同毕竟是从承揽合同中分离出来的,《合同法》规定:建筑工程合同中没有规定的,适用承揽合同的有关规定。

2. 建筑工程合同的特点

建筑工程合同除了具有合同的一般性特点之外,还具有不同于其他合同的独有特征:

(1)合同主体的严格性

建筑工程合同主体一般只能是法人。发包方一般只能是经过批准进行工程项目建设的法人,必须有国家批准的建设项目,落实投资计划,并且具备相应的协调能力;承包方必须具备法人资格,而且应当具备相应的勘察、设计、施工等资质。无营业执照或无承包资质的单位不能作为建筑工程合同的主体,资质等级低的单位不能越级承包建筑工程。

(2)合同标的特殊性

建筑工程合同的标的是各类建筑商品,建筑商品是不动产,其基础部分与大地相连,不能移动。这就决定了每个建筑工程合同标的都是特殊的,相互间具有不可代替性。这还决定了承包方工作的流动性。建筑物所在地就是勘察、设计、施工生产地,施工队伍、施工机械必须围绕建筑产品不断移动。另外建筑产品都需要单独建设和施工,即建筑产品是单体性生产,这也决定了建筑工程合同标的特殊性。

(3)合同履行期限的长期性

由于建筑工程结构复杂、体积大、建筑材料类型多、工作量大,其合同履行期限都较长。而且,建筑工程合同的订立和履行都需要较长的准备期;在合同履行的过程中,可能因为不可抗力、工程变更、材料供应不及时等原因而导致合同期顺延。所有这些情况决定了建筑工程合同的履行期限具有长期性。

(4)计划和程序的严格性

由于工程建设对国家的经济发展、公民的工作生活都具有重大的影响,因此,国家对建筑工程的计划和程序都有严格的管理制度。订立建筑工程合同必须以国家批准的投资计划为前提,即使国家投资以外的、以其他方式筹集的投资也要受到当年的贷款规模和批准限额的限制,纳入当年的投资规模的平衡,并经过严格的审批程序。建筑工程合同的订立和履行还必须符合国家关于基本建设程序的规定。

3. 建筑工程合同的类型

建筑工程合同按照分类方式的不同可以分为不同的类型。

(1)按照工程建设阶段所完成的承包内容分类

建筑工程的建设过程大体上经过勘察、设计、施工三个阶段,围绕不同阶段订立相应的合同。按照所处的阶段所完成的承包内容进行划分,建筑工程合同可分为:建筑工程勘察合同、建筑工程设计合同和建筑工程施工合同。

1)建筑工程勘察合同。建筑工程勘察合同即承包方进行工程勘察,业主支付价款的合同。建筑工程勘察单位称为承包方,建设单位或者有关单位称为发包方(也称为委托方)。建筑工程勘察合同的标的是为建筑工程需要而进行的勘察的成果。

工程勘察是工程建设的第一个环节,也是保证建筑工程质量的基础环节。

为了确保工程勘察的质量,勘察合同的承包方必须是经国家或省级主管机关批准,持有《勘察许可证》,具有法人资格的勘察单位。

建筑工程勘察合同必须符合国家规定的基本建设程序,勘察合同由建设单位或有关单位提出委托,经与勘察部门协商,双方取得一致意见,即可签订,任何违反国家规定的建设程序的勘察合同均是无效的。

2)建筑工程设计合同。建筑工程设计合同是承包方进行工程设计,委托方支付价款的合同。建设单位或有关单位为委托方,建筑工程设计单位为承包方。

建筑工程设计合同为建筑工程需要的设计成果。工程设计是工程建设的第二个环节,是保证建筑工程质量的重要环节。工程设计合同的承包方必须是经国家或省级主要机关批准,持有《设计许可证》,具有法人资格的设计单位。只有具备了上级批准的设计任务书,建筑工程设计合同才能订立;小型单项工程必须具有上级机关批准的文件方能订立设计合同。如果单独委托施工图设计任务,应当同时具有经有关部门批准的初步设计文件方能订立设计合同。

3)建筑工程施工合同。建筑工程施工合同是建设单位与施工单位,也就是发包方与承包方以完成商定的建筑工程为目的,明确双方相互权利、义务的协议。

施工总承包合同的发包方是建筑工程的建设单位或取得建设项目的总承包资格的项目总承包单位,在合同中一般称为业主或发包方。施工总承包合同的承包方是承包单位,在合同中一般称为承包方。

施工分包合同分专业工程分包合同和劳务作业分包合同。分包合同的发包方一般是施工总承包单位,分包合同的承包方一般是专业化的专业工程施工单位或劳务作业单位,在分包合同中一般称为分包人或劳务分包人。

(2)按照承、发包方式(范围)分类

1)勘察、设计或施工总承包合同。勘察、设计或施工总承包,是指业主将全部勘察、设计或施工的任务分别发包给一个勘察、设计单位或一个施工单位作为总承包方,经业主同意,总承包方可以将勘察、设计或施工任务的一部分分包给其他符合资质的分包人。据此明确各方权利义务的协议即为勘察、设计或施工总承包合同。在这种模式中,业主与总承包方订立总承包合同,总承包方与分包人订立分包合同,总承包方与分包人就工作成果对发包方承担连带责任。

2)单位工程施工承包合同。单位工程施工承包,是指在一些大型、复杂的建筑工程中,发包方可以将专业性很强的单位工程发包给不同的承包方,与承包方分别签订土木工程施工合同、电气与机械工程承包合同,这些承包方之间为平行关系。单位工程施工承包合同常见于大型工业建筑安装工程,大型、复杂的建筑工程。据此明确各方权利义务的协议即为单位工程施工承包合同。

3)工程项目总承包合同。工程项目总承包,是指建设单位将包括工程设计、施工、材料和设备采购等一系列工作全部发包给一家承包单位,由其进行实质性设计、施工和采购工作,最后向建设单位交付具有使用功能的工程项目。工程项目总承包在实施过程中可依法将部分工程分包。

4)BOT 合同(又称特许权协议书)。BOT 承包模式,是指由政府或政府授权的机构授予承包方在一定的期限内,以自筹资金建设项目并自费经营和维护,向东道国出售项目产品或服务,收取价款或酬金,期满后将项目全部无偿移交东道国政府的工程承包模式。

(3)按照承包工程计价方式(或付款方式)分类

按计价方式不同,建筑工程合同可以划分为总价合同、单价合同和成本加酬金合同三大类。工程勘察、设计合同一般为总价合同;工程施工合同则根据招标准备情况和建筑工程项目的特点不同,可选用其中的任何一种。

1)总价合同。总价合同又分为固定总价合同和可调总价合同。

①固定总价合同。承包方按投标时业主接受的合同价格一笔包死。在合同履行过程中,如果业主没有要求变更原定的承包内容,承包方在完成承包任务后,不论其实际成本如何,均应按合同价获得工程款的支付。

采用固定总价合同时,承包方要考虑承担合同履行过程中的主要风险,因此,投标报价较高。固定总价合同的适用条件一般为:

a. 工程招标时的设计深度已达到施工图设计的深度,合同履行过程中不会出现较大的设计变更,以及承包方依据的报价工程量与实际完成的工程量不会有较大差异。

b. 工程规模较小、技术不太复杂的中小型工程或承包工作内容较为简单的工程部位。这样,可以使承包方在报价时能够合理地预见到实施过程中可能遇到的各种风险。

c. 工程合同期较短(一般为一年之内),双方可以不必考虑市场价格浮动可能对承包价格的影响。

②可调总价合同。这类合同与固定总价合同基本相同,但合同期较长(一年以上),只是在固定总价合同的基础上,增加合同履行过程中因市场价格浮动对承包价格调整的条款。由于合同期较长,承包方不可能在投标报价时合理地预见一年后市场价格的浮动影响,因此,应在合同内明确约定合同价款的调整原则、方法和依据。常用的调价方法有:文件证明法、票据价格调整法和公式调价法。

2)单价合同。单价合同是指承包方按工程量报价单内分项工作内容填报单价,以实际完成工程量乘以所报单价确定结算价款的合同。承包方所填报的单价应为包括各种摊销费用后的综合单价,而非直接费单价。

单价合同大多用于工期长、技术复杂、实施过程中发生各种不可预见因素较多的大型土建工程,以及业主为了缩短工程建设周期,初步设计完成后就进行施工招标的工程。单价合同的工程量清单内所开列的工程量为估计工程量,而非准确工程量。

单价合同较为合理地分担了合同履行过程中的风险。因为承包方据以报价的清单工程量为初步设计估算的工程量,如果实际完成工程量与估计工程量有较大差异,采用单价合同可以避免业主过大的额外支出或承包方的亏损。此外,承包方在投标阶段不可能合理准确预见的风险可不必计入合同价内,有利于业主取得较为合理的报价。单价合同按照合同工期的长短,也可以分为固定单价合同和可调价单价合同两类,调价方法与总价合同的调价方法相同。

3) 成本加酬金合同。成本加酬金合同是将工程项目的实际造价划分为直接成本费和承包方完成工作后应得酬金两部分。工程实施过程中发生的直接成本费由业主实报实销,另按合同约定的方式付给承包方相应报酬。

成本加酬金合同大多适用于边设计、边施工的紧急工程或灾后修复工程。由于在签订合同时,业主还不可能为承包方提供用于准确报价的详细资料,因此,在合同中只能商定酬金的计算方法。在成本加酬金合同中,业主需承担工程项目实际发生的一切费用,因而也就承担了工程项目的全部风险。而承包方由于无风险,其报酬往往也较低。

按照酬金的计算方式不同,成本加酬金合同的形式有:成本加固定酬金合同、成本加固定百分比酬金合同、成本加浮动酬金合同、目标成本加奖罚合同等。

三、建筑工程其他相关合同

建筑施工企业在项目的进行过程中,必然会涉及多种合同关系,如建设物资的采购涉及买卖合同及运输合同、工程投保涉及保险合同,有时还会涉及租赁合同、承揽合同等。建筑施工企业的项目经理不但要做好对施工合同的管理,也要做好对建筑工程涉及的其他合同的管理,这是项目施工能够顺利进行的基础和前提。

1. 买卖合同

买卖合同是经济活动中最常见的一种合同,也是建筑工程中需要经常订立的一种合同。在建筑工程中,建筑材料和设备的采购是买卖合同,施工过程中的一些工具、生活用品的采购也是买卖合同。在建筑工程合同的履行过程中,承包方和发包方都需要经常订立买卖合同。当然,建筑工程合同当事人在买卖合同中总是处于买受人的位置。

买卖合同是出卖人转移标的物的所有权于买受人,买受人支付价款的合同。它以转移财产所有权为目的,合同履行后,标的物的所有权转移归买受人。

买卖合同的出卖人除了应当向买受人交付标的物并转移标的物的所有权外,还应对标的物的瑕疵承担担保义务,即出卖人应保证他所交付的标的物不存在可能使其价值或使用价值降低的缺陷或其他不符合合同约定的品质问题,也应保证他所出卖的标的物不侵犯任何第三方的合法权益。买受人除了应按合同约定支付价款外,还应承担按约定接受标的物的义务。

2. 货物运输合同

货物运输合同是由承运人将承运的货物从起运地点运送到指定地点,托运人或者收货人向承运人交付运费的协议。

货物运输合同中至少有承运人和托运人两方当事人,如果运输合同的收货人与托运人并非同一人,则货物运输合同有承运人、托运人和收货人三方当事人。在我国,可以作为承运人的有以下民事主体:

(1)国有运输企业,如铁路局、汽车运输公司等。

(2)集体运输组织,如运输合作社等。

(3)城镇个体运输户和农村运输专业户。

可以作为托运人的范围则是非常广泛的,国家机关、企事业法人、其他社会组织、公民等可以成为货物托运人。在工程建设过程中,存在着大量的建筑材料、设备、仪器等的运输问题。做好货物运输合同的管理对确保工程建设的顺利进行有重要的作用。

3. 保险合同

保险合同是指投保人与保险人约定保险权利义务关系的协议。

投保人是指与保险人订立保险合同,并按照保险合同负有支付保险费义务的人。保险人指与投保人订立保险合同,并承担赔偿或者给付保险金责任的保险公司。

保险公司在履行中还会涉及被保险人和受益人的概念。被保险人是指其财产或者人身受保险合同保障,享有保险金请求权的人,投保人可以是被保险人。受益人是指人身保险合同中由被保险人或者投保人指定的享有保险金请求权的人,投保人、被保险人可以是受益人。

4. 租赁合同

租赁合同是出租人将租赁物交付承租人使用、收益,承租人支付租金的合同。租赁合同是转让财产使用权的合同,合同的履行不会导致财产所有权的转移,在合同有效期满后,承租人应当将租赁物交还出租人。

租赁合同的形式没有限制,但租赁期限在6个月以上的,应当采用书面形式。随着市场经济的发展,在工程建设过程中出现了越来越多的租赁合同。特别是建筑施工企业的施工工具、设备,如果自备过多,则购买费用、保管费用都很高,所以大多依靠设备租赁来满足施工高峰期的使用需要。

5. 承揽合同

由于我国《合同法》规定,在建筑工程合同一章中没有规定的,适用承揽合同的有关规定。因此,承揽合同有如下主要内容:承揽的标的、数量、质量、报酬、承揽方式、材料的提供、履行期限、验收标准和方法等条款。

承揽合同是承揽人按照定做人的要求完成工作,交付工作成果,定做人给付报酬的合同。承揽包括加工、定做、修理、复制、测试、检验等工作。

承揽合同的标的即当事人权利义务指向的对象,是工作成果,而不是工作过程和劳务、智力的支出过程。承揽合同的标的一般是有形的,或至少要以有形的载体表现,不是单纯的智力技能。

四、建筑工程项目中的主要合同关系

工程建设是一个极为复杂的社会生产过程,由于现代社会化大生产和专业化分工,许多单位会参与到工程建设之中,而各类合同则是维系这些参与单位之间关系的纽带。在建筑工程项目合同体系中,业主和承包方是两个最主要的节点。

1. **业主的主要合同关系**

业主为了实现建筑工程项目总目标,可以通过签订合同将建筑工程项目寿命期内有关活动委托给相应的专业承包单位或专业机构,如工程勘察、工程设计、工程施工、设备和材料供应、工程咨询(可行性研究、技术咨询)与项目管理服务等,从而涉及众多合同关系包括施工承包合同、勘察设计合同、材料采购合同、工程咨询合同、项目管理合同、贷款合同、工程保险合同等。业主的主要合同关系如图6-1所示。

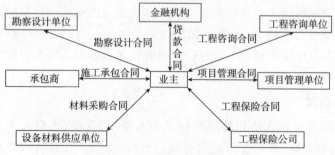

图6-1 业主的主要合同关系

2. 承包方的主要合同关系

承包方作为工程承包合同的履行者,也可以通过签订合同将工程承包合同中所确定的工程设计、施工、设备材料采购等部分任务委托给其他相关单位来完成,承包方的主要合同关系包括施工分包合同、材料采购合同、运输合同、加工合同、租赁合同、劳务分包合同、保险合同等。承包方的主要合同关系如图 6-2 所示。

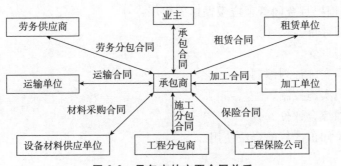

图 6-2　承包方的主要合同关系

五、建筑工程合同管理

1. 合同管理的内容

建筑合同管理包括合同订立、履行、变更、索赔、解除、终止、争议解决以及控制和综合评价等内容,并应遵守《中华人民共和国合同法》和《中华人民共和国建筑法》的有关规定。《中华人民共和国合同法》是民法的重要组成部分,是市场经济的基本法律制度。《中华人民共和国建筑法》是我国工程建设的专用法律,其颁布实施对加强建筑活动的监督管理、维护建筑市场秩序和合同当事人的合法权益、保证建筑工程质量和安全,提供了明确的目标和法律保障。

具体内容包括:

(1)对合同履行情况进行监督检查。通过检查,发现问题及时协调解决,提高合同履约率。主要包括下面几点:

1)检查合同法及有关法规贯彻执行情况。

2)检查合同管理办法及有关规定的贯彻执行情况。

3)检查合同签订和履行情况,减少和避免合同纠纷的发生。

(2)经常对项目经理及有关人员进行合同法及有关法律知识教育,提高合同管理人员的素质。

(3)建立健全工程项目合同管理制度。包括项目合同归口管理制度;考核制度;合同用章管理制度;合同台账、统计及归档制度。

(4)对合同履行情况进行统计分析。包括工程合同份数、造价、履约率、纠纷次数、违约原因、变更次数及原因等。通过统计分析手段,发现问题,及时协调解决,提高利用合同进行生产经营的能力。

(5)组织和配合有关部门做好有关工程项目合同的鉴证、公证和调解、仲裁及诉讼活动。

2. 建筑工程项目合同管理的程序

建筑工程项目合同管理应遵循以下程序:
(1)合同评审。
(2)合同订立。
(3)合同实施计划编制。
(4)合同实施控制。
(5)合同综合评价。
(6)有关知识产权的合法使用。

第二节 建筑工程项目合同评审

合同评审应在合同签订之前进行,主要是对招标文件和合同条件进行的审查认定、评价。通过合同评审,可以发现合同中存在的内容含糊、概念不清之处或自己未能完全理解的条款,并加以仔细研究,认真分析,采取相应的措施,以减少合同中的风险,减少合同谈判和签订中的失误,有利于合同双方合作愉快,促进建筑工程项目施工的顺利进行。

一、招标文件分析

1. 招标文件的作用及组成

招标文件是整个建筑工程项目招标过程所遵循的基础性文件,是投标和评标的基础,也是合同的重要组成部分。一般情况下,招标人与投标人之间不进行或进行有限的面对面交流,投标人只能根据招标文件的要求编写投标文件,因此,招标文件是联系、沟通招标人与投标人的桥梁。能否编制出完整、严谨的招标文件,直接影响到招标的质量,也是招标成败的关键。

(1)招标文件的作用。招标文件的作用主要表现在以下三方面:
1)招标文件是投标人准备投标文件和参加投标的依据。
2)招标文件是招标投标活动当事人的行为准则和评标的重要依据。
3)招标文件是招标人和投标人签订合同的基础。

(2)招标文件的组成。招标文件的内容大致分为三类:

1)关于编写和提交投标文件的规定。载入这些内容的目的是尽量减少承包商或供应商由于不明确如何编写投标文件而处于不利地位或其投标遭到拒绝的可能。

2)关于对投标人资格审查的标准及投标文件的评审标准和方法,这是为了提高招标过程的透明度和公平性,所以非常重要,也是不可缺少的。

3)关于合同的主要条款,其中主要是商务性条款,有利于投标人了解中标后签订合同的主要内容,明确双方的权利和义务。其中,技术要求、投标报价要求和主要合同条款等内容是招标文件的关键内容,统称实质性要求。

2. 招标文件分析的内容

承包商在建筑工程项目招标过程中,得到招标文件后,通常首先进行总体检查,重点是招标文件的完备性。一般要对照招标文件目录检查文件是否齐全,是否有缺页,对照图纸目录检查图样是否齐全。然后分三部分进行全面分析:

(1)招标条件分析。分析的对象是投标人须知,通过分析不仅要掌握招标过程、评标的规则和各项要求,对投标报价工作做出具体安排,而且要了解投标风险,以确定投标策略。

(2)工程技术文件分析。主要是进行图样会审,工程量复核,图样和规范中的问题分析,从中了解承包商具体的工程范围、技术要求、质量标准。在此基础上进行施工组织,确定劳动力的安排,进行材料、设备的分析,制定实施方案,进行报价。

(3)合同文本分析。合同文本分析是一项综合性的、复杂的、技术性很强的工作,分析的对象主要是合同协议书和合同条件。它要求合同管理者必须熟悉与合同相关的法律、法规,精通合同条款,对工程环境有全面的了解,有合同管理的实际工作经验。

二、合同合法性审查

合同合法性是指合同依法成立所具有的约束力。对建筑工程项目合同合法性的审查,基本上从合同主体、客体、内容三方面加以考虑。结合实践情况,在工程项目建设市场上有以下几种合同无效的情况:

(1)没有经营资格而签订的合同。建筑工程施工合同的签订双方是否有专门从事建筑业务的资格,这是确定合同有效、无效的重要条件之一。

(2)缺少相应资质而签订的合同。建筑工程是"百年大计"的不动产产品,而不是一般的产品,因此工程施工合同的主体除了具备可以支配的财产、固定的经营场所和组织机构外,还必须具备与建筑工程项目相适应的资质条件,而且也只能在资质证书核定的范围内承接相应的建筑工程任务,不得擅自越级或超越规定的范围。

(3)违反法定程序而订立的合同。在建筑工程施工合同尤其是总承包合同和施工总承包合同的订立中,通常通过招标投标的程序,招标为要约邀请,投标为要约,中标通知书的发出意味着承诺。对通过这一程序缔结的合同,《招标投标法》有着严格的规定。

首先,《招标投标法》对必须进行招投标的项目作了限定。其次,招标投标遵循公平、公正的原则,违反这一原则,也可能导致合同无效。

(4)违反关于分包和转包的规定所签订的合同。我国《建筑法》允许建筑工程总承包单位将承包工程中的部分发包给具有相应资质条件的分包单位,但是,除总承包合同中约定的分包外,其他分包必须经建设单位认可。而且属于施工总承包的,建筑工程主体结构的施工必须由总承包单位自行完成。也就是说,未经建设单位认可的分包和施工总承包单位将工程主体结构分包出去所订立的分包合同,都是无效的。此外,将建筑工程分包给不具备相应资质条件的单位或分包后将工程再分包,均是法律禁止的。

《建筑法》及其他法律、法规对转包行为均作了严格禁止。转包,包括承包单位将其承包的全部建筑工程转包、承包单位将其承包的全部建筑工程肢解以后以分包的名义分别转包给他人。属于转包性质的合同,也因其违法而无效。

(5)其他违反法律和行政法规所订立的合同。如合同内容违反法律和行政法规,也可能导致整个合同的无效或合同的部分无效。例如,发包方指定承包单位购入的用于工程的建筑材料、构配件,或者指定生产厂、供应商等,此类条款均为无效。合同中某一条款的无效,并不必然影响整个合同的有效性。

实践中,构成合同无效的情况众多,需要有一定的法律知识方能判别。所以,建议承发包双方将合同审查落实到合同管理机构和专门人员,每一项目的合同文本均须经过经办人员、部门负责人、法律顾问及总经理几道审查,批注具体意见,必要时还应听取财务人员的意见,以期尽量完善合同,确保在谈判时确定乙方利益能够得到最大保护。

三、合同条款完备性审查

合同条款的内容直接关系到合同双方的权利、义务,在建筑工程项目合同签订之前,应当严格审查各项合同条款内容的完备性,尤其应注意如下内容:

(1)确定合理的工期。工期过长,不利于发包方及时收回投资;工期过短,则不利于承包方对工程质量以及施工过程中建筑半成品的养护。因此,对承包方而言,应当合理计算自己能否在发包方要求的工期内完成承包任务,否则应当按照合同约定承担逾期竣工的违约责任。

(2)明确双方代表的权限。在施工承包合同中通常都明确甲方代表和乙方代表的姓名和职务,但对其作为代表的权限则往往规定不明。由于代表的行为代表了合同双方的行为,因此,有必要对其权利范围以及权利限制作一定约定。

(3)明确工程造价或工程造价的计算方法。工程造价条款是工程施工合同的必备和关键条款,但通常会发生约定不明的情况,往往为日后争议与纠纷的发生埋下隐患。而处理这类纠纷,法院或仲裁机构一般委托有权审价单位鉴定造价,这势必使当事人陷入旷日持久的诉讼,更何况经审价得出的造价也因缺少可靠的计算依据而缺乏准确性,对维护当事人的合法权益极为不利。

如何在订立合同时就能明确确定工程造价,"设定分阶段决算程序,强化过程控制"是一种有效的方法。具体而言,就是在设定承发包合同时增加工程造价过程控制的内容,按工程形象进度分段进行预决算并确定相应的操作程序,使承发包合同签约时不确定的工程造价,在合同履行过程中按约定的程序得到确定,从而避免可能出现的造价纠纷。

(4)明确材料和设备的供应。由于材料、设备的采购和供应引发的纠纷非常多,故必须在合同中明确约定相关条款,包括发包方或承包商所供应或采购的材料、设备的名称、型号、规格、数量、单价、质量要求、运送到达工地的时间、验收标准、运输费用的承担、保管责任、违约责任等。

(5)明确工程竣工交付的标准。应当明确约定工程竣工交付的标准。如发包方需要提前竣工,而承包商表示同意的,则应约定由发包方另行支付赶工费用或奖励。因为赶工意味着承包商将投入更多的人力、物力、财力,劳动强度增大,损耗也增加。

(6)明确违约责任。违约责任条款订立的目的在于促使合同双方严格履行合同义务,防止违约行为的发生。发包方拖欠工程款、承包方不能保证施工质量或不按期竣工,均会给对方以及第三方带来不可估量的损失。审查违约责任条款时,要注意以下两点:

1)对违约责任的约定不应笼统化,而应区分情况作相应约定。有的合同不论违约的具体情况,笼统地约定一笔违约金,这没有与因违约造成的真正损失额挂钩,从而会导致违约金过高或过低的情形,是不妥当的。应当针对不同的情形作不同的约定,如质量不符合合同约定标准应当承担的责任、因工程返修造成工期延长的责任、逾期支付工程款所应承担的责任等,衡量标准均不同。

2)对双方违约责任的约定是否全面。在建筑工程施工合同中,双方的义务繁多,有的合同仅对主要的违约情况作了违约责任的约定,而忽视了违反其他非主要义务所应承担的违约责任。但实际上,违反这些义务极可能影响整个合同的履行。

第三节 建筑工程项目合同的实施

一、施工合同内容的实施

1. 合同双方主要工作

(1)业主的主要工作。根据《专用条款》约定的内容和时间,业主应分阶段或一次完成以下工作:

1)办理土地征用、拆迁补偿、平整施工场地等工作,使施工场地具备施工条件,并在开工后继续解决以上事项的遗留问题。

2)将施工所需水、电、通信线路从施工场地外部接至《专用条款》约定地点,并保证施工期间需要。

3)开通施工场地与城乡公共道路的通道,以及《专用条款》约定的施工场地内的主要交通干道,满足施工运输的需要,保证施工期间的畅通。

4)向承包方提供施工场地的工程地质和地下管线资料,保证数据真实,位置准确。

5)办理施工许可证和临时用地、停水、停电、中断道路交通、爆破作业以及可能损坏道路、管线、电力、通信等公共设施法律、法规规定的申请批准手续及其他施工所需的证件(证明承包方自身资质的证件除外)。

6)确定水准点与坐标控制点,以书面形式交给承包方,并进行现场交验。

7)组织承包方和设计单位进行图纸会审和设计交底。

8)协调处理施工现场周围地下管线和邻近建筑物、构筑物(包括文物保护建筑)、古树名木的保护工作,并承担有关费用。

9)业主应做的其他工作,双方在《专用条款》内约定。

业主可以将上述部分工作委托承包方办理,具体内容由双方在《专用条款》内约定,其费用由业主承担。

(2)承包方主要工作。承包方按《专用条款》约定的内容和时间完成以下工作:

1)根据业主的委托,在其设计资质允许的范围内,完成施工图设计或与工程配套的设计,经工程师确认后使用,发生的费用由业主承担。

2)向工程师提供年、季、月工程进度计划及相应进度统计报表。

3)按工程需要提供和维修非夜间施工使用的照明、围栏设施,并负责安全保卫。

4)按《专用条款》约定的数量和要求,向业主提供在施工现场办公和生活的房屋及设施,发生费用由业主承担。

5) 遵守有关部门对施工场地交通、施工噪声以及环境保护和安全生产等的管理规定,按管理规定办理有关手续,并以书面形式通知业主。业主承担由此发生的费用,因承包方责任造成的罚款除外。

6) 已竣工工程未交付业主之前,承包方按《专用条款》约定负责已完工程的成品保护工作,保护期间发生损坏,承包方自费予以修复。要求承包方采取特殊措施保护的单位工程的部位和相应追加合同价款,在《专用条款》内约定。

7) 按《专用条款》的约定做好施工现场地下管线和邻近建筑物、构筑物(包括文物保护建筑)、古树名木的保护工作。

8) 保证施工场地清洁符合环境卫生管理的有关规定。交工前清理现场达到《专用条款》约定的要求,承担因自身原因违反有关规定造成的损失和罚款。

9) 承包方应做的其他工作,双方在《专用条款》内约定。

承包方不履行上述各项义务,造成业主损失的,应对业主的损失给予赔偿。

2. 施工合同履行的主要规则

根据我国《合同法》的规定,履行施工合同应遵循以下共性规则:

(1) 履行施工合同应遵循的原则。

1) 全面履行原则。当事人应当按照合同约定全面履行自己的义务,即当事人应当严格按照合同约定的标准、数量、质量,由合同约定的履行义务的主体在合同约定的履行期限、履行地点,按照合同约定的价款或者报酬、履行方式,全面地完成合同所约定的属于自己的义务。

2) 诚实信用原则。当事人应当遵循诚实信用原则,根据合同的性质、目的和交易习惯履行通知、协助、保密等义务。

诚实信用原则要求合同当事人在履行合同过程中维持合同双方的合同利益平衡,以诚实、真诚、善意的态度行使合同权利、履行合同义务,不对另一方当事人进行欺诈,不滥用权力。

(2) 合同有关内容没有约定或者约定不明确问题的处理。合同生效后,当事人就质量、价款或者报酬、履行地点等内容没有约定或者约定不明确的,可以协议补充;不能达成补充协议的,按照合同有关条款或者交易习惯确定。

依照上述基本原则和方法仍不能确定合同有关内容的,应当按照以下方法处理:

1) 质量要求不明确问题的处理方法。质量要求不明确的,按照国家标准、行业标准履行;没有国家标准、行业标准的,按照通常标准或者符合合同目的的特定标准履行。

2) 价款或者报酬不明确问题的处理方法。价款或者报酬不明确的,按照订立合同时履行地的市场价格履行;依法应当执行政府定价或者政府指导价的,在合同约定的交付期限内政府价格调整时,按照交付时的价格计价。逾期交付标的物的,遇价格上涨时,按照原价格执行;价格下降时,按照新价格执行。逾期提取标的物或者逾期付款的,遇价格上涨时,按照新价格执行;价格下降时,按照原价格执行。

3)履行地点不明确问题的处理方法。履行地点不明确,给付货币的,在接受货币一方所在地履行;交付不动产的,在不动产所在地履行;其他标的,在履行义务一方所在地履行。

4)履行期限不明确问题的处理方法。履行期限不明确的,债务人可以随时履行,债权人也可以随时要求履行,但应当给对方必要的准备时间。

5)履行方式不明确问题的处理方法。履行方式不明确的,按照有利于实现合同目的的方式履行。

6)履行费用的负担不明确问题的处理方法。履行费用的负担不明确的,由履行义务一方负担。

二、分包合同实施

1. 分包方义务

分包合同订立时,总分包双方就各自的责任义务做出具体、明确的规定。分包方的义务主要有。

(1)保证分包工程质量。

(2)确保分包工程按合同规定的工期完成,并及时通知总包方对工程进行竣工验收。

(3)依合同规定编制分包工程的预算、施工方案、施工进度计划,参加总包方的综合平衡。

(4)在保修期内,对由于施工不当造成的所有质量问题,负有无偿及时修理的义务。

2. 分包方违反上述规定或分包合同的义务,应承担相应的法律责任,包括民事责任和行政责任,具体如下:

(1)分包方将承包的工程转包的,或者违反规定进行再次分包的,责令改正,没收违法所得,并处罚款,可以责令停业整顿,降低资质等级;情节严重的,吊销资质证书。

(2)分包方因施工原因致使工程质量不符合约定的,应当在合理期限内无偿修理或者返工、改建。经过修理或者返工、改建后,造成逾期交付的,分包方应当承担违约责任。违约责任可以是约定的逾期违约金,也可以是约定的赔偿金

（3）因分包人的原因致使建筑工程在合理使用期限内造成人身和财产损害的，分包人应当承担损害赔偿责任。

（4）分包方就自己完成的工作成果与承包方（总承包方或者勘察、设计、施工承包方）向业主承担连带责任。

3. 分包合同有关各方关系处理

根据我国《建筑法》的有关规定，建设单位对建设项目公开招标的前提下，可以将允许分包的建筑工程中的部分在总承包合同中约定分包给具有相应资质条件的分包单位；分包合同依法成立后，总承包单位按照承包合同的约定对建设单位负责；分包单位按照分包合同约定对总承包单位负责。总承包单位和分包单位就分包工程对建设单位承担连带责任。总承包单位对建筑工程的工程质量、工程进度、安全生产、工程竣工验收、工程资料备案、工程综合验收资料要全面负责。总承包单位对发包方事先在总承包工程合同中约定的分包单位、自己分包的建筑工程均要承担工程质量、安全生产等责任。

三、建筑工程项目合同实施保证体系

建立合同实施的保证体系，是为了保证合同实施过程中的日常事务性工作有序地进行，使工程项目的全部合同事件处于受控状态，以保证合同目标的实现。建筑工程项目合同实施保证体系的内容主要包括以下几个方面。

1. 作合同交底，分解合同责任，实行目标管理

在总承包合同签订后，具体的执行者是项目部人员。项目部从项目经理、项目班子成员、项目中层到项目各部门管理人员，都应该认真学习合同各条款，对合同进行分析、分解。项目经理、主管经理要向项目各部门负责人进行"合同交底"，对合同的主要内容及存在的风险做出解释和说明。项目各部门负责人要向本部门管理人员进行较详细的"合同交底"，实行目标管理。

（1）对项目管理人员和各工程小组负责人进行"合同交底"，组织大家学习合同和合同总体分析结果，对合同的主要内容做出解释和说明，使大家熟悉合同中的主要内容、各种规定、管理程序，了解承包商的合同责任和工程范围，各种行为的法律后果等。

（2）将各种合同事件的责任分解落实到各工程小组或分包商，使他们对合同事件表（任务单、分包合同）施工图样、设备安装图样、详细的施工说明等有十分详细的了解。并对工程实施的技术的和法律的问题进行解释和说明，如工程的质量、技术要求和实施中的注意点、工期要求、消耗标准、相关事件之间的搭接关系、各工程小组（分包商）责任界限的划分、完不成责任的影响和法律后果等。

（3）在合同实施前与其他相关的各方面（如业主、监理工程师、承包商沟通，

召开协调会议,落实各种安排。

(4)在合同实施过程中还必须进行经常性的检查、监督,对合同作解释。

(5)合同责任的完成必须通过其他经济手段来保证。

2. 建立合同管理的工作程序

在建筑工程实施过程中,合同管理的日常事务性工作很多,要协调好各方面关系,使总承包合同的实施工作程序化、规范化,按质量保证体系进行工作。具体来说,应订立如下工作程序:

(1)制定定期或不定期的协商会制度。在工程过程中,业主、工程师和各承包商之间,承包商和分包商之间以及承包商的项目管理职能人员和各工程小组负责人之间都应有定期的协商会。通过协商会可以解决以下问题:

1)检查合同实施进度和各种计划落实情况。

2)协调各方面的工作,对后期工作做出安排。

3)讨论和解决目前已经发生的和以后可能发生的各种问题,并做出相应的决议。

4)讨论合同变更问题,做出合同变更决议,落实变更措施,决定合同变更的工期和费用补偿数量等。

对工程中出现的特殊问题可不定期地召开特别会议讨论解决方法,保证合同实施一直得到很好的协调和控制。

(2)建立特殊工作程序。对于一些经常性工作应订立工作程序,使大家有章可循,合同管理人员也不必进行经常性的解释和指导,如图样批准程序,工程变更程序,分包商的索赔程序,分包商的账单审查程序,材料、设备、隐蔽工程、已完工程的检查验收程序,工程进度付款账单的审查批准程序,工程问题的请示报告程序等。

3. 建立文档系统

项目部要设专职或兼职的合同管理人员。合同管理人员负责各种合同资料和相关的工程资料的收集、整理和保存。这些工作非常繁琐,需要花费大量的时间和精力。工程的原始资料都是在合同实施的过程中产生的,是由业主、分包商及项目的管理人员提供的。

建立文档系统的具体工作应包括以下几个方面:

(1)各种数据、资料的标准化,如各种文件、报表、单据等应有规定的格式和规定的数据结构要求。

(2)将原始资料收集整理的责任落实到人,由他对资料负责。资料的收集工作必须落实到工程现场,必须对工程小组负责人和分包商提出具体要求。

(3)各种资料的提供时间。

(4)准确性要求。

(5)建立工程资料的文档系统等。

4. 建立报告和行文制度

总承包商和业主、监理工程师、分包商之间的沟通都应该以书面形式进行，或以书面形式为最终依据。这既是合同的要求，也是经济法律的要求，更是工程管理的需要。这些内容包括：

(1)定期的工程实施情况报告，如日报、周报、旬报、月报等。应规定报告内容、格式、报告方式、时间以及负责人。

(2)工程过程中发生的特殊情况及其处理的书面文件(如特殊的气候条件、工程环境的变化等)应有书面记录，并由监理工程师签署。

(3)工程中所有涉及双方的工程活动，如材料、设备、各种工程的检查验收，场地、图纸的交接，各种文件(如会议纪要、索赔和反索赔报告、账单)的交接，都应有相应的手续，应有签收证据。

对在工程中合同双方的任何协商、意见、请示、指示都应落实在纸上，这样双方的各种工程活动才有根有据。

第四节　建筑工程项目合同实施控制

建筑工程合同实施控制是指承包商为保证合同所约定的各项义务的全面完成及各项权利的实现，以合同分析的成果为基准，对整个合同实施过程的全面监督、检查、对比、引导及纠正的管理活动。建筑工程项目合同实施控制主要包括合同交底、合同跟踪与诊断、合同变更管理和索赔管理等工作。

一、合同实施控制的程序及主要内容

1. 实施控制的程序

施工合同实施控制的程序如图 6-3 所示。

2. 实施控制的主要内容

合同实施控制的主要内容即收集合同实施的实际信息，将合同的实施情况与合同实施计划进行对比分析，找出其中的偏差并进行分析，主要包括进度控制、质量控制、成本控制、安全控制、风险控制等。在合同执行后必须进行合同后评价，将合同实施过程中的经验总结出来，为以后的合同管理提供借鉴。合同实施后评价的内容主要包括合同签订情况评价、合同执行情况评价、合同管理工作状况评价和合同条款分析，如图 6-4 所示。

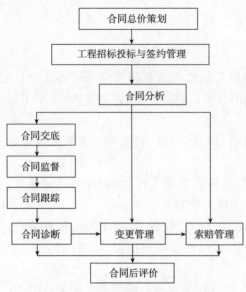

图 6-3 施工合同实施控制的程序

在合同实施控制中要充分运用合同所赋予的权力和可能性。利用合同控制手段对各方面进行严格管理,最大限度地利用合同赋予的权力,如指令权、审批权、检查权等来控制工期、成本和质量。在对工程实施进行跟踪诊断时,要利用合同分析原因,处理好工程实施中的差异问题,并落实责任。在对工程实施进行调整时,要充分利用合同将对方的要求(如赔偿要求)降到最低。所以在技术、经济、组织、管理等措施中,首先要考虑到用合同措施来解决问题。合同结束前,应验证合同的全部条件和要求都得到满足,验证有关承包工作的反馈情况。

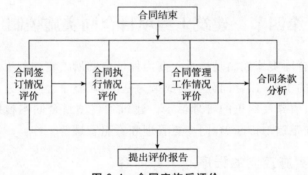

图 6-4 合同实施后评价

二、项目合同交底

在实际工作中,承包人的各职能人员不可能人手一份合同,另外,各职能人员所涉及的活动和问题不全是合同文件内容,而仅为合同的部分内容,或超出合同界定的职责,为此,建筑工程项目合同管理人员应当做全面的合同分解,再向各相关人员进行合同交底工作。

合同交底指承包商合同管理人员在对合同的主要内容做出解释和说明的基础上,通过组织项目管理人员和各工程小组负责人学习合同条文和合同总体分析结果,使大家熟悉合同中的主要内容、各种规定、管理程序,了解承包商的合同责任和工程范围、各种行为的法律后果等,使大家都树立全局观念,避免在执行中出现违约行为,同时使大家的工作协调一致。在我国传统的施工项目管理系统中,人们十分注重"图样交底"工作,但却没有"合同交底"工作,所以项目组和各工程小组对项目的合同体系、合同基本内容不甚了解。我国建筑工程管理者和技术人员有十分牢固的按图施工的观念,这并不错,但在现代市场经济中必须转变到"按合同施工"上来,特别在工程使用非标准合同文本或本项目组不熟悉的合同文本时,这个"合同交底"工作就显得更为重要。

合同管理人员应将各种合同事件的责任分解落实到各工程小组或分包商。应分解落实如下合同和合同分析文件:合同事件表(任务单、分包合同)、图样、设备安装图样、详细的施工说明等。建筑工程项目合同交底主要包括如下几方面内容:

(1)工程的质量、技术要求和实施中的注意点。
(2)工期要求。
(3)消耗标准。
(4)相关事件之间的搭接关系。
(5)各工程小组(分包商)责任界限的划分。
(6)完不成责任的影响和法律后果等。

三、施工合同跟踪

合同签订以后,合同中各项任务的执行要落实到具体的项目经理部或具体的项目参与人员身上,承包单位作为履行合同义务的主体,必须对合同执行者(项目经理部或项目参与人)的履行情况进行跟踪、监督和控制,确保合同义务的完全履行。

施工合同跟踪有两个方面的含义。一是承包单位的合同管理职能部门对合同执行者(项目经理部或项目参与人)的履行情况进行的跟踪、监督和检查,二是合同执行者(项目经理部或项目参与人)本身对合同计划的执行情况进行的跟踪、检查与对比。在合同实施过程中二者缺一不可。对合同执行者而言,应该掌握合同跟踪的以下方面。

1. 合同跟踪的依据

合同跟踪的重要依据是合同以及依据合同而编制的各种计划文件;其次还要依据各种实际工程文件如原始记录、报表、验收报告等;另外,还要依据管理人员对现场情况的直观了解,如现场巡视、交谈、会议、质量检查等。

2. 合同跟踪的对象

(1)承包的任务

1)工程施工的质量,包括材料、构件、制品和设备等的质量,以及施工或安装质量,是否符合合同要求等。

2)工程进度,是否在预定期限内施工,工期有无延长,延长的原因是什么等。

3)工程数量,是否按合同要求完成全部施工任务,有无合同规定以外的施工任务等。

4)成本的增加和减少。

(2)工程小组或分包人的工程和工作

可以将工程施工任务分解交由不同的工程小组或发包给专业分包完成,工程承包人必须对这些工程小组或分包人及其所负责的工程进行跟踪检查、协调关系,提出意见、建议或警告,保证工程总体质量和进度。

对专业分包人的工作和负责的工程,总承包商负有协调和管理的责任,并承担由此造成的损失,所以专业分包人的工作和负责的工程必须纳入总承包工程的计划和控制中,防止因分包人工程管理失误而影响全局。

(3)业主和其委托的工程师的工作

1)业主是否及时、完整地提供了工程施工的实施条件,如场地、图纸、资料等。

2)业主和工程师是否及时给予了指令、答复和确认等。

3)业主是否及时并足额地支付了应付的工程款项。

四、合同实施的偏差分析及处理

通过合同跟踪,可能会发现合同实施中存在着偏差,即工程实施实际情况偏离了工程计划和工程目标,应该及时分析原因,采取措施,纠正偏差,避免损失。

1. 合同实施诊断的内容

(1)合同执行差异的原因分析。通过对不同监督和跟踪对象的计划和实际的对比分析不仅可以得到差异,而且可以探索引起这个差异的原因。原因分析可以采用因果关系分析图(表),成本量差、价差分析等方法定性地或定量地进行。

例如,通过计划成本和实际成本累计曲线的对比分析,不仅可以得到总成本的偏差值,而且可以进一步分析差异产生的原因。通常,引起计划和实际成本累计曲线偏离的原因可能有:

1)整个工程加速或延缓。

2)工程施工次序被打乱。

3)工程费用支出增加,如材料费、人工费上升。

4)增加新的附加工程,以及工程量增加。

5)工作效率低下,资源消耗增加等。

进一步分析,还可以发现更具体的原因,如引起工作效率低下的原因可能有:

1)内部干扰:施工组织不周全,夜间加班或人员调遣频繁;机械效率低,操作人员不熟悉新技术,违反操作规程,缺少培训,经济责任不落实,工人劳动积极性不高等。

2)外部干扰:图样出错,设计修改频繁,气候条件差,场地狭窄,现场混乱,施工条件(如水、电、道路等)受到影响。

进一步可以分析出各个原因的影响量大小。

(2)合同差异责任分析。即这些原因由谁引起,该由谁承担责任,这常常是索赔的理由。一般只要原因分析详细,有根有据,则责任自然清楚。责任分析必须以合同为依据,按合同规定落实双方的责任。

(3)合同实施趋向预测。分别考虑不采取调控措施和采取调控措施以及采取不同的调控措施情况下,合同的最终执行结果:

1)最终的工程状况,包括总工期的延误,总成本的超支,质量标准,所能达到的生产能力(或功能要求)等。

2)承包商将承担什么样的后果,如被罚款,被清算,甚至被起诉,对承包商资信、企业形象、经营战略造成的影响等。

3)最终工程经济效益(利润)水平。

2. 合同实施偏差的处理措施

经过合同诊断之后,根据合同实施偏差分析的结果,承包商应采取相应的调整措施。调整措施有如下四类:

(1)组织措施,例如增加人员投入,重新计划或调整计划,派遣得力的管理人员。

(2)技术措施,例如变更技术方案,采用新的更高效率的施工方案。

(3)经济措施,例如增加投入,对工作人员进行经济激励等。

(4)合同措施,例如进行合同变更,签订新的附加协议、备忘录,通过索赔解决费用超支问题等。

合同措施是承包商的首选措施,该措施主要由承包商的合同管理机构来实施。承包商采取合同措施时通常应考虑以下问题:

(1)如何保护和充分行使自己的合同权利,例如通过索赔以降低自己的损失。

(2)如何利用合同使对方的要求降到最低,即如何充分限制对方的合同权利,找出业主的责任。

如果通过合同诊断,承包商已经发现业主有恶意,不支付工程款或自己已经坠入合同陷阱中,或已经发现合同亏损,而且估计亏损会越来越大,则要及早改变合同执行战略,采取措施。例如,及早撕毁合同,降低损失;争取道义索赔,取得部分补偿;采用以守为攻的办法,拖延工程进度,消极怠工等。因为在这种情况下,常常承包商投入资金越多,工程完成得越多,承包商就越被动,损失会越大,等到工程完成,交付使用,则承包商的主动权就没有了。

五、施工合同变更

合同的变更有广义和狭义之分。广义的合同变更是指合同法律关系的主体和合同内容的变更。狭义的合同变更仅指合同内容的变更,不包括合同主体的变更。

合同主体的变更是指合同当事人的变动,即原来的合同当事人退出合同关系而由合同以外的第三人替代,第三人称为合同的新当事人。合同主体的变更实质上就是合同的转让。合同内容的变更是指在合同成立以后、履行之前或者在合同履行开始之后尚未履行完毕之前,合同当事人对合同内容的修改或者补充。这里所指的合同变更是指合同内容的变更。

1. 变更的原因

施工合同范本中将工程变更分为工程设计变更和其他变更两类。

工程师在合同履行管理中应严格控制变更,施工中承包方未得到工程师的同意也不允许对工程设计随意变更。

工程变更一般主要有以下几个方面的原因:

(1)业主新的变更指令,对建筑的新要求,如业主有新的意图、业主修改项目计划、削减项目预算等。

(2)由于设计人员、监理方人员、承包方事先没有很好地理解业主的意图,或设计的错误,导致图纸修改。

(3)工程环境的变化,预定的工程条件不准确,要求实施方案或实施计划变更。

(4)由于产生新技术和知识,有必要改变原设计、原实施方案或实施计划,或由于业主指令及业主责任的原因造成承包方施工方案的改变。

(5)政府部门对工程新的要求,如国家计划变化、环境保护要求、城市规划变动等。

(6)由于合同实施出现问题,必须调整合同目标或修改合同条款。

2. 变更的程序

(1)工程变更的提出

根据工程实施的实际情况,承包方、业主方都可以根据需要提出工程变更。

1) 业主方提出变更。

①施工中业主需对原工程设计进行变更,应提前 14 天以书面形式向承包方发出变更通知。

②变更超过原设计标准或批准的建设规模时,业主应报规划管理部门和其他有关部门重新审查批准,并由原设计单位提供变更的相应图纸和说明。

③工程师向承包方发出设计变更通知后,承包方按照工程师发出的变更通知及有关要求,进行所需的变更。

④因设计变更导致合同价款的增减及造成的承包方损失由业主承担,延误的工期相应顺延。

2) 承包方提出变更。

①施工中承包方不得因施工方便而要求对原工程设计进行变更。

②承包方在施工中提出的合理化建议被业主采纳,若建议涉及对设计图纸或施工组织设计的变更及对材料、设备的换用,则须经工程师审查并批准。

③未经工程师同意,承包方擅自更改或换用材料、设备,承包方应承担由此发生的费用,并赔偿业主的有关损失,延误的工期不予顺延。

④工程师同意采用承包方的合理化建议,所发生费用和获得收益的分担或分享,由业主和承包方另行约定。

(2) 工程变更指令的发出和执行

为了避免耽误工程工期,工程师和承包方就变更价格和工期补偿达成一致意见前有必要先行发布变更指示,先执行工程变更工作,然后再就变更价格和工期补偿进行协商和确定。

工程变更指示的发出有两种形式:书面形式和口头形式。一般情况下,要求用书面形式发布变更指示。如果由于情况紧急而来不及发出书面指示,承包方应根据合同规定要求工程师书面认可。

3. 工程变更的责任分析与补偿要求

根据工程变更的具体情况可以分析确定工程变更的责任和费用补偿。

由于业主要求、政府部门要求、环境变化、不可抗力、原设计错误等导致的设计修改,应该由业主承担责任,由此所造成的施工方案的变更以及工期的延长和费用的增加,应向业主索赔。

由于承包方的施工过程、施工方案出现错误、疏忽而导致设计的修改,应由承包方承担责任。

施工方案变更要经过工程师的批准,不论这种变更是否会给业主带来好处(如工期缩短、节约费用)。承包方的施工过程、施工方案本身的缺陷而导致了施工方案的变更,由此所引起的费用增加和工期延长应该由承包方承担责任。

4. 合同价款的变更

合同变更后,当事人应当按照变更后的合同履行。因合同的变更使当事人一方受到经济损失的,受损失的一方可向另一方当事人要求损失赔偿。在施工合同的变更中,主要表现为合同价款的调整。

(1)确定变更合同价款的程序

1)承包方在工程变更确定后14天内,可提出变更涉及的追加合同价款要求的报告,经工程师确认后相应调整合同价款。如果承包方在双方确定变更后的14天内,未向工程师提出变更工程价款的报告,视为该项变更不涉及合同价款的调整。

2)工程师应在收到承包方的变更合同价款报告后14天内,对承包方的要求予以确认或做出其他答复。工程师无正当理由不确认或答复时,自承包方的报告送达之日起14天后,视为变更价款报告已被确认。

3)工程师确认增加的工程变更价款作为追加合同价款,与工程进度款同期支付。工程师不同意承包方提出的变更价款,按合同约定的争议条款处理。

因承包方自身原因导致的工程变更,承包方无权要求追加合同价款。

(2)确定变更合同价款的原则

确定变更合同价款时,应维持承包方投标报价单内的竞争性水平。

1)合同中已有适用于变更工程的价格,按合同已有的价格变更合同价款。

2)合同中只有类似于变更工程的价格,可以参照类似价格变更合同价款。

3)合同中没有适用或类似于变更工程的价格,由承包方提出适当的变更价格,经工程师确认后执行。

第五节　建筑工程项目索赔管理

一、建筑工程项目索赔概述

1. 索赔的定义

索赔是指当事人一方不履行合同义务或履行合同义务不符合约定条件的,另一方有权要求履行或者采取补救措施,并有权要求赔偿损失。工程索赔是指在工程合同履行过程中,合同当事人一方因非自身过失蒙受损失时,通过合法程序向违约方或责任方提出补偿或赔偿要求的行为。在市场经济条件下,工程索赔是一种正常现象。

通常情况下,工程索赔是指承包商(施工单位)在合同实施过程中,对非自身原因造成的工程延期、费用增加而要求业主给予补偿损失的一种权利要求。在实际工作中,索赔是双向的,建设单位和施工单位都可能提出索赔要求,业主(建设单位)对于属于施工单位应承担责任造成的,且实际发生了损失的,向施工单位要求赔偿,称为反索赔。

2. 索赔的特征

索赔具有以下特征:

(1)索赔是双向的。工程索赔不仅可以是承包人向发包人索赔,发包人同样也可以向承包人索赔。由于实践中发包人向承包人索赔发生的频率相对较低,而且在索赔处理中,发包人始终处于主动和有利地位,对承包人的违约行为可以直接从应付工程款中扣抵、扣留保留金或通过履约保函向银行索赔来实现自己的索赔要求,因此在工程实践中大量发生的、处理比较困难的是承包人向发包人的索赔。

(2)只有当实际发生了经济损失或权利损害,才能进行索赔。经济损失是指因对方因素造成合同外的额外支出,如人工费、材料费、机械费、管理费等额外开支;权利损害是指虽然没有经济上的损失,但造成了一方权利上的损害,如由于恶劣气候条件对工程进度的不利影响,承包人有权要求工期延长等。因此发生了实际的经济损失或权利损害,应是一方提出索赔的一个基本前提条件。

(3)索赔是一种未经对方确认的单方行为。它与我们通常所说的工程签证不同。在施工过程中签证是承发包双方就额外费用补偿或工期延长等达成一致的书面证明材料和补充协议,它可以直接作为工程款结算或最终增减工程造价的依据。而索赔则是单方面行为,对对方尚未形成约束力,这种索赔要求能否得到最终实现,必须要通过确认(如双方协商、谈判、调解或仲裁、诉讼)后才能得知。

(4)索赔无固定的标准。索赔是一个非常灵活、复杂的过程。受合同、业主管理水平、承包商管理水平、监理管理水平影响很大。因此在工程建设中,索赔受索赔时点、索赔对象、索赔取证影响,并无固定的标准,需要项目管理人员灵活地把握。

二、建筑工程项目索赔的分类

1. 按索赔事件的影响分类

(1)工期延误索赔

因发包人未按合同要求提供施工条件,如未及时交付设计图、施工现场、道路等,或因发包人指令工程暂停或不可抗力事件等原因造成工期拖延的,承包商对此提出索赔。

(2)不可预见的外部障碍或条件索赔

如果施工期间,承包方在现场遇到一个有经验的承包方通常不能预见的外界障碍或条件,例如地质与预计的(业主提供的资料)不同,出现未预见的岩石、淤泥或地下水等,承包方对此提出索赔。

(3)工程变更索赔

由于发包方或工程师指令修改设计、增加或减少工程量、增加或删除部分工程、修改实施计划、变更施工次序,造成工期延长和费用损失,承包方对此提出索赔。

(4)工程终止索赔

由于某种原因,如不可抗力因素影响、发包方违约,使工程被迫在竣工前停止实施,并不再继续进行,使承包方蒙受经济损失,因此提出索赔。

(5)其他索赔

如货币贬值、汇率变化、物价和工资上涨、政策法令变化、发包方推迟支付工程款等原因引起的索赔。

2. 按索赔要求分类

(1)工期索赔

由于非承包人责任的原因而导致施工进程延误,要求批准顺延合同工期的索赔,称为工期索赔。工期索赔形式上是对权利的要求,以避免在原定合同竣工日不能完工时,被发包人追究拖期违约责任。一旦获得批准合同工期顺延后,承包人不仅免除了承担拖期违约赔偿费的严重风险,而且可能提前工期得到奖励,最终仍反映在经济收益上。

(2)费用索赔

费用索赔是承包方向发包方提出在施工过程中由于客观条件改变而导致承包方增加开支或损失的索赔,以挽回不应由承包方负担的经济损失。费用索赔的目的是要求经济补偿。

承包方在进行费用索赔时,应当遵循以下两个原则:

1)所发生的费用应该是承包方履行合同所必需的,如果没有该费用支出,合同将无法继续履行。

2)给予补偿后,承包方应按约定继续履行合同。

常见的费用索赔项目包括人工费、材料费、机械使用费、低值易耗品、工地管理费等。为便于管理,承、发包双方和监理工程师应事先将这些费用列出清单。

3. 按索赔所依据的理由分类

(1)合同内索赔

合同内索赔是以合同条款为依据,在合同中有明文规定的索赔,如工期延误、工程变更、工程师提供的放线数据有误、发包人不按合同规定支付进度款等。

这种索赔由于在合同中有明文规定,往往容易成功。

(2) 合同外索赔

合同外索赔在合同文件中没有明确的叙述,但可以根据合同文件的某些内容合理推断出可以进行此类索赔,而且此索赔并不违反合同文件的其他任何内容。例如,在国际工程承包中,当地货币贬值可能给承包商造成损失,对于合同工期较短的,合同条件中可能没有规定如何处理。当由于发包人原因使工期拖延,而又出现汇率大幅度下跌时,承包商可以提出这方面的补偿要求。

(3) 道义索赔

道义索赔是指承包商在合同内或合同外都找不到可以索赔的合同依据或法律根据,因而没有提出索赔的条件和理由,但承包商认为自己有要求补偿的道义基础,而对其遭受的损失提出具有优惠性质的补偿要求,即道义索赔。道义索赔的主动权在发包人手中,发包人在下面四种情况下,可能会同意并接受这种索赔:第一,若另找其他承包商,费用会更大;第二,为了树立自己的形象;第三,出于对承包商的同情和信任;第四,谋求与承包商更理解或更长久的合作。

4. 按索赔的处理方式分类

(1) 单项索赔

单项索赔是针对某一干扰事件提出的,在影响原合同正常运行的干扰事件发生时或发生后,由合同管理人员立即处理,并在合同规定的索赔有效期内向发包人或监理工程师提交索赔要求和报告。单项索赔通常原因单一,责任单一,分析起来相对容易,由于涉及的金额一般较小,双方容易达成协议,处理起来也比较简单。因此合同双方应尽可能地用此种方式来处理索赔。

(2) 综合索赔

综合索赔又称一揽子索赔,一般在工程竣工前和工程移交前,承包商将工程实施过程中因各种原因未能及时解决的单项索赔集中起来进行综合考虑,提出一份综合索赔报告,由合同双方在工程交付前后进行最终谈判,以一揽子方案解决索赔问题。在合同实施过程中,有些单项索赔问题比较复杂,不能立即解决,为不影响工程进度,经双方协商同意后留待以后解决。有的是发包人或监理工程师对索赔采用拖延办法,迟迟不作答复,使索赔谈判旷日持久。还有的是承包商因自身原因,未能及时采用单项索赔方式等,都有可能出现一揽子索赔。由于在一揽子索赔中许多干扰事件交织在一起,影响因素比较复杂而且相互交叉,责任分析和索赔值计算都很困难,索赔涉及的金额往往又很大,双方都不愿或不容易做出让步,使索赔的谈判和处理都很困难。因此综合索赔的成功率比单项索赔要低得多。

5. 按索赔当事人分类

（1）承包商与发包人间的索赔

这类索赔大都是有关工程量计算、变更、工期、质量和价格方面的争议，也有中断或终止合同等其他违约行为的索赔。

（2）承包商与分包商间索赔

这类索赔与前一种大致相似，但大多数是分包商向总承包商索要付款和赔偿及承包商向分包商罚款或扣留支付款等。

（3）承包商与供货商间索赔

这类索赔的内容多系商贸方面的争议，如货品质量不符合技术要求、数量短缺、交货拖延、运输损坏等。

三、建筑工程项目索赔的起因

建筑产品、建筑产品的生产以及建筑市场的经营方式有自己独特的特点，导致在现代承包工程中，特别是在国际上的承包工程中，索赔经常发生，而且索赔金额巨大，这主要是由以下几个方面的原因造成的。

1. 发包方违约行为

（1）发包方未按照合同约定的时间和要求提供原材料、设备、场地、资金、技术资料。

（2）未及时进行图纸会审和设计交底。

（3）拖延合同规定的责任，如拖延图纸的批准，拖延隐蔽工程的验收，拖延对承包方问题的答复，造成施工延误。

（4）未按合同约定支付工程款。

（5）发包方提前占用部分永久性工程，造成对施工不利的影响。

2. 不可抗力

不可抗力是指人们不能预见、不能避免、不能克服的客观情况。建筑工程施工中的不可抗力包括因战争、动乱、空中飞行物坠落或其他非业主和承包方责任造成的爆炸、火灾以及《专用条款》约定的风、雨、雪、洪水、地震等自然灾害。

在许多情况下，不可抗力事件的发生会造成承包方的损失，不可抗力事件的风险承担应当在合同中约定，具体如下：

（1）合同约定工期内发生的不可抗力

施工合同范本《通用条款》规定，因不可抗力事件导致的费用及延误的工期由双方按以下方法分别承担：

1）工程本身的损害、因工程损害导致第三方人员伤亡和财产损失以及运至施工场地用于施工的材料和待安装的设备的损害,由发包方承担。

2)承发包双方人员的伤亡损失,分别由各自负责。

3)承包方机械设备损坏及停工损失,由承包方承担。

4)停工期间,承包方应工程师要求留在施工场地的必要的管理人员及保卫人员的费用,由发包方承担。

5)工程所需清理、修复费用,由发包方承担。

6)延误的工期相应顺延。

(2)延迟履行合同期间发生的不可抗力

按照合同法规定的基本原则,因合同一方延迟履行合同后发生不可抗力,不能免除延迟履行方的相应责任。

投保"建筑工程一切险""安装工程一切险"和"人身意外伤害险"是转移风险的有效措施。如果工程是发包方负责办理的工程险,当承包方有权获得工期顺延的时间内,发包方应在保险合同有效期届满前办理保险的延续手续;若因承包方原因不能按期竣工,承包方也应自费办理保险的延续手续。对于保险公司的赔偿不能全部弥补损失的部分,则应由合同约定的责任方承担赔偿义务。

3. 监理工程师的不正当指令

监理工程师是接受发包方委托进行工程监理工作的,其不正当指令给承包方造成的损失应当由发包方承担。其不正当指令主要包括发出的指令有误,影响了正常的施工;对承包方的施工组织进行不合理的干预,影响施工的正常进行;因协调不力或无法进行合理协调,导致承包方的施工受到其他项目参与方的干扰,进而造成了承包方的损失。

4. 合同变更

合同变更频繁地出现在建筑工程领域,常见的合同变更主要包括:

(1)发包方对工程项目提出新的要求,如提高或降低建筑标准、项目的用途发生变化、核减预算投资等。

(2)设计出现不合理之处甚至错误,对设计图纸进行修改。

(3)施工现场条件与原地质勘察资料有很大出入,导致合同变更。

(4)双方签订新的变更协议、备忘录、修正案。

(5)采用新的技术和方法,有必要修改原设计及实施方案。

四、建筑工程项目索赔成立的条件及索赔依据

1. 索赔成立的条件

索赔的成立,应该同时具备以下三个前提条件:

(1)与合同对照,事件已造成了承包方工程项目成本的额外支出或直接工期损失。

(2)造成费用增加或工期损失的原因,按合同约定不属于承包方的行为责任或风险责任。

(3)承包方按合同规定的程序提交索赔意向通知和索赔报告。

以上三个条件必须同时具备,缺一不可。

2. 索赔依据

建筑工程项目索赔依据主要包括合同文件和订立合同所依据的法律法规以及相关证据,其中合同文件是索赔的最主要依据。

(1)合同文件

作为建筑工程项目索赔依据的合同文件主要包括:

1)本合同协议书。

2)中标通知书。

3)投标书及其附件。

4)本合同专用条款。

5)本合同通用条款。

6)标准、规范及有关技术文件。

7)图纸。

8)工程量清单。

9)工程报价单或预算书。

合同履行中,业主与承包方有关工程的洽商、变更等书面协议或文件视为本合同的组成部分。

(2)订立合同所依据的法律法规

1)适用法律和法规。建筑工程合同文件适用国家的法律和行政法规。需要明示的法律、行政法规,由双方在专用条款中约定。

2)适用标准、规范。双方在专用条款内约定适用国家标准、规范的名称。

(3)相关证据

证据,作为索赔文件的一部分,关系到索赔的成败。证据不足或没有证据,索赔是不成立的。可以作为证据使用的材料主要有书证、物证、证人证言、视听材料、被告人供述和有关当事人陈述、鉴定意见、勘验、检验笔录。

在工程索赔中提出索赔一方可提供的证据包括以下证明材料:

1)招标文件、合同文本及附件,其他的各种签约(备忘录、修正案等),发包方认可的工程实施计划,各种工程图纸(包括图纸修改指令),技术规范等。

2)工程量清单、工程预算书和图纸、标准、规范以及其他有关技术资料、技术要求。

3) 合同履行过程中来往函件、各种纪要、协议，如业主的变更指令，各种认可信、通知、对承包方问题的答复信等。

4) 施工组织设计和具体的施工进度计划安排和实际施工进度记录。

5) 工程照片、气象资料、工程中的各种检查验收报告和各种技术鉴定报告。

6) 工地的交接记录（应注明交接日期，场地平整情况，水、电、路情况等），图纸和各种资料交接记录。

7) 建筑材料和设备的采购、订货、运输、进场，使用方面的记录、凭证和报表等。

8) 市场行情资料，包括市场价格、官方的物价指数、工资指数、中央银行的外汇比率等公开材料。

9) 各种会计核算资料。

10) 国家法律、法令、政策文件。

11) 施工中送停电、气、水和道路开通、封闭的记录和证明。

12) 其他有关资料。

五、建筑工程项目索赔程序及报告的编制方法

1. 索赔程序

索赔程序是指从索赔事件发生到最终获得处理的全过程所包括的工作内容和工作步骤。在实际工作中，建筑工程项目施工索赔一般可按下列几个步骤进行：

(1) 寻找和发现索赔机会

寻找和发现索赔机会是工程索赔的第一步。在合同实施过程中经常会发生一些非承包商责任引起的，而且承包商不能影响的干扰事件。它们不符合合同状态，造成施工工期的拖延和费用的增加，是承包商的索赔机会。承包商必须对索赔机会有敏锐的感觉。

在建筑工程项目承包合同的实施中，施工索赔机会通常表现为如下现象：

1) 发包人或其代理人、工程师等有明显违反合同或未正确地履行合同责任的行为。

2) 承包商自己的行为违约，已经或可能完不成合同责任，但究其原因却在发包人、工程师或其代理人等。由于合同双方的责任是互相联系、互为条件的，如果承包商违约的原因是发包人造成的，同样是承包商的索赔机会。

3) 工程环境与合同状态的环境不一样，与原标书规定不一样，出现异常情况和一些特殊问题。

4) 合同双方对合同条款的理解发生争执，或发现合同缺陷、图样出错等。

5)发包人和工程师发出变更指令,双方召开变更会议,双方签署了会谈纪要、备忘录、修正案、附加协议。

6)在合同监督和跟踪中承包商发现工程实施偏离合同,如月形象进度与计划不符、成本大幅度增加、资金周转困难、工程停滞、质量标准提高、工程量增加、施工计划被打乱、施工现场紊乱、实际的合同实施不符合合同事件表中的内容或存在差异等。

(2)搜集索赔的证据

索赔证据是关系到工程索赔成败的重要文件之一,在索赔过程中应注重对索赔证据的搜集。否则即使抓住了合同履行中的索赔机会,但拿不出索赔证据或证据不充分,则索赔要求往往难以成功或被大打折扣。又或者拿出的证据漏洞百出,前后自相矛盾,经不起对方的推敲和质疑,不仅不能促进乙方索赔要求的成功,反而会被对方作为反索赔的证据,使承包商在索赔问题上处于极为不利的地位。

(3)调查和分析干扰事件的影响

在工程项目建设中,干扰事件直接影响的是承包商的施工过程,干扰事件造成施工方案、工程施工进度、劳动力、材料、机械的使用和各种费用支出的变化,最终表现为工期的延长和费用的增加,所以干扰事件对承包商施工过程的影响分析,是工程索赔管理工作中不可缺少的。

在实际工程中,干扰事件的原因比较复杂,许多因素甚至许多干扰事件搅在一起,常常双方都有责任,难以具体分清,在这方面的争执较多。通常可以从对合同状态、可能状态和实际状态三种状态的分析入手,分清各方的责任,分析各干扰事件的实际影响。

(4)计算索赔值

在建筑工程施工过程中,工程索赔值计算的依据通常包括:

1)招标文件、合同文件及附件以及承包商的报价文件等。

2)合同约定的工程总进度计划。

3)合同双方共同认可的详细进度计划,包括网络图、横道图等。

4)各种会议纪要。

5)施工进度计划和实际施工进度记录。

6)施工现场的工程文件,如施工记录、施工日志、监理工程师填写的施工记录与签证等。

7)业主或工程师的变更指令,包括各种认可信、通知以及对承包商问题的回复等。

8)气象资料。

9)工程中各种检查验收报告和各种技术鉴定报告。

(5)提出索赔意向通知

凡发生不属于承包方责任的事件导致竣工日期拖延或成本增加时,承包方即可以书面的索赔通知书形式,在索赔事项发生后的 28 天内,向工程师正式提出索赔意向通知。该意向通知是承包方就具体的索赔事件向工程师和业主表示的索赔愿望和要求。

如果超过这个期限,工程师和发包方有权拒绝承包方的索赔要求。索赔事件发生后,承包方有义务做好现场施工的同期记录,工程师有权随时检查和调阅,以判断索赔事件造成的实际损害。

(6)提交索赔报告

在索赔通知书发出后的 28 天内,或工程师可能同意的其他合理时间,向工程师提出延长工期和(或)补偿经济损失的索赔报告及有关资料。索赔报告应当包括承包方的索赔要求和支持这个索赔要求的有关证据,证据应当详细和真实。

(7)监理工程师审核索赔报告

在接到索赔报告后,监理工程师应分析索赔通知,客观分析事件发生的原因,研究承包方的索赔证明,并查阅同期记录。

监理工程师应在收到承包方送交的索赔报告有关资料后,于 28 天内给予答复,或要求承包方进一步补充索赔理由和证据。监理工程师在收到承包方送交的索赔报告的有关资料后 28 天内未予答复或未对承包方作进一步要求,视为该项索赔已经认可。

(8)持续索赔

当索赔事件持续进行时,承包方应当阶段性向工程师发出索赔意向,在索赔事件终了后 28 天内,向工程师送交索赔的有关资料和最终索赔报告,工程师应在 28 天内给予答复或要求承包方进一步补充索赔理由和证据。逾期未答复,视为该项索赔成立。

通常,工程师的处理决定不是终局性的,若承包方或发包方接受最终的索赔处理决定,索赔事件的处理即告结束。承包方或发包方不能接受监理工程师对索赔的答复,则会导致合同的争议,就应通过协商、调解、"或裁或诉"方法解决。

2. 索赔报告的编制方法

索赔报告是承包方向业主索赔的正式书面材料,也是业主审议承包方索赔请求的主要依据,编写索赔报告应注意以下事项。

(1)明确索赔报告的基本要求

1)必须说明索赔的合同依据。有关索赔的合同依据主要有两类:一是关于承包方有资格因额外工作而获得追加合同价款的规定;二是有关业主或工程师违反合同给承包方造成额外损失时有权要求补偿的规定。

2) 索赔报告中必须有详细准确的损失金额或时间的计算。

3) 必须证明索赔事件同承包方的额外工作、额外损失或额外支出之间的因果关系。

(2) 索赔报告必须准确

索赔报告不仅要有理有据,而且要求必须准确。

1) 责任分析清楚、准确。索赔报告中不能有责任含混不清或自我批评的语言,要强调索赔事件的不可预见性,事发后已经采取措施,但无法制止不利影响等。

2) 索赔值的计算依据要正确,计算结果要准确。索赔值的计算应采用文件规定或公认的计算方法,计算结果不能有差错。

3) 索赔报告的用词要恰当。

(3) 索赔报告的形式和内容要求

索赔报告的内容应简明扼要,条理清楚。索赔报告一般包括总述部分、论证部分、索赔款项(或工期)计算部分和证据部分。

1) 总述部分。概要论述索赔事项发生的日期和过程;承包方为该索赔事项付出的努力和附加开支;承包方的具体索赔要求。

2) 论证部分。论证部分是索赔报告的关键部分,其目的是说明自己有索赔权,是索赔能否成立的关键。

3) 索赔款项(或工期)计算部分。如果说合同论证部分的任务是解决索赔权能否成立,则款项计算部分是为解决能得多少款项。前者定性,后者定量。

4) 证据部分。要注意引用的每个证据的效力或可信程度,对重要的证据资料最好附以文字说明或确认件。

(4) 准备与索赔有关的各种细节性资料

准备好与索赔有关的各种细节性资料,以备谈判中做进一步说明。

综上所述,发包方和承包方对索赔的管理,应当通过加强施工合同管理,严格执行合同,使对方没有提出索赔的理由和根据。在索赔事件发生后,也应积极收集有关证据资料,以便分清责任,剔除不合理的索赔要求。总之,有效的合同管理是保证合同顺利履行、减少或防止索赔事件发生、降低索赔事件损失的重要手段。

【例 6-1】 某施工单位(乙方)与某建设单位(甲方)签订了某工厂的土方工程与基础工程合同,承包方在合同中标明有松软石的地方没有遇到松软石,因而工期提前 1 个月。但在合同中另一处未标明有坚硬岩石的地方遇到了一些工程地质勘察没有探明的孤石。施工过程中遇到数天季节性大雨后又转为特大暴雨引起山洪暴发,造成现场临时道路、管网和施工用房等设施以及已施工的部分基础被冲坏,施工设备损坏,运进现场的部分材料被冲走,乙方数名施工人员受伤,雨后乙方用了很多工时清理现场和恢复施工条件。为此,乙方按照索赔程序提出了延长工期和费用补偿要求。

问题:乙方提出的索赔要求能否成立?为什么?

【解】:对于天气条件变化引起的索赔应分两种情况处理:

(1)对于前期的季节性大雨,这是一个有经验的承包方预先能够合理估计的因素,应在合同工期内考虑,由此造成的时间和费用损失不能给予补偿。

(2)对于后期特大暴雨引起的山洪暴发,不能视为一个有经验的承包方预先能够合理估计的因素,应按不可抗力处理由此引起的索赔问题。被冲坏的现场临时道路、管网和施工用房等设施以及已施工的部分基础,被冲走的部分材料,清理现场和恢复施工条件,受伤的甲方以及甲方雇用的人员等经济损失应由甲方承担;损坏的施工设备,受伤的施工人员以及由此造成的人员窝工和设备闲置等经济损失应由乙方承担,工期顺延。

【例 6-2】 某施工单位与建设单位签订了某综合办公楼的施工合同,合同工期为 10 个月。在工程施工过程中,遭受到了百年不遇的特大暴雨的袭击,施工单位遭受了一定的损失,其认为遭受百年不遇的特大暴雨的袭击属于不可抗力事件,故及时向监理工程师提出索赔要求,提交了索赔意向通知和索赔报告,索赔报告中的基本要求如下:

(1)部分已完工程遭到破坏,造成损失 10 万元,应由业主承担修复的经济责任。

(2)施工单位人员因此灾害导致数人受伤,处理伤病医疗费用和补偿总计 4 万元,业主应给予赔偿。

(3)施工单位进场的在用机械、设备受到损坏,造成损失 10 万元,由于现场停工造成台班费损失 5 万元,业主应负担补偿和修复的经济责任。工人窝工费 4 万元,业主应予支付。

(4)因暴风雨造成的损失现场停工 8 天,要求合同工期顺延 8 天。

(5)由于工程破坏,清理现场需费用 3 万元,业主应予支付。

问题:对施工单位提出的要求,应如何处理?

【解】:经济损失应由双方分别承担,工期延误应予签证顺延。

(1)工程修复、重建 10 万元工程款应由业主支付。

(2)4 万元的医疗费用和补偿索赔要求不予认可,由施工单位承担。

(3)19 万元的索赔不予认可,由施工单位承担。

(4)认可顺延合同工期 8 天。

(5)3 万元的清理现场费用由建设单位承担。

第六节　建筑工程项目合同的终止和评价

一、建筑工程项目合同的终止

合同的权利义务终止又称为合同的终止或者合同的消灭,是指因某种原因而引起的合同权利义务关系在客观上不复存在。

1. 合同终止原因

导致合同终止的原因有很多。合同双方已经按照约定履行完合同,合同自然终止。另外,发生法律规定或者当事人约定的情况,或经当事人协商一致,而使合同关系终止的,称为合同解除。

在施工合同的履行过程中,可以解除合同的情形如下:

(1)合同的协商解除

施工合同当事人协商一致,可以解除。这是在合同成立以后、履行完毕以前,双方当事人通过协商而同意终止合同关系的解除。当事人的这项权利是合同中意思自治的具体体现。

(2)发生不可抗力时合同的解除

因为不可抗力或者非合同当事人的原因,造成工程停建或缓建,致使合同无法履行,合同双方可以解除合同。例如,合同签订后发生了战争、自然灾害等。

(3)当事人违约时合同的解除

1)业主不按合同约定支付工程款(进度款),双方又未达成延期付款协议,导致施工无法进行,承包方停止施工超过56天,业主仍不支付工程款(进度款),承包方有权解除合同。

2)承包方将其承包的全部工程转包给他人或者肢解后以分包的名义分别转包他人,业主有权解除合同。

3)合同当事人一方的其他违约致使合同无法履行,合同双方可以解除合同。

一方主张解除合同的,应向对方发出解除合同的书面通知,并在发出通知前7天告知对方。通知到达对方时合同解除。对解除合同有异议的,按照解决合同争议程序处理。

合同解除后,尚未履行的,终止履行;已经履行的,根据履行情况和合同性质,当事人可要求恢复原状、采取其他补救措施,并有权要求赔偿损失。

2. 合同终止后义务

合同终止后,当事人双方约定的结算和清理条款仍然有效。承包方应当按照业主要求妥善做好已完工程和已购材料、设备的保护和移交工作,按业主要求,将自有机械设备和人员撤出施工场地。业主应为承包方撤出提供必要条件,支付以上所发生的费用,并按合同约定支付已完工程款。已订货的材料、设备由订货方负责退货或解除订货合同,不能退还的货款和退货、解除订货合同发生的费用,由业主承担。

另外,合同终止后,当事人双方都应当遵循诚实信用原则,履行通知、协助、保密等后合同义务。

二、建筑工程项目合同的评价

1. 合同评价的基本概念

合同评价是指在合同实施结束后,将合同签订和执行过程中的利弊得失、经验教训总结出来,提出分析报告,作为以后工程合同管理的借鉴。

由于合同管理工作比较偏重于经验,只有不断总结经验,才能不断提高管理水平,才能通过工程不断培养出高水平的合同管理者。所以这项工作十分重要。

2. 合同签订情况评价

项目在正式签订合同前,所进行的工作都属于签约管理,签约管理质量直接制约着合同的执行过程,因此,签约管理是合同管理的重中之重。评价项目合同签订情况时,主要参照以下几方面:

(1)招标前,对发包人和建设项目是否进行了调查和分析,是否清楚、准确。例如:施工所需的资金是否已经落实,工程的资金状况直接影响后期工程款的回收;施工条件是否已经具备、初步设计及概算是否已经批准,直接影响后期工程施工进度等。

(2)投标时,是否依据公司整体实力及实际市场状况进行报价,对项目的成本控制及利润收益有明确的目标,心中有数,不至于中标后难以控制费用支出,为避免亏本而骑虎难下。

(3)中标后,即使使用标准合同文本,也需逐条与发包人进行谈判,既要通过有效的谈判技巧争取较为宽松的合同条件,又要避免合同条款不明确,造成施工过程中的争议,使索赔工作难以实现。

(4)做好资料管理工作。签约过程中的所有资料都应经过严格的审阅、分类、归档,因为前期资料既是后期施工的依据,也是后期索赔工作的重要依据。

3. 合同执行情况评价

在合同实施过程中,应当严格按照施工合同的规定,履行自己的职责,通过一定有序的施工管理工作对合同进行控制管理,评价控制管理工作的优劣主要是评价施工过程中工期目标、质量目标、成本目标完成的情况和特点。

(1) 工期目标评价。主要评价合同工期履约情况和各单位(单项工程进度计划执行情况;核实单项工程实际开、竣工日期,计算合同建设工期和实际建设工期的变化率;分析施工进度提前或拖后的原因。

(2) 质量目标评价。主要评价单位工程的合格率、优良率和综合质量情况。

1) 计算实际工程质量的合格品率、实际工程质量的优良品率等指标,将实际工程质量指标与合同文件中规定的、或设计规定的、或其他同类工程的质量状况进行比较,分析变化的原因。

2) 评价设备质量,分析设备及其安装工程质量能否保证投产后正常生产的需要。

3) 计算和分析工程质量事故的经济损失,包括计算返工损失率、因质量事故拖延建设工期所造成的实际损失,以及分析无法补救的工程质量事故对项目投产后投资效益的影响程度。

4) 工程安全情况评价,分析有无重大安全事故发生,分析其原因和所带来的实际影响。

(3) 成本目标评价。主要评价物资消耗、工时定额、设备折旧、管理费等计划与实际支出的情况,评价项目成本控制方法是否科学合理,分析实际成本高于或低于目标成本的原因。

1) 主要实物工程量的变化及其范围。

2) 主要材料消耗的变化情况,分析造成超耗的原因。

3) 各项工时定额和管理费用标准是否符合有关规定。

4. 合同管理工作评价

这是对合同管理本身,如工作职能、程序、工作成果的评价,主要内容包括:

(1) 合同管理工作对工程项目的总体贡献或影响。

(2) 合同分析的准确程度。

(3) 在投标报价和工程实施中,合同管理子系统与其他职能的协调中的问题,需要改进的地方。

(4) 索赔处理和纠纷处理的经验教训等。

5. 合同条款评价

这是对本项目有重大影响的合同条款进行评价,主要内容包括:

(1) 本合同的具体条款,特别对本工程有重大影响的合同条款的表达和执行利弊得失。

(2) 本合同签订和执行过程中所遇到的特殊问题的分析结果。

(3) 对具体的合同条款如何表达更为有利等。

第七章 建筑工程项目信息管理

第一节 建筑工程项目信息管理概述

一、信息和信息管理

信息是指用口头方式、书面方式或电子方式传输(传达、传递)的知识、新闻,或可靠或不可靠的情报。声音、文字、数字和图像等都是信息表达的方式。

信息管理是指信息传输的合理组织和控制。

施工项目的信息管理是指通过对各系统、各项工作和各项数据的管理,使施工项目信息能方便和有效地获取、整理、存储、存档、传递和应用。施工项目信息管理的目的是通过有效的施工项目信息传输的组织和控制为项目建设的增值服务。

二、建筑工程项目信息管理的任务

1. **信息管理手册**

业主方和项目参与各方都有各自的信息管理任务,为充分利用和发挥信息资源的价值、提高信息管理的效率,以及实现有序和科学的信息管理,各方都应编制各自的信息管理手册,以规范信息管理工作。信息管理手册描述和定义信息管理的任务、执行者(部门)、每项信息管理任务执行的时间和其工作成果等,它的主要内容包括:

(1)确定信息管理的任务(信息管理任务目录)。
(2)确定信息管理的任务分工表和管理职能分工表。
(3)确定信息的分类。
(4)确定信息的编码体系和编码。
(5)信息输入输出模型。
(6)各项信息管理工作的工作流程图。
(7)信息流程图。
(8)信息处理的工作平台及其使用规定。

(9)各种报表和报告的格式,以及报告周期。

(10)项目进展的月度报告、季度报告、年度报告和工程总报告的内容及其编制。

(11)工程档案管理制度。

(12)信息管理的保密制度等。

在国际上,信息管理手册广泛应用于工程管理领域,它是信息管理的核心指导文件。我国施工企业应对此引起重视,并在工程实践中加以应用。

2. 信息管理部门的工作任务

项目管理班子中各个工作部门的管理工作都与信息处理有关,它们都承担一定的信息管理任务,而信息管理部门是专门从事信息管理的工作部门,它们的主要工作任务是:

(1)负责编制信息管理手册,在项目实施过程中进行信息管理手册的必要修改和补充,并检查和督促其执行。

(2)负责协调和组织项目管理班子中各个工作部门的信息处理工作。

(3)负责信息处理工作平台的建立和运行维护。

(4)与其他工作部门协同组织收集信息、处理信息和形成各种反映项目进展和项目目标控制的报表和报告。

(5)负责工程档案管理等。

在国际上,许多建筑工程项目都专门设立信息管理部门(或称为信息中心)以确保信息管理工作的顺利进行;也有一些大型建筑工程项目专门委托咨询公司从事项目信息动态跟踪和分析,以信息流指导物质流,从宏观和总体上对项目的实施进行控制。

3. 信息工作流程

各项信息管理任务的工作流程,如:

(1)信息管理手册编制和修订的工作流程。

(2)为形成各类报表和报告,收集信息、录入信息、审核信息、加工信息、信息传输和发布的工作流程。

(3)工程档案管理的工作流程等。

4. 应重视基于互联网的信息处理平台

由于建设工程项目大量数据处理的需要,在当今的时代应重视利用信息技术的手段进行信息管理。其核心的手段是基于互联网的信息处理平台。

三、建筑工程项目信息管理的基本要求

为了能够全面、及时、准确地向项目管理人员提供有关信息,建筑工程项目

信息管理应满足以下几方面的基本要求:

(1)要有严格的时效性。一项信息如果不严格注意时间,那么信息的价值就会随之消失。因此,能适时提供信息,往往对指导工程施工十分有利,甚至可以取得很大的经济效益。要严格保证信息的时效性,应注意解决以下问题:

1)当信息分散于不同地区时,如何能够迅速而有效地进行收集和传递工作。

2)当各项信息的口径不一、参差不齐时,如何处理。

3)采取何种方法、何种手段能在很短的时间内将各项信息加工整理成符合目的和要求的信息。

4)使用计算机进行自动化处理信息的可能性和处理方式。

(2)要有针对性和实用性。信息管理的重要任务之一,就是如何根据需要,提供针对性强、十分适用的信息。如果仅仅能提供成沓的细部资料,其中又只能反映一些普通的、并不重要的变化,这样会使决策者不仅要花费许多时间去阅览这些作用不大的资料,而且仍得不到决策所需要的信息,使得信息管理起不到应有的作用。为避免此类情况的发生,信息管理中应采取以下措施:

1)可通过运用数理统计等方法,对搜集的大量庞杂的数据进行分析,找出影响重大的方面和因素,并力求给予定性和定量的描述。

2)要将过去和现在、内部和外部、计划与实施等加以对比分析,使之明确看出当前的情况和发展的趋势。

3)要有适当的预测和决策支持信息,使之更好地为管理决策服务,以取得应有的效益。

(3)要有必要的精确度。要使信息具有必要的精确度,需要对原始数据进行认真的审查和必要的校核,避免分类和计算错误。即使是加工整理后的资料,也需要做细致的复核。这样,才能使信息有效可靠。但信息的精度应以满足使用要求为限,并不一定是越精确越好,因为不必要的精度,需耗用更多的精力、费用和时间,容易造成浪费。

(4)要考虑信息成本。各项资料的收集和处理所需要的费用直接与信息收集的多少有关,如果要求越细、越完整,则费用将越高。例如,如果每天都将施工项目上的进度信息收集完整,则势必会耗费大量的人力、时间和费用,这将使信息的成本显著提高。因此,在进行施工项目信息管理时,必须要综合考虑信息成本及信息所产生的收益,寻求最佳的切入点。

四、建筑工程项目信息管理的方法及程序

1. 建筑工程项目信息管理的方法

在建筑工程项目信息管理的过程中,应重点抓好对信息的采集与筛选、信息

的处理与加工、信息的利用与扩大,以便业主能利用信息,对投资目标、质量目标、进度目标实施有效控制。

(1)信息的采集与筛选。必须在施工现场建立一套完善的信息采集制度,通过现场代表或监理的施工记录、工程质量记录及各方参加的工地会议纪要等方式,广泛收集初始信息,并对初始信息加以筛选、整理、分类、编辑、计算等,变换为可以利用的形式。

(2)信息的处理与加工。信息处理的要求应符合及时、准确、适用、经济原则,处理的方法包括信息的收集、加工、传输、存储、检索与输出。信息的加工,既可以通过管理人员利用图表数据来进行手工处理,也可以利用电子计算机进行数据处理。

(3)信息的利用与扩大。在管理中必须更好地利用信息、扩大信息,要求被利用的信息应具有如下特性。

1)适用性。
①必须能为使用者所理解。
②必须为决策服务。
③必须与工程项目组织机构中的各级管理相联系。
④必须具有预测性。
2)及时性。信息必须能适时做出决策和控制。
3)可靠性。信息必须完整、准确,不能导致决策控制的失误。

2. 项目信息管理的程序

项目信息管理应遵循下列程序:
(1)确定项目管理目标。
(2)进行项目信息管理策划。
(3)项目信息收集。
(4)项目信息处理。
(5)项目信息运用。
(6)项目信息管理评价。

第二节 建筑工程项目信息管理计划与实施

项目信息管理计划的制订应以项目管理实施规划中的有关内容为依据。在项目执行过程中,应定期检查其实施效果并根据需要进行计划调整。信息管理计划包括信息需求分析、信息编码系统、信息流程、信息管理制度以及信息的来源、内容、标准、时间要求、传递途径、反馈的范围、人员以及职责和工作程序等内容。在信息计划的实施过程中,应定期检查信息的有效性和信息成本,不断改进信息管理工作。

一、项目信息的分类

业主方和项目参与各方可根据各自的项目管理的需求确定其信息管理的分类,但为了信息交流的方便和实现部分信息共享,应尽可能做一些统一分类的规定,如项目的分解结构应统一。

可以从不同的角度对建筑工程项目的信息进行分类。

(1)按项目管理工作的对象即按项目的分解结构进行分类(如子项目1、子项目2等)。

(2)按项目实施的工作过程进行分类(如设计准备、设计、招投标和施工过程等)。

(3)按项目管理工作的任务进行分类(如投资控制、进度控制、质量控制等)。

(4)按信息的内容属性进行分类(如组织类信息、管理类信息、经济类信息、技术类信息等),如图7-1所示。

为满足施工项目管理工作要求,往往需要对施工项目信息进行综合分类,即按多维进行信息分类,如:

第一维:按施工项目的分解结构。

第二维:按施工项目实施的工作过程。

第三维:按施工项目管理工作的任务。

二、项目信息编码系统

项目信息编码系统可以作为组织信息编码系统的子系统,其编码结构应与组织信息编码一致,从而保证组织管理层和项目经理部信息共享。

1. 项目信息编码原则

信息编码是信息管理的基础,进行项目信息编码时应遵循以下原则:

(1)唯一性。每一个代码仅代表唯一的实体属性或状态。

(2)合理性。编码的方法必须是合

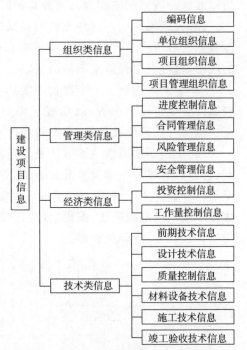

图7-1 建筑项目的信息按内容属性的分类

理的,能够适合使用者和信息处理的需要,项目信息编码结构应与项目信息分类体系相适应。

(3)可扩充性和稳定性。代码设计应留出适当的扩充位置,以便当增加新的内容时,可直接利用原代码扩充,而无须更改代码系统。

(4)逻辑性与直观性。代码不但要具有一定的逻辑含义,以便于数据的统计汇总;而且要简明直观,以便于识别和记忆。

(5)规范性。国家有关编码标准是代码设计的重要依据,要严格遵照国家标准及行业标准进行代码设计,以便于系统的拓展。

(6)精炼性。代码的长度不仅会影响所占据的存储空间和信息处理的速度,而且也会影响代码输入时出错的概率及输入输出的速度,因而要适当压缩代码的长度。

2. 项目信息编码方法

(1)顺序编码法。顺序编码法是一种按对象出现的顺序进行编码的方法,就是从 001(或 0001,00001 等),开始依次排下去,直至最后。如目前各定额站编制的定额大多采用这种方法。该法简单,代码较短。但这种代码缺乏逻辑基础,本身不说明任何特征。此外,新数据只能追加到最后,删除数据又会产生空码。所以此法一般只用来作为其他分类编码后进行细分类的一种手段。

(2)分组编码法。这种方法也是从头开始,依次为数据编号。但在每批同类型数据之后留有一定余量,以备添加新的数据。这种方法是在顺序编码基础上的改动,也存在逻辑意义不清的问题。

(3)多面编码法。一个事物可能具有多个属性,如果在编码的结构中能为这些属性各规定一个位置,就形成了多面码。该法的优点是逻辑性能好,便于扩充。但这种代码位数较长,会有较多的空码。

(4)十进制编码法。该方法是先把编码对象分成若干大类,编以若干位十进制代码,然后将每一大类再分成若干小类,编以若干位十进制代码,依次下去,直至不再分类为止。例如,图 7-2 所示的建筑材料编码体系所采用的就是这种方法。采用十进制编码法,编码、分类比较简单,直观性强,可以无限扩充下去。但代码位数较多,空码也较多。

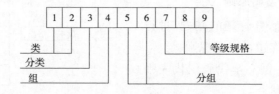

图 7-2 建筑材料编码体系

(5)文字编码法。这种方法是用文字表明对象的属性,而文字一般用英文编写或用汉语拼音的字头。这种编码的直观性较好,记忆使用也都方便。但当数据过多时,单靠字头很容易使含义模糊,造成错误的理解。

上述几种编码方法,各有其优缺点,在实际工作中可以针对具体情况而选用适当的方法。有时甚至可以将它们组合起来使用。

三、项目信息流程

信息流程反映项目内部信息流和有关的外部信息流及各有关单位、部门和人员之间的关系,并有利于保持信息畅通。

1. 项目中的信息流

在项目的实施过程中,产生的流动过程主要有以下几种:

(1)工作流。在项目实施过程中,由项目的结构分解得到项目的所有工作,任务书(委托书或合同)则确定了这些工作的实施者,再通过项目计划具体安排它们的实施方法、实施顺序、实施时间以及实施过程中的协调。这些工作在一定时间和空间上实施,便形成项目的工作流。工作流即构成项目的实施过程和管理过程,其主体是劳动力和管理者。

(2)物流。工作的实施需要各种材料、设备、能源,它们由外界输入,经过处理转换成工程实体,最终得到项目产品,则由工作流引出物流。物流表现出项目的物资生产过程。

(3)资金流。资金流是工程过程中价值的运动形态。例如从资金变为库存的材料和设备,支付工资和工程款,再转变为已完工程,投入运营后作为固定资产,通过项目的运营取得收益。

(4)信息流。工程项目的实施过程需要大量的信息,同时在这些过程中又不断产生大量的信息。这些信息随着上述几种流动过程按一定的规律产生、转换、变化和被使用,并被传送到相关部门(单位),形成项目实施过程中的信息流。项目管理者设置目标、作决策、作各种计划、组织资源供应、领导、激励、协调各项目参加者的工作,控制项目的实施过程都靠信息来实施的;管理者靠信息了解项目实施情况,发布各种指令,计划并协调各方面的工作。

以上四种流动过程之间相互联系、相互依赖又相互影响,共同构成了项目实施和管理的总过程。在这四种流动过程中,信息流对项目管理有特别重要的意义。信息流将项目的工作流、物流、资金流,将各个管理职能、项目组织,将项目与环境结合在一起。它不仅反映而且控制和指挥着工作流、物流和资金流。所以,信息流是项目的神经系统。

2. 项目信息流程的组成

项目信息流程应反映项目内部信息流和有关的外部信息流及各有关单位、部门和人员之间的关系，并有利于保持信息畅通。

(1) 项目内部信息流。工程项目管理组织内部存在着三种信息流。一是自上而下的信息流；二是自下而上的信息流；三是各管理职能部门横向间的信息流。这三种信息流都应畅通无阻，以保证项目管理工作的顺利实施。

1) 自上而下的信息流。自上而下的信息流是指自主管单位、主管部门、业主以及项目经理开始，流向项目工程师、检查员，乃至工人班组的信息，或在分级管理中，每一个中间层次的机构向其下级逐级流动的信息。即信息源在上，接受信息者是其下属。这些信息主要指监理目标、工作条例、命令、办法及规定、业务指导意见等。

2) 自下而上的信息流。自下而上的信息流通常是指各种实际工程的情况信息，由下逐渐向上传递，这个传递不是一般的叠合装订、而是经过归纳整理形成的逐渐浓缩的报告。项目管理者就是从事"浓缩"工作，以保证信息"浓缩"而不失真。通常信息太详细会造成处理量大、没有重点，且容易遗漏重要说明；而太浓缩又会存在对信息的曲解，或解释出错的问题。

3) 横向间的信息流。横向流动的信息指项目监理工作中同一层次的工作部门或工作人员之间相互提供和接受的信息。这种信息一般是由于分工不同而各自产生的，但为了共同的目标又需要相互协作、互通有无或相互补充，同时在特殊、紧急情况下，为了节省信息流动时间也需要横向提供的信息。

(2) 项目与外界的信息交流。项目作为一个开放系统，它与外界有大量的信息交换。这里包括以下两种信息流：

1) 由外界输入的信息。例如环境信息、物价变动的信息、市场状况信息，以及外部系统（如企业、政府机关）对项目的指令、对项目的干预等。

2) 项目向外界输出的信息，如项目状况的报告、请示、要求等。

四、项目信息过程管理

项目信息过程管理包括信息的收集、加工、传输、存储、检索、输出和反馈等内容，宜使用计算机进行信息过程管理。

1. 收集

就是收集原始数据。这是很重要的基础工作，信息处理的质量好坏，在很大程度上取决于原始数据的全面性和可靠性。

2. 加工

经过对优化选择的信息进行加工整理，确定信息在社会信息流这一时空隧道中的"坐标",以便人们在需要时能够通过各种方便的形式查寻、识别并获得该信息。

(1)信息加工整理操作步骤。原始数据收集后,需要将其进行加工整理以使它成为有用的信息。一般的加工整理操作步骤如下:

1)依据一定的标准将数据进行排序或分组。

2)将两个或多个简单有序数据集按一定顺序连接、合并。

3)按照不同的目的计算求和或求平均值等。

4)为快速查找建立索引或目录文件等。

(2)信息加工整理的分级。根据不同管理层次对信息的不同要求,工程信息的加工整理从浅到深分为三个级别。

1)初级加工:如滤波、整理等。

2)综合分析:将基础数据综合成决策信息,供有关监理人员或高层决策人员使用。

3)数学模型统计、推断:采用特定的数学模型进行统计计算和模拟推断,为监理提供辅助决策服务。

3. 项目信息的传输与检索

信息在通过对收集的数据进行分类加工处理产生信息后,要及时提供给需要使用数据和信息的部门,数据和信息的传输要根据需要来分发,数据和信息的检索则要建立必要的分级管理制度,一般使用软件来保证实现数据和信息的传输、检索,关键是要决定传输和检索的原则。

(1)信息传输与检索的原则。对信息进行传输与检索时应遵循以下原则。

1)需要的部门和使用人,有权在需要的第一时间,方便地得到所需要的、以规定形式提供的一切信息和数据。

2)保证不向不该知道的部门(人)提供任何信息和数据。

(2)信息传输设计内容。信息传输设计的内容主要包括:

1)了解使用部门(人)的使用目的、使用周期、使用频率、得到时间、数据的安全要求。

2)决定分发的项目、内容、分发量、范围、数据来源。

3)决定分发信息和数据的数据结构、类型、精度和规定的格式。

4)决定提供的信息和数据介质(纸张、显示器显示、磁盘或其他形式)。

(3)信息检索设计内容。进行信息检索设计时应考虑以下内容:

1)允许检索的范围、检索的密级划分、密码的管理。

2)检索的信息和数据能否及时、快速地提供,采用什么手段实现(网络、通信、计算机系统)。

3)提供检索需要的数据和信息输出形式能否根据关键字实现智能检索。

4. 项目信息的储存

信息的储存是将信息保留起来以备将来应用。对有价值的原始资料、数据及经过加工整理的信息要长期积累以备查阅。信息的存储一般需要建立统一的数据库,各类数据以文件的形式组织在一起,组织的方法一般由单位自定,但要考虑规范化。

5. 项目信息的输出与反馈

(1)项目信息的输出。根据数据的性质和来源,信息输出内容可分为以下三类。

1)原始基础数据类,如市场环境信息等,这类数据主要用于辅助企业决策,其输出方式主要采用屏幕输出,即根据用户查询、浏览和比较的结果来输出,必要时也可打印。

2)过程数据类,主要指由原始基础数据推断、计算、统计、分析而得,如市场需求量的变化趋势、方案的收支预测数、方案的财务指标、方案的敏感性分析等,这类数据采用以屏幕输出为主、打印输出为辅的输出方式。

3)文档报告类,主要包括市场调查报告、经济评价报告、投资方案决策报告等,这类数据主要是存档、备案、送上级主管部门审查之用,因而采取打印输出的方式,而且打印的格式必须规范。

(2)项目信息的反馈。信息反馈在工程项目管理过程中起着十分重要的作用。信息反馈就是将输出信息的作用结果再返送回来的一种过程,也就是施控系统将信息输出,输出的信息对受控系统作用的结果又返回施控系统,并对施控系统的信息再输出发生影响的过程。

1)信息反馈的基本原则。信息反馈必须遵守以下几项基本原则:

①真实、准确的原则。

②全面、完整的原则。

③及时的原则。

④集中和分流相结合的原则。

⑤适量的原则。

⑥反复的原则。

2)信息反馈的方法。在建筑工程项目信息过程管理中,经常用到的反馈方法主要有以下几种。

①跟踪反馈法。它主要是指在决策实施过程中,对特定主题内容进行全面跟踪,有计划、分步骤地组织连续反馈,形成反馈系列。跟踪反馈法具有较强的针对性和计划性,能够围绕决策实施主线,比较系统地反映决策实施的全过程,

便于决策机构随时掌握相关情况,控制工作进度,及时发现问题,实行分类领导。

②典型反馈法。它主要是指通过某些典型组织机构的情况、某些典型事例、某些代表性人物的观点言行,将其实施决策的情况以及对决策的反映反馈给决策者。

③组合反馈法。它主要是指在某一时期将不同阶层、不同行业和单位对决策的反映,通过一组信息分别进行反馈。由于每一反馈信息着重突出一个方面、一类问题,故将所有反馈信息组合在一起,便可以构成一个完整的面貌。

④综合反馈法。它主要是指将不同地区、阶层和单位对某项决策的反映汇集在一起,通过分析归纳,找出其内在联系,形成一套比较完整、系统的观点与材料,并加以集中反馈。

第三节　项目信息安全管理

建筑工程项目信息安全管理是信息安全的核心。它包括风险管理、安全策略和安全教育。

一、信息风险管理

信息风险管理能够识别企业的资产,评估威胁这些资产的风险,评估假定这些风险成为现实时企业所承受的灾难和损失。通过降低风险(如安装防护措施)、避免风险、转嫁风险(如买保险)、接受风险(基于投入产出比考虑)等多种风险管理方式,协助管理部门根据企业的业务目标和业务发展特点制定企业安全策略。

二、安全策略

安全策略从宏观的角度反映企业整体的安全思想和观念,作为制定具体策略规划的基础,为所有其他安全策略标明应该遵循的指导方针。具体的策略可以通过安全标准、安全方针、安全措施来实现。安全策略是基础,安全标准、安全方针、安全措施是安全框架,在安全框架中使用必要的安全组件、安全机制等提供全面的安全规划和安全架构。

项目信息安全需求的各个方面是由一系列安全策略文件所涵盖的。策略文件的繁简程度与企业的规模有关。通常而言,企业应制定并执行以下策略性文件。

(1)物理安全策略。包括环境安全、设备安全、媒体安全、信息资产的物理分布、人员的访问控制、审计记录、异常情况的追查等。

(2)网络安全策略。包括网络拓扑结构、网络设备的管理、网络安全访问措施(防火墙、入侵检测系统、VPN等)、安全扫描、远程访问、不同级别网络的访问控制方式、识别、认证机制等。

(3)数据加密策略。包括加密算法、适用范围、密钥交换和管理等。

(4)数据备份策略。包括适用范围、备份方式、备份数据的安全存储、备份周期、负责人等。

(5)病毒防护策略。包括防病毒软件的安装、配置、对软盘使用、网络下载等做出的规定等。

(6)系统安全策略。包括网络访问策略、数据库系统安全策略、邮件系统安全策略、应用服务器系统安全策略、个人桌面系统安全策略、其他业务相关系统安全策略等。

(7)身份认证及授权策略。包括认证及授权机制、方式、审计记录等。

(8)灾难恢复策略。包括负责人员、恢复机制、方式、归档管理、硬件、软件等。

(9)事故处理、紧急响应策略。包括响应小组、联系方式、事故处理计划、控制过程等。

(10)安全教育策略。包括安全策略的发布宣传、执行效果的监督、安全技能的培训、安全意识教育等。

(11)口令管理策略。包括口令管理方式、口令设置规则、口令适应规则等。

(12)补丁管理策略。包括系统补丁的更新、测试、安装等。

(13)系统变更控制策略。包括设备、软件配置、控制措施、数据变更管理、一致性管理等。

(14)商业伙伴、客户关系策略。包括合同条款安全策略、客户服务安全建议等。

(15)复查审计策略。包括对安全策略的定期复查、对安全控制及过程的重新评估、对系统日志记录的审计、对安全技术发展的跟踪等。

值得注意的是,企业制定的安全策略应当遵守相关的法律条令。有时安全策略的内容和员工的个人隐私相关联,在考虑对信息资产保护的同时,也应该对这方面的内容进行明确说明。

三、安全教育

信息安全意识和相关技能的教育是建筑工程信息安全管理中重要的内容,其实施力度将直接关系到项目信息安全策略被理解的程度和被执行的效果。为了保证安全的成功和有效,项目管理部门应当对项目各级管理人员、用户、技术人员进行信息安全培训。所有的项目人员必须了解并严格执行企业信息安全策略。

在建筑工程项目信息安全教育具体实施过程中应该有一定的层次性。

(1)主管信息安全工作的高级负责人或各级管理人员,重点是了解、掌握企业信息安全的整体策略及目标、信息安全体系的构成、安全管理部门的建立和管理制度的制定等。

(2)负责信息安全运行管理及维护的技术人员,重点是充分理解信息安全管理策略,掌握安全评估的基本方法,对安全操作和维护技术的合理运用等。

(3)用户重点是学习各种安全操作流程,了解和掌握与其相关的安全策略,包括自身应该承担的安全职责等。

信息安全教育应当定期的、持续的进行。在企业中建立信息安全文化并容纳到整个企业文化体系中才是最根本的解决方法。

第八章 建筑工程项目风险管理

第一节 建筑工程项目风险管理概述

一、风险的基本知识

1. 风险的定义

日常生活和工作中由于人们对风险含义的理解程度不同,因而有不同的解释,但较为通用的是以下两种:

(1)风险是收益和损失发生的不确定性。即风险由不确定性的损失或收益两个要素构成。

(2)风险是在一定条件下,一定时间内,某一事件预期结果与实际结果间的变动程度。变动程度越大,风险越大;反之,风险则越小。

2. 风险要素

风险的要素主要包括风险因素、风险事件、损失、损失机会。

(1)风险因素

风险因素是指能够引起或增加风险事件发生的机会或影响损失的严重程度的因素,是造成损失的内在或间接的原因。根据性质不同,可将风险因素分为实质性风险因素、道德性风险因素和心理风险因素。

1)实质性风险因素是指能直接引起或增加损失发生机会或损失严重程度的因素,如环境因素就是影响人身体健康的实质性因素。

2)道德因素是指由于人的品德、素质不良,促使风险事件发生的因素,如诈骗、偷工减料等行为。

3)心理因素是指由于人主观上的疏忽或过失而导致风险事件发生的因素,如遗忘、侥幸导致损失事件的发生等。

(2)风险事件

风险事件又称风险事故,是指直接导致损失发生的偶发事件,它可能引起损失和人身伤亡。

(3)损失

损失是指非故意、非计划和非预期的经济价值的减少,通常以货币单位来衡量。损失一般可分为直接损失和间接损失两种,也有的学者将损失分为直接损失、间接损失和隐蔽损失三种。其实,在对损失后果进行分析时,对损失如何分类并不重要,重要的是要找出一切已经发生和可能发生的损失,尤其是对间接损失和隐蔽损失要进行深入分析,其中有些损失是长期起作用的,是难以在短期内弥补和扭转的,即使做不到定量分析,至少也要进行定性分析,以便对损失后果有一个比较全面而客观的估计。

(4)损失机会

损失机会是指损失出现的概率。概率分为客观概率和主观概率两种。

1)客观概率是某事件在长时期内发生的频率。客观概率的确定主要有以下三种方法:

①演绎法。例如,掷硬币每一面出现的概率为1/2,掷骰子每一面出现的概率为1/6。

②归纳法。例如,60岁人比70岁人在5年内去世的概率小,木结构房屋比钢筋混凝土结构房屋失火的概率大。

③统计法,即根据过去的统计资料的分析结果所得出的概率。根据概率论的要求,采用这种方法时,需要有足够多的统计资料。

2)主观概率是个人对某事件发生可能性的估计。主观概率的结果受很多因素的影响,如个人的受教育程度、专业知识水平、实践经验等,还可能与年龄、性别、性格等有关。因此,如果采用主观概率,应当选择在某一特定事件方面专业知识水平较高、实践经验较为丰富的人来估计。对于工程风险的概率,在统计资料不够充分的情况下,以专家做出的主观概率代替客观概率是可行的,必要时可综合多个专家的估计结果。

3. 风险的分类

不同的风险具有不同的特性,为有效地进行风险管理,有必要对各种风险进行分类。

(1)按风险造成的后果划分

按风险造成的不同后果,可将风险分为纯粹风险和投机风险。

1)纯粹风险。纯粹风险是指只会造成损失而不会带来收益的风险。例如,自然灾害,一旦发生将会导致重大损失,甚至人员伤亡;如果不发生,只是不造成损失而已,但不会带来额外的收益。此外,政治、社会方面的风险一般也都表现为纯风险。

2)投机风险。投机风险是指既可能造成损失也可能创造额外收益的风险。

例如,一项重大投资活动可能因决策错误或因遇到不测事件而使投资者蒙受灾难性的损失,但如果决策正确、经营有方或赶上大好机遇,则有可能给投资者带来巨额利润。投机风险具有极大的诱惑力,人们常常注意其有利可图的一面,而忽视其带来损失的可能。

3)纯风险和投机风险之间的关系。

①纯风险和投机风险两者往往同时存在。例如,房产所有人就同时面临纯风险(如财产损坏)和投机风险(如经济形势变化所引起的房产价值的升降)。

②纯风险与投机风险之间的区别。在相同的条件下,纯风险重复出现的概率较大,表现出某种规律性。因而人们可能较成功地预测其发生的概率,从而相对容易采取防范措施。而投机风险则不然,其重复出现的概率较小,所谓"机不可失,时不再来",因而预测的准确性相对较差,也就较难防范。

(2)按风险产生的原因分

按风险产生的不同原因,可将风险分为政治风险、社会风险、经济风险、自然风险、技术风险等。其中,经济风险的界定可能会有一定的差异。例如,有的学者将金融风险作为独立的一类风险来考虑。另外,需要注意的是,除了自然风险和技术风险是相对独立的之外,政治风险、社会风险和经济风险之间存在一定的联系,有时表现为相互影响,有时表现为因果关系,难以截然分开。

(3)按风险的影响范围分

按风险的影响范围大小,可将风险分为局部风险和总体风险。

1)局部风险。它是指由于各种特定因素所导致的风险,其损失的影响范围较小。

2)总体风险。总体风险影响范围较大,其风险因素往往无法加以控制,如经济、政治等因素。

4. 风险的基本性质

(1)风险的客观性

风险的客观性,首先表现在它的存在是不以人的意志为转移的。

(2)风险的不确定性

风险的不确定性是指风险的发生是不确定的,即风险的程度有多大、风险何时何地有可能转变为现实均是不肯定的。

(3)风险的不利性

风险一旦产生,就会使风险主体产生挫折、失败,甚至损失,这对风险主体是极为不利的。

(4)风险的可变性

风险的可变性是指可在一定的条件下转化的特性。风险的可变性包括以下几个方面：

1）风险性质的变化。

2）风险量的变化。

3）某些风险可在一定空间和时间范围内消除。

4）新的风险产生。

(5) 风险的相对性

即是在相同的风险情况下，不同的风险主体对风险的承受程度是不同的。

(6) 风险同利益的对称性

风险和利益的对称性是指对风险主体来说风险和利益是必然同时存在的，即风险是利益的代价，利益是风险的报酬。

二、建筑工程风险管理

1. 建筑工程项目风险管理的定义

建筑工程项目风险管理是指通过风险识别、风险分析和风险评价去认识项目风险，并以此为基础合理使用各种风险应对措施、管理方法、技术和手段对项目的风险实行有效的控制，妥善处理风险事件造成的不利后果，以最小的成本保证项目总目标实现的工作。

2. 风险管理规划基本概念

风险管理规划是指决定如何进行项目风险管理活动的过程。风险管理过程的规划对保证风险管理与项目风险程度对组织的重要性相适应起着重要作用。它可保证为项目风险管理活动提供充足的资源和时间。建设工程项目风险管理规划的框架如图 8-1 所示。

图 8-1　建设工程项目风险管理规划的框架

(1) 风险管理规划的依据

风险管理规划的依据包括以下几个方面：

1）组织环境因素。

2）组织过程资产和历史经验。

3）项目的基本情况。

4）信息管理系统情况。

5）项目范围说明。

6）项目管理计划。

(2) 风险管理规划的途径

项目团队通过举行风险规划会议，制定风险管理计划。参与者包括项目经理、项目组织团队、项目利益相关方、负责风险管理规划和实施的组织成员等。会议期间，将界定风险管理活动的基本计划，确定风险管理费用和进度标准，并分别将其纳入项目预算和进度计划中。同时对风险管理职责进行分配，并根据项目的具体情况对通用的组织风险类别和名词定义等模块文件进行调整。还要确定合适的风险管理方法和风险评价依据。这些活动的成果将在风险管理计划中进行汇总。

3. 建筑工程项目风险的特点

建筑工程项目风险具有风险多样性、存在范围广、影响面大等特点。

(1) 风险的多样性。在一个工程项目中存在着许多种类的风险，如政治风险、经济风险、法律风险、自然风险、合同风险、合作者风险等。这些风险之间有着复杂的内在联系。

(2) 风险存在范围广。风险在整个项目生命期中都存在。例如，在目标设计中可能存在构思的错误，重要边界条件的遗漏，目标优化的错误；可行性研究中可能有方案的失误，调查不完全，市场分析错误；技术设计中存在专业不协调，地质不确定，图纸和规范错误；施工中物价上涨，实施方案不完备，资金缺乏，气候条件变化；运行中市场变化，产品不受欢迎，运行达不到设计能力，操作失误等。

(3) 风险影响面大。在建筑工程中，风险影响常常不是局部的，而是全局的。例如，反常的气候条件造成工程的停滞会影响整个后期计划，影响后期所有参加者的工作，它不仅会造成工期的延长，而且会造成费用的增加，造成对工程质量的危害。即使局部的风险，其影响也会随着项目的发展逐渐扩大。例如一个活动受到风险干扰，可能影响与它相关的许多活动，所以在项目中风险影响随时间推移有扩大的趋势。

(4) 风险具有一定的规律性。建筑工程项目的环境变化、项目的实施有一定的规律性，所以风险的发生和影响也有一定的规律性，是可以进行预测的。重要的是人们要有风险意识，重视风险，对风险进行有效的控制。

4. 建筑工程项目风险管理过程

风险管理就是一个识别、确定和度量风险，并制订、选择和实施风险处理方案的过程。

建设工程风险管理在这一点上并无特殊性。风险管理应是一个系统、完整的过程。这里将建筑工程风险管理过程划分为五部分,这五部分是一个系统、完整的过程,也是一个循环的过程,如图8-2所示。

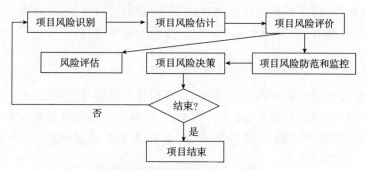

图8-2 建设工程风险管理过程

从图8-2中我们可以看到风险管理包括风险识别、风险估计、风险评价、风险防范和监控、风险决策五方面。它是一个系统的过程,处于不断变化的动态之中,也是一个动态的管理过程对项目风险进行管理的前提,把风险控制在系统之内,在不断变化的过程中进行管理。从行业壁垒的选择效应上看,高风险行业总是能给理智的投资者带来超额利润。风险损失与报酬的二元抉择使建筑工程项目处于背水一战的境地,风险越大,投资者所希望获得的风险报酬也就越大。通过对建筑工程风险管理的研究,投资者可以了解在一定风险程度内可获得较大的风险报酬,以激励投资的冒险决心,降低各种风险因素引发的损失。

5. 建筑工程项目全过程的风险管理

风险管理必须落实于工程项目的全过程,并有机地与各项管理工作融为一体。

(1)在项目目标设计阶段就应开展风险确定工作,对影响项目目标的重大风险进行预测,寻找目标实现的风险和可能的困难。风险管理强调事前的识别、评估和预防措施。

(2)在可行性研究中,对风险的分析必须细化,进一步预测风险发生的可能性和规律性,同时必须研究各风险状况对项目目标的影响程度,即项目的敏感性分析。应在各种策划中着重考虑这种敏感性分析的结果。

(3)在设计和计划过程中,随着技术水平的提高和建筑设计的深入,实施方案也逐步细化,项目的结构分析逐渐清晰。这时风险分析不仅要针对风险的种类,而且必须细化落实到各项目结构单元直到最低层次的工作包上。要考虑对风险的防范措施,制订风险管理计划,包括:风险准备金的计划、备选技术方案、应急措施等。在招标文件(合同文件)中应明确规定工程实施中风险的分组。

(4)在工程实施中加强风险的控制。通过风险监控系统,能及早地发现风险,及早做出反应;当风险发生时,采取有效措施保证工程正常实施,保证施工和管理秩序,及时修改方案、调整计划,以恢复正常的施工状态,减少损失。

(5)项目结束,应对整个项目的风险、风险管理进行评估,以作为今后进行同类项目的经验和教训,这样形成一个前后连贯的管理过程。

三、风险管理与项目管理的关系

风险管理是项目管理的一个部分,其目的是保证项目总目标的实现。

(1)从项目的时间、质量、成本目标来看,风险管理和项目管理的目标是一致的,即通过风险管理来降低项目进度、质量和成本方面的风险,实现项目管理目标。

(2)从项目范围管理来看,项目范围管理的主要内容包括界定项目范围和对项目范围变动进行控制。通过界定项目范围,可以明确项目的范围,将项目的任务细分为更具体、更便于管理的部分,避免遗漏而产生风险。在项目进行过程中,各种变更是不可避免的,变更会带来某些新的不确定性,风险管理可以通过对风险的识别、分析来评价这些不确定性,从而向项目范围管理提出任务。

(3)从项目计划的职能看,风险管理为项目计划的制定提供了依据,项目计划考虑的是未来,而未来必然存在着不确定因素。风险管理的职能之一是减少项目整个过程中的不确定性,这有利于计划的准确执行。

(4)从项目沟通控制的角度看,项目沟通控制主要对沟通体系进行监控,特别是要注意经常出现误解和矛盾的职能和组织的接口,这些可以为风险管理提供信息。反过来,风险管理中的信息又可以通过沟通体系传输给相应的部门和人员。

(5)从项目实施过程来看,不少风险都是在项目实施过程中由潜在变为现实的。风险管理就是在分析的基础上,拟定出具体应对措施,以消除、缓和、转移风险,利用有利机会避免产生新的风险。

第二节 建筑工程项目风险识别

一、风险识别的特点和原则

1. 风险识别的特点

风险识别有以下几个特点:

(1)个别性。任何风险都有与其他风险不同之处,没有两个风险是完全一致的。不同类型建设工程的风险不同自不必说,而同一建设工程如果建造地点不同,其风险也不同,即使是建造地点确定的建设工程,如果由不同的承包方承建,其风险也不同。因此,虽然不同建设工程风险有不少共同之处,但一定存在不同之处,在风险识别时尤其要注意这些不同之处,突出风险识别的个别性。

(2)主观性。风险识别是由人来完成的,由于个人的专业知识水平,包括风险管理方面的知识、实践经验等方面的差异,同一风险由不同的人识别的结果就会有较大的差异。风险本身是客观存在,但风险识别是主观行为。在风险识别时,要尽可能减少主观性对风险识别结果的影响。要做到这一点,关键在于提高风险识别的水平。

(3)复杂性。建设工程所涉及的风险因素和风险事件均很多,而且关系复杂、相互影响,这给风险识别带来很强的复杂性。因此,建设工程风险识别对风险管理人员要求很高,并且需要准确、详细的依据,尤其是定量的资料和数据。

(4)不确定性。这一特点可以说是主观性和复杂性的结果。在实践中,可能因为风险识别的结果与实际不符而造成损失,这往往是由于风险识别结论错误导致风险对策决策错误而造成的。由风险的定义可知,风险识别本身也是风险。因而避免和减少风险识别的风险也是风险管理的内容。

2. 风险识别的原则

在风险识别过程中应遵循以下原则:

(1)由粗及细,由细及粗。由粗及细是指对风险因素进行全面分析,并通过多种途径对工程风险进行分解,逐渐细化,以获得对工程风险的广泛认识,从而得到工程初始风险清单。而由细及粗是指从工程初始风险清单的众多风险中,根据同类建设工程的经验以及对拟建建设工程具体情况的分析和风险调查,确定那些对建设工程目标实现有较大影响的工程风险作为主要风险,即作为风险评价以及风险决策的主要对象。

(2)严格界定风险内涵并考虑风险因素之间的相关性。对各种风险的内涵要严格加以界定,不要出现重复和交叉现象。另外,还要尽可能考虑各种风险因素之间的相关性,如主次关系、因果关系、互斥关系、正相关关系、负相关关系等。应当说,在风险识别阶段考虑风险因素之间的相关性有一定的难度,但至少要做到严格界定风险内涵。

(3)先怀疑,后排除。对于所遇到的问题都要考虑其是否存在不确定性,不要轻易否定或排除某些风险,要通过认真的分析进行确认或排除。

(4)排除与确认并重。对于肯定可以排除和肯定可以确认的风险,应尽早予以排除和确认。对于一时既不能排除又不能确认的风险,再作进一步的分析,予以排除或确认。最后,对于肯定不能排除但又不能肯定予以确认的风险,按确认考虑。

(5)必要时,可做试验论证。对于某些按常规方式难以判定其是否存在,也难以确定其对建设工程目标影响程度的风险,尤其是技术方面的风险,必要时可做试验论证,如抗震试验、风洞试验等。这样做的结论可靠,但要以付出费用为代价。

二、风险识别的过程

建设工程自身及其外部环境的复杂性,给人们全面地、系统地识别工程风险带来了许多具体的困难。同时也要求明确建设工程风险识别的过程。由于建设工程风险识别的方法与风险管理理论中提出的一般的风险识别方法有所不同,因而其风险识别的过程也有所不同。建设工程的风险识别往往是通过对经验数据的分析、风险调查、专家咨询以及试验论证等方式,在对建设工程风险进行多维分解的过程中,认识工程风险,建立工程风险清单,风险识别过程如图 8-3 所示。

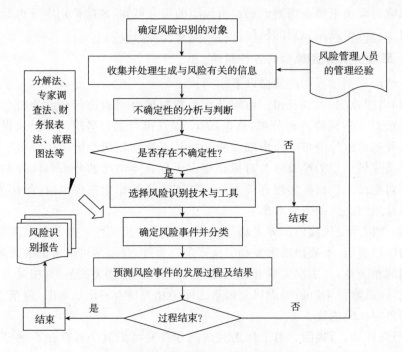

图 8-3 建设工程项目风险识别过程

1. 确定风险识别的对象

风险识别的第一步就是要确定风险识别的对象,要对建筑工程的各个阶段的主要作业过程进行分解,尽量不出现漏项,确定出识别的对象。

2. 收集并处理生成与风险有关的信息

风险识别中的很多方法都需建立在大量数据的基础上,一般认为风险是数据和信息不完备而引起的。因此,收集并处理生成项目过程中和风险有关的各种信息一般是很困难的,但是风险事件总不是孤立的,可能会存在一些与其相关的信息,或是与其有间接联系的信息。

3. 不确定性的分析与判断

运用收集、处理生成的信息结合风险管理人员的经验,对建筑工程项目中所面临的不确定性进行分析与判断。

4. 选择风险识别技术与工具

结合风险对象的特性,选择有效的识别方法,有的可能需要一种技术与工具,有的可能需要几种技术与工具结合使用。

5. 确定风险事件并分类

通过以上选择的风险识别方法确定风险事件,并根据建筑工程项目风险分类的方法,运用现有的风险信息和风险管理人员的经验,对确定出的风险进行分类分析,以便全面识别风险的各种属性。

6. 预测风险事件的发展过程及结果

结合实践经验对分类后的风险事件进行推断与预测,以判断风险何时发生以及引发其发生的原因何时会出现,以哪种形式出现,发生后会如何发展、结果如何等。

7. 给出风险识别报告

每进行一次风险识别,都要在最后给出一份风险识别报告。具体风险报告的形式可根据具体项目的规模和情况而定。

三、风险识别的方法

除了采用风险管理理论中所提出的风险识别的基本方法之外,对建筑工程风险的识别,还可以根据其自身特点,采用相应的方法。综合起来,建筑工程风险识别的方法有专家调查法、财务报表法、流程图法、初始清单法、经验数据法和风险调查法等。

1. 专家调查法

这种方法有两种方式,一种是召集有关专家开会,让专家各抒己见,充分发表意见,起到集思广益的作用;另一种是采用问卷式调查,各专家不知道其他专家的意见。采用专家调查法时,所提出的问题应具有指导性和代表性,并具有一定的深度,还应尽可能具体些。专家所涉及的面应尽可能广泛些,有一定的代表性。专家发表的意见要由风险管理人员加以归纳分类、整理分析,有时可能要排除个别专家的个别意见。

2. 财务报表法

财务报表有助于确定一个特定企业或特定的建设工程可能遭受哪些损失以及在何种情况下遭受这些损失。通过分析资产负债表、现金流量表、营业报表及有关补充资料,可以识别企业当前的所有资产、责任及人身损失风险。将这些报表与财务预测、预算结合起来,可以发现企业或建设工程未来的风险。采用财务报表法进行风险识别,要对财务报表中所列的各项会计科目做深入的分析研究,并提出分析研究报告,以确定可能产生的损失,还应通过一些实地调查以及其他信息资料来补充财务记录。由于工程财务报表与企业财务报表不尽相同,因而需要结合工程财务报表的特点来识别建筑工程风险。

3. 流程图法

将一项特定的生产或经营活动按步骤或阶段顺序以若干个模块形式组成一个流程图系列,在每个模块中都标出各种潜在的风险因素或风险事件,从而给决策者一个清晰的总体印象。一般来说,对流程图中各步骤或阶段的划分比较容易,关键在于找出各步骤或各阶段不同的风险因素或风险事件。

由于建筑工程实施的各个阶段是确定的,因而关键在于对各阶段风险因素或风险事件的识别。由于流程图的篇幅限制,采用这种方法所得到的风险识别结果较粗。

4. 初始清单法

如果对每一个建筑工程风险的识别都从头做起,至少有以下三方面缺陷:一是耗费时间和精力多,风险识别工作的效率低;二是由于风险识别的主观性,可能导致风险识别的随意性,其结果缺乏规范性;三是风险识别成果资料不便积累,对今后的风险识别工作缺乏指导作用。因此,为了避免以上缺陷,有必要建立初始风险清单。

通过适当的风险分解方式来识别风险是建立建筑工程初始风险清单的有效途径。对于大型、复杂的建筑工程,首先将其按单项工程、单位工程分解,然后再对各单项工程、单位工程分别从时间维、目标维和因素维进行分解,可以较容易地识别出建筑工程主要的、常见的风险。从初始风险清单的作用来看,因素维仅分解到各种不同的风险因素是不够的,还应进一步将各风险因素分解到风险事件。

初始风险清单只是为了便于人们较全面地认识风险的存在,而不至于遗漏重要的工程风险,但并不是风险识别的最终结论。在初始风险清单建立后,还需要结合特定建筑工程的具体情况进一步识别风险,从而对初始风险清单做一些必要的补充和修正。为此,需要参照同类建设工程风险的经验数据,若无现成的资料,则要多方收集或针对具体建设工程的特点进行风险调查。

5. 经验数据法

经验数据法也称为统计资料法,即根据已建各类建设工程与风险有关的统计资料来识别拟建建筑工程的风险。不同的风险管理主体都应有自己关于建筑工程风险的经验数据或统计资料。在工程建设领域,可能有工程风险经验数据或统计资料的风险管理主体,包括咨询公司,设计单位、承包方以及长期有工程项目的业主,如房地产开发商。由于这些不同的风险管理主体的角度不同、数据或资料来源不同,其各自的初始风险清单一般多少有些差异。

但是,建设工程风险本身是客观事实,有客观的规律性,当经验数据或统计资料足够多时,这种差异性就会大大减小。何况,风险识别只是对建设工程风险的初步认识,还是一种定性分析。因此,这种基于经验数据或统计资料的初始风险清单可以满足对建筑工程风险识别的需要。

例如,根据建设工程的经验数据或统计资料可以得知,减少投资风险的关键在设计阶段,尤其是初步设计以前的阶段。因此,方案设计和初步设计阶段的投资风险应当作为重点进行详细的风险分析,设计阶段和施工阶段的质量风险最大。需要对这两个阶段的质量风险作进一步的分析,施工阶段存在较大的进度风险,需要作重点分析。由于施工活动是由一个个分部分项工程按一定的逻辑关系组织实施的,因此,进一步分析各分部分项工程对施工进度或工期的影响,更有利于风险管理人员识别建设工程进度风险。

6. 风险调查法

由风险识别的个别性可知,两个不同的建筑工程不可能有完全一致的工程风险。因此,在建筑工程风险识别的过程中,花费人力、物力、财力进行风险调查是必不可少的。这既是一项非常重要的工作,也是建筑工程风险识别的重要方法。

风险调查应当从分析具体建筑工程的特点入手,一方面对通过其他方法已识别出的风险(如初始风险清单所列出的风险)进行鉴别和确认;另一方面通过风险调查有可能发现此前尚未识别出的重要的工程风险。

通常,风险调查可以从组织、技术、自然及环境、经济、合同等方面分析拟建建设工程的特点以及相应的潜在风险。

风险调查并不是一次性的。由于风险管理是一个系统的、完整的循环过程,因而风险调查也应该在建筑工程实施全过程中不断地进行,这样才能了解不断变化的条件对工程风险状态的影响。当然，随着工程实施的进展，不确定性因素越来越少，风险调查的内容也将相应减少，风险调查的重点有可能不同。

对于建筑工程的风险识别来说，仅仅采用一种风险识别方法是远远不够的，一般都应综合采用两种或多种风险识别方法，这样才能取得较为满意的结果。而且，不论采用何种风险识别方法组合，都必须包含风险调查法。从某种意义上讲，前五种风险识别方法的主要作用是建立初始风险清单，而风险调查法的作用则是建立最终风险清单。

第三节　建筑工程项目风险评估

风险评估是对风险的规律性进行研究和量化分析。工程建设中存在的每一个风险都有自身的规律和特点、影响范围和影响量。通过分析可以将它们的影响统一成成本目标的形式，按货币单位来度量，并对每一个风险进行评价。

一、项目风险评估的内容

1. 风险因素发生的概率

风险发生的可能性有其自身的规律性，通常可用概率表示。既然被视为风险，则它必然在必然事件(概率等于1)和不可能事件(概率等于0)之间。它的发生有一定的规律性，但也有不确定性，所以人们经常用风险发生的概率来表示风险发生的可能性。风险发生的概率需要利用已有数据资料和相关专业方法进行估计。

2. 风险损失量的估计

风险损失量是个非常复杂的问题，有的风险造成的损失较小，有的风险造成的损失很大，可能引起整个工程的中断或报废。风险之间常常是有联系的，某个工程活动受到干扰而拖延，则可能影响它后面的许多活动，例如：

(1)经济形势的恶化不但会造成物价上涨，而且可能会引起业主支付能力的变化；通货膨胀引起了物价上涨，会影响后期的采购、人工工资及各种费用支出，进而影响整个后期的工程费用。

(2)由于设计图纸提供不及时，不仅会造成工期拖延，而且会造成费用提高(如人工和设备闲置、管理费开支)，还可能在原来本可以避开的冬雨期施工造成更大的拖延和费用增加。

风险损失量的估计应包括下列内容：

(1)工期损失的估计。

(2)费用损失的估计。

(3)对工程的质量、功能、使用效果等方面的影响。

由于风险对目标的干扰常常首先表现在对工程实施过程的干扰上,所以风险损失量估计,一般通过以下分析过程进行:

(1)考虑正常状况下(没有发生该风险)的工期、费用、收益。

(2)将风险加入这种状态,分析实施过程、劳动效率、消耗、各个活动有什么变化。

(3)两者的差异则为风险损失量。

3. 风险等级评估

风险因素非常多,涉及各个方面,但人们并不是对所有的风险都予以十分重视。否则将大大提高管理费用,干扰正常的决策过程。所以,组织应根据风险因素发生的概率和损失量确定风险程度,进行分级评估。

(1)风险位能的概念。对一个具体的风险,它如果发生,设损失为 R_H,发生的可能性为 E_W,则风险的期望值 R_W 为:

$$R_W = R_H \cdot E_W \tag{8-1}$$

例如,一种自然环境风险如果发生,则损失达 20 万元,而发生的可能性为 0.1,则损失的期望值为

$$R_W = 20 \text{ 万元} \times 0.1 = 2 \text{ 万元}$$

引用物理学中位能的概念,损失期望值高的,则风险位能高。可以在二维坐标上作等位能线(即损失期望值相等),见图 8-4,则具体项目中的任何一个风险可以在图上找到一个表示它位能的点。

(2)A、B、C 分类法:不同位能的风险可分为不同的类别。

1)A 类:高位能,即损失期望很大的风险。通常发生的可能性很大,而且一旦发生损失也很大。

2)B 类:中位能,即损失期望值一般的风险。通常发生可能性不大,损失也不大的风险,或发生可能性很大但损失极小,或损失比较大但可能性极小的风险。

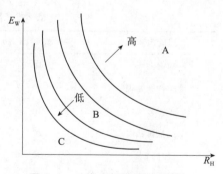

图 8-4 二维坐标风险位能线

3)C 类:低位能,即损失期望极小的风险,发生的可能性极小,即使发生损失也很小的风险。

在工程项目风险管理中,A 类是重点,B 类要顾及到,C 类可以不考虑。另外,也有不用 ABC 分类的形式,而用级别的形式划分,例如 1 级、2 级、3 级等,其意义是相同的。

(3)风险等级评估表。组织进行风险分级时可使用表8-1。

表8-1 风险等级评估表

风险等级 \ 后果 可能性	轻度损失	中度损失	重大损失
很大	Ⅲ	Ⅳ	Ⅴ
中等	Ⅱ	Ⅲ	Ⅳ
极小	Ⅰ	Ⅱ	Ⅲ

注:表中Ⅰ为或忽略风险;Ⅱ为可容许风险;Ⅲ为中度风险;Ⅳ为重大风险;Ⅴ为不容许风险。

二、项目风险评估分析的步骤

1. 收集信息

建筑工程项目风险评估分析时必须收集的信息主要有:承包商类似工程的经验和积累的数据;与工程有关的资料、文件等;对上述两来源的主观分析结果。

2. 对信息的整理加工

根据收集的信息和主观分析加工,列出项目所面临的风险,并将发生的概率和损失的后果列成一个表格,风险因素、发生概率、损失后果、风险程度一一对应,见表8-2。

表8-2 风险程度(R)分析

风险因素	发生概率 $P(\%)$	损失后果 C(万元)	风险程度 R(万元)
物价上涨	10	50	5
地质特殊处理	30	100	30
恶劣天气	10	30	3
工期拖延罚款	20	50	10
设计错误	30	50	15
业主拖欠工程款	10	100	10
项目管理人员不胜任	20	300	60
合 计	—	—	133

3. 评价风险程度

风险程度是风险发生的概率和风险发生后的损失严重性的综合结果。其表

达式为:

$$R = \sum_{i=1}^{n} R_i = \sum_{i=1}^{n} P_i \times C_i \qquad (8-2)$$

式中:R——风险程度;

R_i——每一风险因素引起的风险程度;

P_i——每一风险发生的概率;

C_i——每一风险发生的损失后果。

4. 提出风险评估报告

风险评估分析结果必须用文字、图表表达说明,作为风险管理的文档,即以文字、表格的形式作风险评估报告。评估分析结果不仅作为风险评估的成果,而且应作为人们风险管理的基本依据。

三、项目风险程度分析方法

风险程度分析方法较多,主要应用在项目决策和投标阶段。其中经常用到的有:风险相关性评价法、专家评分比较法、期望损失法、风险状态图法。

第四节 建筑工程项目风险响应

对分析出来的风险应有响应,即确定针对项目风险的对策。风险响应是通过采用将风险转移给另一方或将风险自留等方式,研究如何对风险进行管理,包括风险规避、风险减轻、风险转移、风险自留及其组合等策略。

确定针对项目风险的对策,可利用表 8-3 的提示设计。

表 8-3 风险控制对策表

风险等级	控 制 对 策
Ⅰ 可忽略的	不采取控制措施且不必保留文件记录
Ⅱ 可容许的	不需要另外的控制措施,但应考虑效果更佳的方案或不增加额外成本的改进措施,并监视该控制措施的兑现
Ⅲ 中度的	应努力降低风险,仔细测定并限定预防成本,在规定期限内实施降低风险的措施
Ⅳ 重大的	直至风险降低后才能开始工作。为降低风险,有时配给大量的资源。风险涉及正在进行的工作时,应采取应急措施
Ⅴ 不容许的	只有当风险已经降低时,才能开始或继续工作。如果无限地投入也不能降低风险,就必须中止工作

一、建筑工程风险回避

风险回避就是以一定的方式中断风险源,使其不发生或不再发展,从而避免可能产生的潜在损失。例如,某建筑公司对某建设工程的可行性研究报告表明,虽然从净现值、内部收益率指标看是可行的,但敏感性分析的结论是对投资额、产品价格、经营成本均很敏感,这意味着该建筑工程的不确定性很大,亦即风险很大,因而该公司决定不投资建造该建筑工程。采用风险回避这一对策时,有时需要做出一些牺牲,相对于所要承担的风险,这些牺牲比风险真正发生时可能造成的损失要小得多。例如,某投资人因选址不慎,原决定在河谷建造某工厂,而保险公司又不愿为其承担保险责任。当投资人意识到在河谷建厂将不可避免地受到洪水威胁且又别无防范措施时,只好决定放弃该计划。虽然他在建厂准备阶段耗费了不少投资,但与其厂房建成后被洪水冲毁,不如及早改弦易辙,另谋理想的厂址。又如,某承包方参与某建设工程的投标,开标后发现自己的报价远远低于其他承包方的报价,经仔细分析发现,自己的报价存在严重的误算和漏算。因而拒绝与业主签订施工合同。虽然这样做将被没收投标保证金或投标保函,但比承包后严重亏损的损失要小得多。

从以上分析可知,在某些情况下,风险回避是最佳对策。在采用风险回避对策时需要注意以下问题:

首先,回避一种风险可能产生另一种新的风险。在建筑工程实施过程中,绝对没有风险的情况几乎不存在。就技术风险而言,即使是相当成熟的技术也存在一定的风险。例如,在地铁工程建设中,采用明挖法施工有支撑失败、顶板坍塌等风险。如果为了回避风险而采用逆作法施工方案的话,又会产生地下连续墙失败等其他新的风险。

其次,回避风险的同时也失去了从风险中获益的可能性。由投机风险的特征可知,投机风险具有损失和获益的两重性。例如,在涉外工程中,由于缺乏有关外汇市场的知识和信息,为避免承担由此而带来的经济风险,决策者决定选择本国货币作为结算货币,从而也就失去了从汇率变化中获益的可能性。

最后,回避风险可能不实际或不可能。这一点与建筑工程风险的定义或分解有关。建筑工程风险定义的范围越广或分解得越粗,回避风险就越不可能。例如,如果将建筑工程的风险仅分解到风险因素这个层次,那么任何建筑工程都必然会发生经济风险、自然风险和技术风险,根本无法回避。又如,从承包方的角度,投标总是有风险的,但承包方决不会为了回避投标风险而不参加任何建筑工程的投标。建筑工程的几乎每一个活动都存在大小不一的风险,过多地回避风险就等于不采取行动,而这可能是最大的风险所在。由此,可以得出结论,不可能回避所有的风险。正因为如此,才需要其他不同的风险对策。

总之,虽然风险回避是一种必要的、有时甚至是最佳的风险对策,但应该承认这是一种消极的风险对策。如果处处回避,事事回避,其结果只能是停止发展、直至停止生存。因此,应当勇敢地面对风险,这就需要适当运用风险回避以外的其他风险对策。

二、损失控制

1. 损失控制的概念

损失控制是一种主动、积极的风险对策。损失控制可分为预防损失和减少损失两个方面。预防损失措施的作用是降低或消除损失发生的概率,而减少损失措施的作用是降低损失的严重性或遏制损失的进一步发展,使损失最小化。一般来说,损失控制方案都应当是预防损失措施和减少损失措施的有机结合。

2. 制定损失控制措施的依据和代价

制定损失控制措施必须以定量风险评价的结果为依据,这样才能确保损失控制措施具有针对性,取得预期的控制效果。风险评价时特别要注意间接损失和隐蔽损失。制定损失控制措施还必须考虑其付出的代价,包括费用和时间两方面的代价,而时间方面的代价往往还会引起费用方面的代价。损失控制措施的最终确定,需要综合考虑损失控制措施的效果及其相应的代价。由此可见,损失控制措施的选择也应当进行多方案的技术经济分析和比较。

3. 损失控制计划系统

在采用损失控制这一风险对策时,所制定的损失控制措施应当形成一个周密的、完整的损失控制计划系统。就施工阶段而言,该计划系统一般应由预防计划、灾难计划和应急计划三部分组成。

(1)预防计划

预防计划的目的在于有针对性地预防损失的发生,其主要作用是降低损失发生的概率,在许多情况下也能在一定程度上降低损失的严重性。在损失控制计划系统中,预防计划的内容最广泛,具体措施最多,包括组织措施、管理措施、合同措施、技术措施。

组织措施的首要任务是明确各部门和人员在损失控制方面的职责分工,以使各方人员都能为实施预防计划而有效地配合,还需要建立相应的工作制度和会议制度,必要时,还应对有关人员尤其是现场工人进行安全培训等。采取管理措施,既可采取风险分隔措施,将不同的风险单位分离间隔开来,将风险局限在尽可能小的范围内,以避免在某一风险发生时产生连锁反应或互相牵连。如在施工现场将易发生火灾的木工加工厂尽可能设在远离现场办公用房的位置,也可采取风险分散措施,通过增加风险单位以减轻总体风险的压力,达到共同分摊总体风险的目的。如在涉外工程结算中采用多种货币组合的方式付款,从而分散汇率风险。合同措施除了要保证整个建设工程总体合同结构合理、不同合同之间不出现矛盾之外,还要注意合同具体条款的严密性,并做出与特定风险相应的规定,如要求承包方加强履约保证和预付款保证等。技术措施是在建设工程施工过程中常用的预防损失措施,如地基加固、周围建筑物防护、材料检测等。与其他几方面措施相比,技术措施的显著特征是必须付出费用和时间两方面的代价,应当慎重比较后选择。

(2)灾难计划

灾难计划是一组事先编制好的、目的明确的工作程序和具体措施,为现场人员提供明确的行动指南,使其在各种严重的、恶性的紧急事件发生后,不至于惊慌失措,也不需要临时讨论研究应对措施,可以做到从容不迫、及时、妥善地处理,从而减少人员伤亡以及财产和经济损失。

灾难计划是针对严重风险事件制订的,其内容应满足以下要求:
1)安全撤离现场人员。
2)援救及处理伤亡人员。
3)控制事故的进一步发展,最大限度地减少资产和环境损害。
4)保证受影响区域的安全尽快恢复正常。

灾难计划在严重风险事件发生或即将发生时付诸实施。

(3)应急计划

应急计划是在风险损失基本确定后的处理计划,其宗旨是使因严重风险事件而中断的工程实施过程尽快全面恢复,并减少进一步的损失,使其影响程度减至最小。应急计划不仅要制定所要采取的相应措施,而且要规定不同工作部门相应的职责。

应急计划应包括的内容有,调整整个建设工程的施工进度计划,并要求各承包方相应调整各自的施工进度计划,调整材料、设备的采购计划,并及时与材料、设备供应商联系。必要时,可能要签订补充协议,准备保险索赔依据,确定保险索赔的额度,起草保险索赔报告。全面审查可使用的资金情况,必要时需调整筹资计划等。

三、风险自留

建筑工程项目风险自留是指承包商将风险留给自己承担,不予转移。这种手段有时是无意识的,即当初并不曾预测的,不曾有意识地采取种种有效措施,以致最后只好由自己承受；但有时也可以是主动的，即经营者有意识、有计划地将若干风险主动留给自己。

决定风险自留必须符合以下条件之一：
(1) 自留费用低于保险公司所收取的费用。
(2) 企业的期望损失低于保险人的估计。
(3) 企业有较多的风险单位，且企业有能力准确地预测其损失。
(4) 企业的最大潜在损失或最大期望损失较小。
(5) 短期内企业有承受最大潜在损失或最大期望损失的经济能力。
(6) 风险管理目标可以承受年度损失的重大差异。
(7) 费用和损失支付分布于很长的时间里，因而导致很大的机会成本。
(8) 投资机会很好。
(9) 内部服务或非保险人服务优良。

如果实际情况与以上条件相反，则应放弃风险自留的决策。

四、风险转移

建筑工程项目风险转移是指承包商不能回避风险的情况下，将自身面临的风险转移给其他主体来承担。

风险的转移并非转嫁损失，有些承包商无法控制的风险因素其他主体却可以控制。风险转移一般指对分包商和保险机构。

1. 转移给分包商

工程风险中的很大一部分可以分散给若干分包商和生产要素供应商。例如：对待业主拖欠工程款的风险，可以在分包合同中规定在业主支付给总包后若干日内向分包方支付工程款。

承包商在项目中投入的资源越少越好，以便一旦遇到风险，可以进退自如。可以租赁或指令分包商自带设备等措施来减少自身资金、设备沉淀。

2. 保险转移

保险转移通常直接称为保险。对于建筑工程风险，则为工程保险。通过购买保险，建筑工程业主或承包方作为投保人将本应由自己承担的工程风险，包括第三方责任转移给保险公司，从而使自己免受风险损失。保险这种风险转移形式之所以能得到越来越广泛的运用，原因在于其符合风险分担的基本原则，即保险人较投保人更适宜承担有关的风险。对于投保人来说，某些风险的不确定性很大，即风险很大。但是对于保险人来说，这种风险的发生则趋近于客观概率，不确定性降低，即风险降低。

在发生重大损失后，建筑工程业主或承包方可以从保险公司及时得到赔偿，使建设工程实施能不中断地、稳定地进行,从而最终保证建设工程的进度和质量,也不致因重大损失而增加投资。保险还可以使决策者和风险管理人员对建设工程风险的担忧减少,从而可以集中精力研究和处理建设工程实施中的其他问题,提高目标控制的效果。而且,保险公司可向业主和承包方提供较为全面的风险管理服务,从而提高整个建设工程风险管理的水平。

保险这一风险对策的缺点首先表现在机会成本的增加。其次,工程保险合同的内容较为复杂,保险费没有统一固定的费率,需根据特定建设工程的类型、建设地点的自然条件,包括气候、地质、水文等条件、保险范围、免赔额的大小等加以综合考虑,因而保险合同谈判常常耗费较多的时间和精力。在进行工程保险后,投保人可能产生心理麻痹而疏于损失控制计划,以致增加实际损失和未投保损失。

在做出进行工程保险这一决策之后,还需考虑与保险有关的几个具体问题,一是保险的安排方式,即究竟是由承包方安排保险计划还是由业主安排保险计划;二是选择保险类别和保险人,一般是通过多家比选后确定,也可委托保险经纪人或保险咨询公司代为选择;三是可能要进行保险合同谈判,这项工作最好委托保险经纪人或保险咨询公司完成,但免赔额的数额或比例要由投保人自己确定。

需要说明的是,工程保险并不能转移建设工程的所有风险。一方面是因为存在不可保风险,另一方面则是因为有些风险不宜保险。因此,对于建设工程风险,应将工程保险与风险回避、损失控制和风险自留结合起来运用。对于不可保风险,必须采取损失控制措施。即使对于可保风险,也应当采取一定的损失控制措施,这有利于改变风险性质,降低风险量,从而改善工程保险条件,节省保险费。

3. 工程担保

工程担保是指担保人(一般为银行、担保公司、保险公司以及其他金融机构、商业团体或个人)应工程合同一方(申请人)的要求向另一方(债权人)做出的书面承诺。工程担保是工程风险转移的一项重要措施,它能有效地保障工程建设的顺利进行,许多国家政府都在法规中规定要求进行工程担保,在标准合同中也含有关于工程担保的条款。

第五节 建筑工程项目风险控制

在整个项目风险控制过程中应收集和分析与项目风险相关的各种信息,获取风险信号,预测未来的风险并提出预警,纳入项目进展报告。同时还应对可能出现的风险因素进行监控,根据需要制订应急计划。

一、建筑工程项目风险预警

建筑工程项目进行中会遇到各种风险,要做好风险管理,就要建立完善的项目风险预警系统,通过跟踪项目风险因素的变动趋势,测评风险所处状态,尽早地发出预警信号,及时向业主、项目监管方和施工方发出警报,为决策者掌握和控制风险争取更多的时间,尽早采取有效措施防范和化解项目风险。

在建筑工程中需要不断地收集和分析各种信息。捕捉风险前奏的信号,可通过以下几种途径进行:

(1)天气预测警报。
(2)股票信息。
(3)各种市场行情、价格动态。
(4)政治形势和外交动态。
(5)各投资者企业状况报告。
(6)在工程中通过工期和进度的跟踪、成本的跟踪分析、合同监督、各种质量监控报告、现场情况报告等手段,了解工程风险。
(7)在工程的实施状况报告中应包括风险状况报告。

二、建筑工程项目风险监控

在建筑工程项目推进过程中,各种风险在性质和数量上都是在不断变化的,有可能会增大或者衰退。因此,在项目整个生命周期中,需要时刻监控风险的发展与变化情况,并确定随着某些风险的消失而带来的新的风险。

1. 风险监控的目的

风险监控的目的有三个:
(1)监视风险的状况,例如风险是已经发生、仍然存在还是已经消失。
(2)检查风险的对策是否有效,监控机制是否在运行。
(3)不断识别新的风险并制定对策。

2. 风险监控的任务

风险监控的任务主要包括以下三方面:
(1)在项目进行过程中跟踪已识别风险、监控残余风险并识别新风险。
(2)保证风险应对计划的执行并评估风险应对计划的执行效果。评估的方法可以采用项目周期性回顾、绩效评估等。
(3)对突发的风险或"接受"风险采取适当的权变措施。

3. 风险监控的方法

风险监控常用的方法有以下三种:

(1)风险审计:专人检查监控机制是否得到执行,并定期做出风险审核。例如在大的阶段点重新识别风险并进行分析,对没有预计到的风险制订新的应对计划。

(2)偏差分析:与基准计划比较,分析成本和时间上的偏差。例如,未能按期完工、超出预算等都是潜在的问题。

(3)技术指标:比较原定技术指标和实际技术指标的差异。例如,测试未能达到性能要求,缺陷数大大超过预期等。

三、建筑工程项目风险应急计划

在建筑工程项目实施的过程中必然会遇到大量未曾预料到的风险因素,或风险因素的后果比已预料的后果更严重,使事先编制的计划不能奏效,所以必须重新研究应对措施,即编制附加的风险应急计划。

建筑工程项目风险应急计划应清楚说明当发生风险事件时要采取的措施,以便快速、有效地对这些事件做出响应。

风险应急计划的编制程序如下:
(1)成立预案编制小组。
(2)制订编制计划。
(3)现场调查,收集资料。
(4)环境因素或危险源的辨识和风险评价。
(5)控制目标、能力与资源的评估。
(6)编制应急预案文件。
(7)应急预案评估。
(8)应急预案发布。

风险应急计划的编写内容主要包括:
(1)应急预案的目标。
(2)参考文献。
(3)适用范围。
(4)组织情况说明。
(5)风险定义及其控制目标。
(6)组织职能(职责)。
(7)应急工作流程及其控制。
(8)培训。
(9)演练计划。
(10)演练总结报告。

第九章 建筑工程项目收尾管理

第一节 建筑工程项目收尾管理概述

建筑工程项目收尾管理是指对项目的收尾、试运行、竣工验收、竣工结算、竣工决算、考核评价和回访保修等进行的计划、组织、协调和控制等活动。

收尾阶段是项目生命周期的最后阶段,没有这个阶段,项目就不能正式投入使用。如果不能做好必要的收尾工作,项目各干系人就不能解除所承担的义务和责任,也不能及时从项目获取应得的利益。因此,当项目的所有活动均已完成,或者虽然未完成,但由于某种原因而必须停止并结束时,项目经理部应当做好项目收尾管理工作。

一、建筑工程收尾管理的内容及要求

1. 建筑工程项目收尾管理的内容

项目收尾阶段应是项目管理全过程的最后阶段,包括竣工收尾、验收、结算、决算、回访保修和管理考核评价等方面的管理。

建筑工程项目收尾管理工作的具体内容如图 9-1 所示。

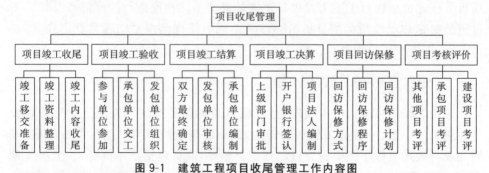

图 9-1 建筑工程项目收尾管理工作内容图

2. 建筑工程项目收尾管理的要求

项目收尾阶段的工作内容多,应制订涵盖各项工作的计划,并提出要求将其纳入项目管理体系进行运行控制。建筑工程项目收尾阶段各项管理工作应符合

以下要求：

(1)项目竣工收尾。在项目竣工验收前，项目经理部应检查合同约定的哪些工作内容已经完成，或完成到什么程度，并将检查结果记录并形成文件；总分包之间还有哪些连带工作需要收尾接口，项目近外层和远外层关系还有哪些工作需要沟通协调等，以保证竣工收尾顺利完成。

(2)项目竣工验收。项目竣工收尾工作内容按计划完成后，除了承包人的自检评定外，应及时地向发包人递交竣工工程申请验收报告，实行建设监理的项目，监理人还应当签署工程竣工审查意见。发包人应按竣工验收法规向参与项目各方发出竣工验收通知单，组织进行项目竣工验收。

(3)项目竣工结算。项目竣工验收条件具备后，承包人应按合同约定和工程价款结算的规定，及时编制并向发包人递交项目竣工结算报告及完整的结算资料，经双方确认后，按有关规定办理项目竣工结算。办完竣工结算，承包人应履约按时移交工程成品，并建立交接记录，完善交工手续。

(4)项目竣工决算。项目竣工决算是由项目发包人(业主)编制的项目从筹建到竣工投产或使用全过程的全部实际支出费用的经济文件。竣工决算综合反映竣工项目建设成果和财务情况，是竣工验收报告的重要组成部分，按国家有关规定，所有新建、扩建、改建的项目竣工后都要编制竣工决算。

(5)项目回访保修。项目竣工验收后，承包人应按工程建设法律、法规的规定，履行工程质量保修义务，并采取适宜的回访方式为顾客提供售后服务。项目回访与质量保修制度应纳入承包人的质量管理体系，明确组织和人员的职责，提出服务工作计划，按管理程序进行控制。

(6)项目考核评价。项目结束后，应对项目管理的运行情况进行全面评价。项目考核评价是项目干系人对项目实施效果从不同角度进行的评价和总结。通过定量指标和定性指标的分析、比较，从不同的管理范围总结项目管理经验，找出差距，提出改进处理意见。

二、建筑工程项目竣工计划

建筑工程项目进入竣工收尾阶段，项目经理部要有的放矢地组织配备好竣工收尾工作小组，明确分工管理责任制，做到因事设岗、以岗定责，以责考核，限期完成。收尾工作小组要由项目经理亲自领导，成员包括技术负责人、生产负责人、质量负责人、材料负责人和班组负责人等多方面的人员参加，组织编制项目竣工计划，报上级主管部门批准后按期完成。

1. 项目竣工计划的编制程序

建筑工程项目竣工计划的编制应按以下程序进行：

(1)制订项目竣工计划。项目收尾应详细清理项目竣工收尾的工程内容,列出清单,做到安排的竣工计划有可靠的依据。

(2)审核项目竣工计划。项目经理应全面掌握项目竣工收尾条件,认真审核项目竣工内容,做到安排的竣工计划有具体可行的措施。

(3)批准项目竣工计划。上级主管部门应调查核实项目竣工收尾情况,按照报批程序执行,做到安排的竣工计划有可靠的保证。

2. 项目竣工计划的内容

建筑工程项目竣工计划的内容,应包括现场施工和资料整理两个部分,两者缺一不可,两部分都关系到竣工条件的形成,具体包括以下几个方面:

(1)竣工项目名称。

(2)竣工项目收尾具体内容。

(3)竣工项目质量要求。

(4)竣工项目进度计划安排。

(5)竣工项目文件档案资料整理要求。

3. 项目竣工计划的检查

项目竣工收尾阶段前,项目经理和技术负责人应定期和不定期地组织对项目竣工计划进行检查。有关施工、质量、安全、材料、内业等技术、管理人员要积极配合,对列入计划的收尾、修补、成品保护、资料整理和场地清扫等内容,要按分工原则逐项检查核对,做到完工一项、验证一项、消除一项,不给竣工收尾留下遗憾。

项目竣工计划的检查应依据法律、行政法规和强制性标准的规定严格进行,发现偏差要及时进行调整、纠偏,发现问题要强制执行整改。竣工计划的检查应满足以下要求:

(1)全部收尾项目施工完毕,工程符合竣工验收条件的要求。

(2)工程的施工质量经过自检合格,各种检查记录、评定资料齐备。

(3)水、电、气、设备安装、智能化等经过试验、调试,达到使用功能的要求。

(4)建筑物室内外做到文明施工,四周2m以内的场地达到工完、料净、场地清。

(5)工程技术档案和施工管理资料收集、整理齐全,装订成册,符合竣工验收规定。

第二节 建筑工程项目竣工验收

一、工程项目竣工验收的定义

建筑工程竣工是指建筑工程项目经施工单位从施工准备和全部施工活动业已完成建筑工程项目设计图纸和工程施工合同规定的全部内容,并达到建设单位的使用要求,它标志着建筑工程项目施工任务已全部完成。

建筑工程项目竣工验收是指建筑工程依照国家有关法律、法规及工程建设规范、标准的规定完成工程设计文件要求和合同约定的各项内容,建设单位已取得政府有关主管部门(或其委托机构)出具的工程施工质量、消防、规划、环保、城建等验收文件或准许使用文件后,组织工程竣工验收并编制完成《建筑工程竣工验收报告》等的一系列审查验收工作的总称。建筑工程项目达到验收标准,经验收合格后,就可以解除合同双方各自承担的义务及经济和法律责任(除保修期内的保修义务之外)。

竣工验收是发包方和承包方的交易行为。竣工验收的主体有交工主体和验收主体两部分:交工主体是承包方,验收主体是发包方,二者都是竣工验收的实施者,是相互依存的。

工程项目的竣工验收是施工全过程的最后一道程序,也是工程项目管理的最后一项工作。它是建设投资成果转入生产或使用的标志,也是全面考核投资效益、检验设计和施工质量的重要环节。

二、竣工验收的依据、要求和条件

1. 竣工验收的依据

(1)上级主管部门有关工程的竣工验收文件和规定。
(2)国家和有关部门颁发的施工规范、质量标准、验收规范。
(3)批准的设计文件、施工图纸及说明书。
(4)双方签订的施工合同。
(5)设备技术说明书。
(6)设计变更通知书。
(7)有关的协作配合协议书。
(8)其他。

2. 竣工验收的要求

(1)建筑工程施工质量应符合《建筑工程施工质量验收统一标准》(GB50300—2013)和相关专业验收规范的规定。
(2)建筑工程施工应符合工程勘察、设计文件的要求。
(3)参加工程施工质量验收的各方人员应具备规定的资格。
(4)验收均应在施工单位自行检查评定的基础上进行。
(5)隐蔽工程在隐蔽前应由施工单位通知有关单位进行验收,并应形成验收文件。
(6)涉及结构安全的试块、试件以及有关材料,应按规定进行见证取样检测。

(7)检验批的质量应按主控项目和一般项目验收。
(8)对涉及结构安全和使用功能的重要分部,应抽样检测。
(9)承担见证取样检测及有关结构安全检测的单位应具有相应资质。
(10)观感质量应由验收人员通过现场检查,并共同确认。

3. 竣工验收的条件

(1)完成建设工程设计和合同约定的各项内容。
(2)有完整的技术档案和施工管理资料。
(3)有工程使用的主要建筑材料、建筑工地构配件和设备合格证及必要的进场试验报告。
(4)有施工单位签署的工程质量保修书。
(5)有勘察、设计、施工、工程监理等单位分别签署的质量合格文件,包括:

1)勘察、设计单位对勘察、设计文件及施工过程中由设计单位签署的设计变更通知书进行了检查,并提出质量检查报告,质量检查报告应经该项目勘察、设计负责人和勘察、设计单位有关负责人审核签字。

2)施工单位在工程完工后对工程质量进行了检查,确认工程质量符合有关法律、法规和工程建设强制性标准,符合设计文件及合同要求,并提出工程竣工报告,工程竣工报告应经项目经理和施工单位有关负责人审核签字。

3)对于委托监理的工程项目,监理单位对工程进行了质量评估,具有完整的监理资料,并提出工程质量评估报告,工程质量评估报告应经总监理工程师和监理单位有关负责人审核签字。

(6)城乡规划行政主管部门对工程是否符合规划设计要求进行检查,并出具认可文件。
(7)有公安消防、环保等部门出具的认可文件或准许使用的文件。
(8)建设项目行政主管部门及其委托的工程质量监督机构等有关部门责令整改的问题已全部整改完毕。

三、建筑工程项目竣工验收的内容

1. 隐蔽工程验收

隐蔽工程是指在施工过程中上一工序的工作被下一工序所掩盖,而无法进行复查的部位。对这些工程在下一道工序施工以前,建设单位驻现场人员应按照设计要求及施工规范规定,及时签署隐蔽工程记录手续,以便承包单位继续施工下一道工序,同时,将隐蔽工程记录交承包单位归入技术资料;如不符合有关规定,应以书面形式告诉承包单位,令其处理,符合要求后再进行隐蔽工程验收与签证。

隐蔽工程验收项目及内容。对于基础工程要验收地质情况、标高尺寸、基础断面尺寸,桩的位置、数量。对于钢筋混凝土工程,要验收钢筋的品种、规格、数量、位置、形状、焊接尺寸、接头位置、预埋件的数量及位置以及材料代用情况。对于防水工程要验收屋面、地下室、水下结构的防水层数和防水处理措施的质量。

2. 分项工程的验收

对于重要的分项工程,建设单位或其代表应按照工程合同的质量等级要求,根据该分项工程施工的实际情况,参照质量评定标准进行验收。在分项工程验收中,必须严格按照有关验收规范选择检查点数,然后计算检验项目和实测项目的合格或优良的百分率,最后确定出该分项工程的质量等级,从而确定能否验收。

3. 分部工程验收

在分项工程验收的基础上,根据各分项工程质量验收结论,对照分部工程的质量等级,以便决定可否验收。此外,对单位或分部土建工程完工后交安装工程施工前,或中间其他过程,均应进行中间验收,承包单位得到建设单位或其中间验收认可的凭证后,才能继续施工。

4. 单位工程竣工验收

在分项工程的分部工程验收的基础上,通过对分项、分部工程质量等级的统计推断,结合直接反映单位工程结构及性能质量保证资料,便可系统地核查结构是否安全,是否达到设计要求;再结合观感等直观检查以及对整个单位工程进行全面的综合评定,从而决定是否验收。

5. 全部验收

全部是指整个建筑项目已按设计要求全部建设完成,并已符合竣工验收标准,施工单位预验通过,建设单位初验认可。有设计单位、施工单位、档案管理机构和行业主管部门参加,由建筑单位主持的正式验收。

进行全部验收时,对已验收过的单项工程,可以不再进行正式验收和办理验收手续,但应将单项工程验收单独作为全部建筑项目验收的附件而加以说明。

四、建筑工程项目竣工验收组织

(1)单位(子单位)工程按照设计文件、合同约定完工后,施工单位自行进行施工质量检查并整理工程施工技术管理资料,送质监机构抽查。

(2)施工单位在收到质监机构抽查意见书面通知后符合质量验收条件的,填写《工程质量验收申请表》,经工程监理单位审核后,向建设单位申请办理工程验收手续。

(3)监理单位在工程质量验收前整理完整的质量监理资料,并对所监理工程的质量进行评估,编写《工程质量评估报告》并提交给建设单位。

(4)勘察、设计单位对勘察、设计文件及施工过程中由设计单位签署的设计变更通知书进行检查,并向建设单位提交《质量检查报告》。

(5)建设单位在收到上述各有关单位资料和报告后,对符合工程质量验收要求的工程,组织勘察、设计、施工和监理等单位和其他有关方面的专家组成质量验收组,制订验收方案,并将验收组成员名单、验收方案等内容的工程质量验收计划书送交质监机构。

(6)验收组听取建设、勘察、设计、施工和监理等单位的关于工程履行合同情况和在工程建设中各个环节执行法律、法规和工程建设强制性标准情况的汇报。

(7)验收组审阅建设、勘察、设计、施工、监理单位的工程档案资料。

(8)实地查验工程质量。

(9)验收组对工程勘察、设计、施工质量和各管理环节等方面做出全面评价,形成验收组人员签署的工程质量验收意见,并向负责该工程质量监督的质监机构提交单位(子单位)工程质量验收记录。

第三节　建筑工程项目竣工结算与决算

一、施工项目的竣工结算

施工项目的竣工结算是指承包人(施工项目经理部)与发包人(建设单位)进行的工程竣工验收后的最终结算。《工程竣工验收报告》完成后,承包人应在规定的时间内向发包人(建设单位)递交工程竣工结算报告及完整的结算资料。

1. 编制竣工结算报告和结算资料的原则

在编制竣工结算报告和结算资料时,应遵循以下原则:

(1)以单位工程或合同约定的专业项目为基础,应对原报价单的主要内容进行检查和核对。

(2)发现有漏算、多算或计算误差的,应及时进行调整。

(3)多个单位工程构成的施工项目,应将各单位工程竣工结算书汇总,编制单项工程竣工综合结算书。

(4)多个单项工程构成的建设项目,应将各单项工程综合结算书汇总编制建设项目总结算书,并撰写编制说明。

2. 编制竣工结算的依据

编制竣工结算应依据以下资料：
(1)施工合同。
(2)中标投标书的报价单。
(3)施工图及设计变更通知单、施工变更记录、技术经济签证。
(4)工程预算定额、取费定额及调价规定。
(5)有关施工技术资料。
(6)工程竣工验收报告。
(7)工程质量保修书。
(8)工程计价、工程量清单、工程索赔资料。
(9)其他有关资料。

3. 竣工结算的程序

(1)工程竣工结算报告和结算资料，应按规定报施工企业的主管部门审定及有关人员批准、加盖专用章，在竣工验收报告认可后，在规定的期限内（一般是竣工验收报告认可后 28 天内）递交发包人（建设单位）或其他委托的咨询单位审查。承发包双方应按约定的工程款及调价内容进行竣工结算。若有修改意见，要及时协商达成共识。对结算价款有争议的，应按约定的解决方式处理。

(2)项目经理应按"项目管理目标责任书"的承诺，根据工程竣工结算报告，向发包人催收工程结算价款。预算主管部门应将结算报告及资料送交财务部门，以进行工程款的最终结算和收款。发包人在规定期限未支付工程结算价款且无正当理由的，应承担违约责任。

(3)办完工程竣工结算手续，承包人应在合同约定的期限内进行工程项目移交。承包人和发包人按国家有关竣工验收规定，将竣工结算报告及结算资料纳入工程竣工资料进行汇总，作为承包人的工程技术经济档案资料存档。发包人应按规定及时向建设行政主管部门或其他有关部门移交档案资料备案。

二、施工项目的竣工决算

竣工决算是指建筑工程项目竣工后，由业主按照国家有关规定编制的综合反映该工程从筹建到竣工投产全过程中各项资金的实际运用情况、建设成果及全部建设费用的总结性经济文件。竣工决算是竣工验收报告的重要组成部分，是正确核定新增固定资产价值，考核分析投资效果，建立健全经济责任制的依据，是反映建筑工程项目实际造价和投资效果的文件。

1. 竣工决算的内容

竣工决算是以实物量和货币为单位，综合反映建筑项目或单项工程的实际造价和投资效益,核定交付使用财产和固定资产价值的文件,是建筑项目的财物总结。

(1)竣工决算的内容由文字说明和决算报表两部分组成。

(2)文字说明主要包括:工程概况、设计概算和基建计划的执行情况,各项技术经济指标完成情况,各项投资资金使用情况,建设成本和投资效益分析以及建设过程中的主要经验、存在问题和解决意见等。

(3)决算表格分大中型项目和小型项目两种:大中型项目竣工决算表包括:竣工工程概况表、竣工财务决算表、交付使用财产总表和交付使用财产明细表;小型项目竣工决算表按上述内容合并简化为小型项目竣工决算总表和交付使用财产明细表。

2. 竣工决算的编制依据和程序

(1)竣工决算的编制依据

1)建设工程项目计划任务书和有关文件。

2)建设工程项目总概算和单项工程综合概算书。

3)建设工程项目设计图纸及说明书。

4)设计交底和图纸会审纪要。

5)合同文件。

6)设计更改记录、施工记录或施工签证单及其他施工发生的费用记录。

7)经批准的施工图预算或标底造价。

8)工程竣工结算书及工程竣工文件档案资料。

9)历年基建计划、历年财务决算及批复文件。

10)设备、材料调价文件和调价记录。

11)其他有关资料。

(2)竣工决算的编制程序

1)收集、整理和分析有关数据资料。完整、齐全的资料,是准确而迅速编制竣工决算的必要条件。在编制竣工决算文件之前,就应系统地整理所有的技术资料、工料结算的经济文件、施工图纸和各种变更与签证资料,并检查其准确性。

2)清理各项财务、债务和结余物资。在收集、整理和分析有关资料中,要特别注意建筑工程从筹建到竣工投产或使用的全部费用的各项账务、债权和债务的清理,做到工程完毕账目清晰,既要核对账目,又要查点库存实物的数量,做到账与物相符,账与账相符,对结余的各种材料、工器具和设备,要逐项清点核实,妥善管理,并按规定及时处理,收回资金。对各种往来款项要及时进行全面清理,为编制竣工决算提供准确的数据和结果。

3)填写竣工决算报表。按照建设工程决算表格中的内容,根据编制依据中的有关资料进行统计或计算各个项目和数量,并将其结果填到相应表格的栏目内,完成所有报表的填写。

4)编制竣工决算说明。按照建设工程竣工决算说明的内容要求,根据编制依据材料填写在报表中的结果,编写文字说明。

5)做好工程造价对比分析。

6)清理、装订好竣工图。

7)上报主管部门审查。将上述编写的文字说明和填写的表格经核对无误,装订成册,即为建设工程竣工决算文件。将其上报主管部门审查,并把其中财务成本部分送交开户银行签证。竣工决算在上报主管部门的同时,抄送有关设计单位。大、中型建设项目的竣工决算还应抄送财政部、建设银行总行和省、市、自治区的财政局和建设银行分行各一份。建设工程竣工决算的文件,由业主负责组织人员编写,在竣工建设项目办理验收使用一个月之内完成。

3. 新增资产价值的确定

按照现行财务制度和企业会计准则,新增资产按其性质可分为固定资产、无形资产、流动资产和其他资产四类。

(1)新增固定资产

1)新增固定资产价值的构成包括:

①工程费用。包括设备及工器具费用、建筑工程费、安装工程费。

②固定资产其他费用。主要包括建设单位管理费、勘察设计费、研究试验费、工程监理费、工程保险费、联合试运转费、办公和生活家具购置费及引进技术和进口设备的其他费用等。

③预备费。

④融资费用。包括建设期利息及其他融资费用。

2)新增固定资产价值的确定。新增固定资产价值是以独立发挥生产能力的单项工程为对象的。单项工程建成经有关部门验收鉴定合格,正式移交生产或使用,即应计算新增固定资产价值。一次交付生产或使用的工程一次计算新增固定资产价值;分期分批交付生产或使用的工程,应分期分批计算新增固定资产价值。在计算时应注意以下几种情况:

①对于为了提高产品质量、改善劳动条件、节约材料消耗、保护环境而建设的附属辅助工程,只要全部建成,正式验收交付使用后就要计入新增固定资产价值。

②对于单项工程中不构成生产系统,但能独立发挥效益的非生产性项目,如住宅、食堂、医务所、托儿所、生活服务网点等,在建成并交付使用后,也要计算新增固定资产价值。

③凡购置达到固定资产标准不需安装的设备、工具、器具,应在交付使用后计入新增固定资产价值。

④属于新增固定资产价值的其他投资,应随同受益工程交付使用的同时一并计入。

⑤交付使用财产的成本,应按下列内容计算:

a. 房屋、建筑物、管道、线路等固定资产的成本包括建筑工程成本和应分摊的待摊投资。

b. 动力设备和生产设备等固定资产的成本包括需要安装设备的采购成本、安装工程成本、设备基础支柱等建筑工程成本或砌筑锅炉及各种特殊炉的建筑工程成本、应分摊的待摊投资。

c. 运输设备及其他不需要安装的设备、工具、器具、家具等固定资产一般仅计算采购成本,不计分摊的"待摊投资"。

⑥共同费用的分摊方法。新增固定资产的其他费用,如果是属于整个建筑工程项目或两个以上单项工程的,在计算新增固定资产价值时,应在各单项工程中按比例分摊。一般情况下,建设单位管理费按建筑工程、安装工程、需安装设备价值总额按比例分摊,而土地征用费、勘察设计费等费用则按建筑工程造价分摊。

(2)新增无形资产

无形资产是指特定主体所控制的,不具有实物形态,对生产经营长期发挥作用且能带来经济利益的资产。主要包括专利权、商标权、专有技术、著作权、土地使用权、商誉等。

新增无形资产的计价原则如下:

1)投资者按无形资产作为资本金或者合作条件投入时,按评估确认或合同协议约定的金额计价。

2)购入的无形资产,按照实际支付的价款计价。

3)企业自创并依法申请取得的,按开发过程中的实际支出计价。

4)企业接受捐赠的无形资产,按照发票账单所持金额或者同类无形资产市价作价。

无形资产计价入账后,应在其有效使用期内分期摊销。

(3)新增流动资产

依据投资概算核拨的项目铺底流动资金,由建设单位直接移交使用单位。

(4)新增其他资产

其他资产是指除固定资产、无形资产、流动资产以外的资产。形成其他资产原值的费用主要是生产准备费(含职工提前进厂费和培训费)、样品样机购置费等。

4. 竣工决算的审查

项目竣工决算编制完成后,在建筑单位或委托咨询单位自查的基础上,应及时上报主管部门并抄送有关部门审查,必要时,应经有权机关批准的社会审计机构组织的外部审查。大中型建筑项目的竣工决算,必须报该建筑项目的批准机关审查,并抄送省、自治区、直辖市财政厅、局和财政部审查。

(1)项目竣工决算审查的内容

建筑工程项目竣工决算一般由建设主管部门会同银行进行会审。重点审查以下内容:

1)根据批准的设计文件,审查有无计划外的工程项目。

2)根据批准的概(预)算或包干指标,审查建筑成本是否超标,并查明超标原因。

3)根据财务制度,审查各项费用开支是否符合规定,有无乱挤建设成本、扩大开支范围和提高开支标准的问题。

4)报废工程和应核销的其他支出中,各项损失是否经过有关机构的审批同意。

5)历年建设资金投入和结余资金是否真实准确。

6)审查和分析投资效果。

(2)项目竣工决算审查的程序

建筑工程项目竣工决算的审查一般按照以下程序进行:

1)建筑项目开户银行应签署意见并盖章。

2)建筑项目所在地财政监察专员办事机构应签署审批意见盖章。

3)最后由主管部门或地方财政部门签署审批意见。

第四节 建筑工程项目回访与保修

一、施工项目的回访

为了能了解和掌握已交工程项目投入使用和运行后所反映的工程施工质量及建设单位(发包方)对已交工程的意见和要求,工程承建(施工)单位应组织对已交工程的回访。通过工程回访,对工程发生的确实是由于施工单位施工责任造成的建筑物使用功能不良或无法使用的问题,由施工单位负责修理,直至达到正常使用的标准。房屋建筑工程质量保修是指对房屋建筑工程竣工验收后在保修期限内出现的质量缺陷,予以修复。所谓质量缺陷,是指房屋建筑工程的质量不符合工程建设强制性标准以及合同的约定。

项目回访保修制度属于建筑工程项目竣工收尾管理范畴,在项目管理中,体现了项目承包者对建筑工程项目负责到底的精神,对用户"负责"的宗旨。

根据《建设工程质量管理条例》规定,建筑工程实行质量保修制度。建筑工程质量保修制度是国家所确定的重要法律制度。完善建筑工程质量保修制度,对于促进承包方加强质量管理,保护用户及消费者的合法权益可起到重要的保障作用。

1. 工程回访工作的要求

为做好工程回访工作,应满足以下要求:

(1)制定工程回访制度

工程回访制度中应对回访的要求、职责、程序及回访的实施等作出规定。

(2)编制回访工作计划

在项目经理的领导下,由生产、技术、质量及有关方面人员组成回访小组,并制订具体的项目回访工作计划。回访保修工作计划应形成文件,每次回访结束应填写回访记录,并对质量保修进行验证。回访应关注发包人及其他相关方对竣工项目质量的反馈意见,并及时根据情况实施改进措施。

1)项目回访工作计划的内容

建筑工程项目回访保修工作计划应包括下列内容:

①主管回访保修的部门。

②执行回访保修工作的单位。

③回访时间及主要内容和方式。

2)项目回访工作计划编制形式

建筑工程项目回访保修工作计划应由承包人的归口管理部门统一编制。回访保修工作计划编制的一般表式见表 9-1。

表 9-1 回访工作计划

(　　年底)

序号	建设单位	工程名称	保修期限	回访时间安排	参加回访部门	执行单位

单位负责人:　　　　　　归口部门:　　　　　　编制人:

(3)要做好工程回访记录

工程回访记录应包括以下主要内容:参与回访的人员;回访发现的质量问题;发包人或使用人的意见;对质量问题的处理意见;主管部门对执行单位回访

工作的验证签证等。

(4)编写"回访服务报告"

在全部回访结束后,执行回访的部门应编写"回访服务报告"。主管部门应依据回访记录对回访服务的实施效果进行验证。

2. 工程回访的方式

工程回访的方式一般有以下几种:

(1)例行性回访

根据年度回访工作计划安排,对已交付竣工验收并在保修期内的工程统一组织回访。可用电话询问、会议座谈、登门拜访等行之有效的方式进行。

(2)季节性回访

季节性回访可在夏季访问屋面及防水、空调、墙面防水。在冬季可访问采暖系统的运行状况等。

(3)技术性回访

技术性回访主要了解施工中采用的新材料、新技术、新工艺、新设备的技术性能,使用后的效果、设备安装后的技术状态。

(4)特殊性回访

特殊性回访是对某一特殊工程进行回访,做好记录,包括交工前的访问和交工后的回访。对重点工程和实行保修保险方式的工程,应组织专访。

无论是以上哪种方式进行回访,都要听取使用者对已交工程的使用情况和意见;要察看现场,了解由于施工造成质量问题的情况;分析存在问题产生的原因;商讨处理问题的意见和措施,并做好回访记录。

二、施工项目的保修

按照《中华人民共和国合同法》规定,建设工程的施工合同内容包括对工程质量保修范围和质量保证期。

保修就是指施工单位按照国家或行业再生规定的有关技术标准,设计文件以及合同对质量的要求,对已竣工验收的建设工程在规定的保修期限内,进行维修、返工等工作。

因此,施工单位应在竣工验收之前,与建设单位签订质量保证书作为合同附件。质量保证书的主要内容包括工程质量保修范围和内容;质量保修期;质量保修责任;保修费用和其他约定五部分。

1. 项目质量保修范围

一般来讲,凡是施工单位的责任或者由于施工质量不良而造成的问题,都应该实行保修。根据以往的经验,保修的内容主要有以下几方面:屋面、地下室、外墙、阳台、厕所、浴室、卫生间及厨房等处渗水、漏水;各种管道渗水、漏水、漏气;通风孔和烟道堵塞;水泥地面大面积起砂、裂缝、空鼓;墙面抹灰大面积起泡、空鼓、脱落;暖气局部不热,接口不严渗漏,以及其他使用功能不能正常发挥作用的部位。

凡是由于用户使用不当而造成建筑功能不良或损坏者,不属于保修范围;凡属工业产品发生问题的,亦不属于保修范围,应由建设单位自行组织修理。

2. 项目质量保修期限

我国《建设工程质量管理条例》规定,在正常使用条件下,建筑工程的最低保修期限为:

(1)基础设施工程、房屋建筑的地基基础工程和主体结构工程,为设计文件规定的该工程的合理使用年限。

1)屋面防水工程、有防水要求的卫生间、房间和外墙面的防渗漏,为5年。

2)供热与供冷系统,为2个采暖期、供冷期。

3)电气管线、给水排水管道、设备安装和装修工程,为2年。

(2)其他项目的保修期限由发包方和承包方约定。

建筑工程在超过合理使用年限后仍需要继续使用的,产权所有人应当委托具有相应资质等级的勘察、设计单位鉴定,并根据鉴定结果采取加固、维修等措施,重新界定使用期。

3. 项目保修责任

建筑工程情况一般比较复杂,修理项目往往由多种原因造成。所以,经济责任必须根据修理项目的性质、内容和修理原因诸因素,由建设单位和施工单位共同协商处理。一般分为以下几种:

(1)修理项目确实由于施工单位施工责任或施工质量不良遗留的隐患,应由施工单位承担全部检修费用。

(2)修理项目是由建设单位和施工单位双方的责任造成的,双方应实事求是地共同商定各自承担的修理费用。

(3)修理项目是由于建设单位的设备、材料、成品、半成品及工业产品等的质量不良等原因造成的,应由建设单位承担全部修理费用。

(4)修理项目是由于用户使用不当,造成建筑物功能不良或损坏时,应由建设单位承担全部修理费用。

(5)涉外工程的保修问题,除按照上述办法处理外,还应依照合同条款的有关规定执行。

4. 项目保修费用的处理

由于建筑工程情况比较复杂,不像其他商品那样单一性强,有些问题往往是由于多种原因造成的。因此,在费用的处理上必须根据造成问题的原因以及具体的返修内容,有关单位需共同商定处理办法。一般来说有以下几种情况:

(1)若为设计原因造成的问题,则应由原设计单位负责。原设计单位或业主委托新的设计单位修改设计方案,业主向施工单位提出新的委托,由施工单位进行处理或返修,其新增费用由原设计单位负责。由此给项目(业主)造成的其他损失,业主可向原设计单位提出索赔。

(2)因施工安装单位的施工和安装质量原因造成的问题,由施工安装单位负责进行保修,其费用由施工安装单位负责。由此给项目造成的其他损失,业主可向施工安装单位提出索赔。

(3)因设备质量原因造成的问题,由设备供应单位负责进行保修,其费用由设备供应单位负责。由此给项目造成的其他损失,业主可向设备供应单位提出索赔。

(4)如因用户在使用后有新的要求或用户使用不当需进行局部处理和返修时,由用户与施工单位协商解决,或用户另外委托施工。费用由用户自己负责。

第五节　建筑工程项目管理考核评价

项目考核评价是对项目管理主体行为与项目实施效果的检验和评估,是客观反映项目管理目标实现情况的总结。通过项目考核评价可以总结经验,找出差距,制定措施,进一步提高建设工程项目管理水平。

项目完成并移交(或转让)以后,应该及时进行项目的考核评价。项目主体(法人或项目公司)应根据项目范围管理和组织实施方式的不同,分别采取不同的项目考核评价办法。特别应该注意提升自己考核的评价层面和思维方式。站在项目投资人的高度综合考虑项目的社会、经济及企业效益,把自己的项目投资人、项目实施人、项目融资人的角色结合起来,客观全面地进行项目的考核评价。

一、建筑工程项目考核评价概述

1. 建筑工程项目考核评价的目的

项目考核评价工作是项目管理活动中很重要的一个环节,它是对项目管理行为、项目管理效果以及项目管理目标实现程度检验和评定,是公平、公正地反映项目管理的基础。通过考核评价工作,项目管理人员能够正确地认识自己的工作水平和业绩,并且能够进一步总结经验,找出差距,吸取教训,从而提高企业的项目管理水平和管理人员的素质。

2. 建筑工程项目后评价的任务

项目评价主要的研究任务是:
(1)评价项目目标的实现程度。
(2)评价项目的决策过程,主要评价决策所依据的资料和决策程序的规范性。
(3)评价项目具体实施过程。
(4)分析项目成功或失败的原因。
(5)评价项目的勘探效益。
(6)分析项目的影响和可持续发展。
(7)综合评价勘探项目的成功度。

3. 建筑工程项目后评价的原则

(1)公正性和独立性

评价必须保证公正性和独立性,这是一条重要的原则。公正性标志着后评价及评价者的信誉,避免在发生问题、分析原因和做结论时避重就轻,受项目利益的束缚和局限,做出不客观的评价。独立性标志着后评价的合法性,后评价应从项目投资者和受援者或项目业主以外的第三者的角度出发,独立地进行,特别是要避免项目决策者和管理者自己评价自己的情况发生。公正性和独立性应贯穿后评价的全过程,即从后评价项目的选定、计划的编制、任务的委托、评价者的组成,到评价过程和报告。

(2)可信性

评价的可信性取决于评价者的独立性和经验,取决于资料信息的可靠性和评价方法的实用性。可信性的一个重要标志是应同时反映出项目的成功经验和失败教训,这就要求评价者具有广泛的阅历和丰富的经验。同时,后评价也提出了"参与"的原则,要求项目执行者和管理者参与后评价,以利于收集资料和查明情况。为增强评价者的责任感和可信度,评价报告要注明评价者的名称或姓名。评价报告要说明所用资料的来源或出处,报告的分析和结论应有充分可靠的依据。评价报告还应说明评价所采用的方法。

(3)现实性

工程项目评价是对工程项目投产后一段时间所发生的情况的一种总结评价。它分析研究的是项目的实际情况,所依据的数据资料是现实发生的真实数据或根据实际情况重新预测的数据,总结的是现实存在的经验教训,提出的是实际可行的对策措施。工程项目考核评价的现实性决定了其评价结论的客观可靠性。项目前评价分析研究的是项目的预测情况,所采用的数据都是预测数据。

(4)全面性

工程项目评价的内容具有全面性,即不仅要分析项目的投资过程,而且还要分析其生产经营过程；不仅要分析项目的投资经济效益，而且还要分析其社会效益、环境效益等。另外，它还要分析项目经营管理水平和项目发展的后劲和潜力。

(5)透明性

透明性是评价的另一项重要原则。从可信性来看，要求评价的透明度越大越好，因为评价往往需要引起公众的关注，对投资决策活动及其效益和效果实施更有效的社会监督。从评价成果的扩散和反馈的效果来看，成果及其扩散的透明度也是越大越好，使更多的人借鉴过去的经验教训。

(6)反馈性

工程项目评价的目的在于对现有情况的总管理水平，为以后的宏观决策、微观决策和建设提供依据和借鉴。因此，评价的最主要特点是具有反馈特性。项目评价的结果需要反馈到决策部门，作为新项目的立项和评价基础，以及调整工程规划和政策的依据，这是评价的最终目的。因此，评价的结论的扩散以及反馈机制、手段和方法成为评价成败的关键环节之　。国外一些国家建立了"项目管理信息系统"，通过项目周期各个阶段的信息交流和反馈，系统地为评价提供资料和向决策机构提供评价的反馈信息。

4. 项目评价的作用

通过建设项目评价，可以达到肯定成绩，总结经验，研究问题，吸取教训，提出建议，改进工作，不断提高项目决策水平和投资效果的目的。建设项目评价的作用体现在以下几个方面。

(1)有利于提高项目决策水平

一个建设项目的成功与否，主要取决于立项决策是否正确。在我国的建设项目中，大部分项目的立项决策是正确的，但也不乏立项决策明显失误的项目。评价将教训提供给项目决策者，这对于控制和调整同类建设项目具有重要作用。

(2)有利于提高设计施工水平

通过项目评价，可以总结建设项目设计施工过程中的经验教训，从而有利于不断提高工程设计施工水平。设计单位和施工承包方从中吸取了教训，这无疑会对提高设计、施工水平起到积极的促进作用。

(3)有利于提高生产能力和经济效益

建设项目投产后，经济效益好坏、何时能达到生产能力（或产生效益）等问题，是后评价十分关心的问题。如果有的项目到了达产期不能达产，或虽已达产但效益很差，评价时就要认真分析原因，提出措施，促其尽快达产，努力提高经济效益，使建成后的项目充分发挥作用。

(4)有利于提高引进技术和装备的成功率

通过评价，总结引进技术和装备过程中成功的经验和失误的教训，提高引进技术和装备的成功率。

(5)有利于控制工程造价

大中型建设项目的投资额,少则几亿元,多则十几亿元、几十亿元,甚至几百亿元,造价稍加控制就可能节约一笔可观的投资。目前,在建设项目前期决策阶段的咨询评估,在建设过程中的招投标、投资包干等,都是控制工程造价行之有效的方法。通过评价,总结这方面的经验教训,对于控制工程造价将会起到积极的作用。

二、建筑工程项目考核评价的内容

1. 建筑工程项目考核评价方式

根据项目范围管理和组织实施方式的不同,应采取不同的项目考核评价方式。

通常而言,建筑工程项目考核评价可按年度进行,也可按工程进度计划划分阶段进行,还可综合以上两种方式,在按工程部位划分阶段进行,考核中插入按自然时间划分阶段进行考核。工程完工后,必须全面地对项目管理进行终结性考核。

项目终结性考核的内容应包括确认阶段性考核的结果,确认项目管理的最终结果,确认该项目经理部是否具备"解体"的条件。经考核评价后,兑现"项目管理目标责任书"确定奖励和处罚。

2. 建筑工程项目考核评价指标

项目考核评价指标可分为定量指标和定性指标两类,是对项目管理的实施效果做出客观、正确、科学分析和论证的依据。选择一组适用的指标对某一项目的管理目标进行定量或定性分析,是考核评价项目管理成果的需要。

(1)项目考核评价定量指标

建筑工程项目考核评价的定量指标是指反映项目实施成果,可作量化比较分析的专业技术经济指标。定量指标的内容应按项目评价的要求确定,主要包括:

1)工期。建筑工程的工期长短是综合反映工程项目管理水平、项目组织协调能力、施工技术设备能力和各种资源配置能力等方面情况的指标。在评价项目管理效果时,一般都把工期作为一个重要指标来考核。

实际工期是指统计实际工期,可按单位工程、单项工程和建筑项目的实际工期分别计算。工期提前或拖后是指实际工期与合同工期出现的差异及与定额工期出现的差异。

项目工期分析的主要内容应该包括以下方面:

①工程项目建设的总工期和单位工程工期或分部分项工程工期,以计划工期

同实际工期进行对比分析,还要对比分析各主要施工阶段控制工期的实施情况。

②施工方案是否是最合理、最经济并能有效地保证工期和工程质量的方案,通过实施情况的综合汇总,检查施工方案的优点和缺点。

③施工方法和各项施工技术措施是否满足了施工的需要,特别应该把重点放到分析和评价工程项目中的新结构、新技术、新工艺,高耸的、大跨度的、重型的构件以及深基础等新颖、施工难度大或有代表性的施工方面。

④工程项目的均衡施工情况以及土建同水、暖、电、卫、设备安装等分项工程的工期和协作配合情况。

⑤劳动组织、工种结构是否合理以及劳动定额达到的水平。

⑥各种施工机械的配置是否合理以及台班、台时的产量水平。

⑦各项保证安全生产措施的实施情况。

⑧各种原材料、半成品、加工订货、预制构件(包括建设单位供应部分)的计划与实际供应情况。

⑨施工过程中项目总工期和单位工程工期或分部、分项工程工期提前或拖延的原因分析。

⑩施工过程中赶工现象的统计分析。

⑪与分包商的工期衔接和配合情况。

⑫施工现场的文明施工情况。

⑬其他与工期有关工作的分析,如开工前的准备工作、施工中各主要工种的工序搭接情况等。

2)质量。工程质量是项目考核评价的关键性指标,它是依据工程建设强制性标准的规定,对工程质量合格与否做出的鉴定。评价工程质量的依据是工程勘察质量检查报告、工程设计质量检查报告、工程施工质量检查报告以及工程监理质量评估报告等。

项目工程质量分析的主要内容应该包括以下方面:

①工程质量按国家规定的标准所达到的等级,是否达到了控制目标。

②隐蔽工程质量分析。

③地基、基础工程的质量分析。

④主体结构工程的质量分析。

⑤水、暖、电、卫和设备安装工程的质量分析。

⑥装修工程的质量分析。

⑦重大质量事故的分析。

⑧质量返工和修补的统计分析。

⑨各项保证工程质量措施的实施情况及是否得力。

⑩工程质量责任制的执行情况。
⑪全面质量管理的落实情况。
⑫QC(质量管理)小组的活动情况。
3)成本。成本指标有两个:降低成本额和降低成本率。

$$降低成本额＝预算成本－实际成本$$

$$降低成本率＝(预算成本－实际成本)/预算成本\times100\%$$

项目成本分析应包括以下内容:
①总收入和总支出对比。
②人工成本分析和劳动生产率分析。
③材料、物资的耗用水平和管理效果分析。
④施工机械的利用和费用收支分析。
⑤其他各类费用的收支情况分析。
⑥计划成本和实际成本比较。
⑦成本控制各分项目标的实际节约或超支情况的统计分析。
⑧垫资施工(如果有)对成本费用的影响情况。
⑨业主拖延付款对成本费用的影响情况。
⑩返工或修补的成本费用统计分析。
⑪额外或无效工作的成本费用统计分析。

4)职业健康安全。项目职业健康安全控制目标包括杜绝重大伤亡事故、杜绝重大机械事故、杜绝重大火事故和工伤频率控制等。

贯彻"安全第一,预防为主"的方针,坚持职业健康安全控制程序,消除、减少安全事故,保证人员健康安全和财产免受损失,是实现安全控制目标的重要保证。

5)环境保护。环境保护是按照法律、法规、标准的规定,各级行政主管部门和企业保护和改善项目现场的环境,控制现场的各种粉尘、废水、废气、固体废弃物、噪声、振动等对环境的污染和危害。项目环境保护指标的内容主要有:
①项目现场噪声限值。
②现场土方、粉状材料管理覆盖率和道路硬化率。
③项目资源能源节约率等。

(2)项目考核评价定性指标

建筑工程项目考核评价的定性指标,是指综合评价或单项评价项目管理水平的非量化指标,且有可靠的论证依据和办法,对项目实施效果做出科学评价。项目考核评价的定性指标可包括经营管理理念、项目管理策划、管理制度及方法、新工艺、新技术推广、社会效益及其社会评价等。

三、建筑工程项目考核评价的基本方法

建筑工程项目评价的基本方法有:对比分析法、因素分析法、逻辑框架法和成功度评价法等。

1. 对比分析法

对比分析法是项目评价的基本方法,它包括前后对比法与有无对比法。对比法是建设项目评价的常用方法。建设项目评价更注重有无对比法。

(1)前后对比法。项目评价的"前后对比法"是指将项目前期的可行性研究和评估的预测结论与项目的实际运行结果相比较,以发现变化和分析原因,用于揭示项目计划、决策和实施存在的问题。采用前后对比法,要注意前后数据的可比性。

(2)有无对比法。将投资项目的建设及投产后的实际效果和影响,同没有这个项目可能发生的情况进行对比分析,以度量项目的真实效益、影响和作用。该方法是通过项目实施所付出的资源代价与项目实施后产生的效果进行对比,以评价项目好坏的项目评价的一个重要方法。采用有无对比法时,要注意的重点,一是要分清建设项目的作用和影响与建设项目以外的其他因素的作用和影响;二是要注意参照对比。

2. 因素分析法

项目投资效果的各指标,往往都是由多种因素决定的,只有把综合性指标分解成原始因素,才能确定指标完成好坏的具体原因和症结所在。这种把综合指标分解成各个因素的方法,称为因素分析法。

3. 逻辑框架法

逻辑框架法(LFA)是美国国际开发署在1970年开发并使用的一种设计、计划和评价工具,目前已有三分之二的国际组织把逻辑框架法作为援助项目的计划管理和后评价的主要方法。

逻辑框架法是一种概念化论述项目的方法,将一个复杂项目的多个具有因果关系的动态因素组合起来,用一张简单的框图分析其内涵和关系,以确定项目范围和任务,分清项目目标和达到目标所需手段的逻辑关系,以评价项目活动及其成果的方法。在项目评价中,通过应用逻辑框架法分析项目原定的预期目标、各种目标的层次、目标实现的程度和项目成败的原因,用以评价项目的效果、作用和影响。

4. 成功度评价法

成功度评价法是以用逻辑框架法分析的项目目标的实现程度和经济效益分

析的评价结论为基础,以项目的目标和效益为核心所进行的全面系统的评价。它依靠评价专家或专家组的经验,综合评价各项指标的评价结果,对项目的成功程度做出定性的结论,也就是通常所称的打分的方法。

四、建筑工程项目考核评价的工作程序

各个项目的工程额、建设内容、建设规模等不同,其评价的程序也有所差异,但大致要经过以下几个步骤。

1. 确定评价计划

制订必要的计划是项目评价的首要工作。项目评价的提出单位可以是国家有关部门、银行,也可以是工程项目者。项目评价机构应当根据项目的具体特点,确定项目后评价的具体对象、范围、目标,据此制订必要的评价计划。项目评价计划的主要内容包括组织评价小组、配备有关人员、时间进度安排、确定评价的内容与范围、选择后评价所采用的方法等。

2. **收集与整理有关资料**

根据制订的计划,评价人员应制订详细的调查提纲,确定调查的对象与调查所用的方法,收集有关资料。这一阶段所要收集的资料主要包括:

(1)项目建设的有关资料。这方面的资料主要包括项目建议书、可行性研究报告、项目评价报告、工程概算(预算)和决算报告、项目竣工验收报告以及有关合同文件等。

(2)项目运行的有关资料。这方面的资料主要包括项目投产后的销售收入状况、生产(或经营)成本状况、利润状况、缴纳税金状况和建设工程贷款本息偿还状况等。这类资料可从资产负债表、损益表等有关会计报表中反映出来。

(3)国家有关经济政策与规定等资料。这方面的资料主要包括与项目有关的国家宏观经济政策、产业政策、金融政策、工程政策、税收政策、环境保护、社会责任以及其他有关政策与规定等。

(4)项目所在行业的有关资料。这方面的资料主要包括国内外同行业项目的劳动生产率水平、技术水平、经济规模与经营状况等。

(5)有关部门制定的评价的方法。各部门规定的项目评价方法所包括的内容略有差异,项目评价人员应当根据委托方的意见,选择评价方法。

(6)其他有关资料。根据项目的具体特点与评价的要求,还要收集其他有关的资料,如项目的技术资料、设备运行资料等。在收集资料的基础上,项目评价人员应当对有关资料进行整理、归纳,如有异议或发现资料不足,可作进一步的调查研究。

3. 应用评价方法分析论证

在充分占有资料的基础上,项目评价人员应根据国家有关部门制定的评价方法,对项目建设与生产过程进行全面的定量与定性分析论证。

4. 编制项目评价报告

项目评价报告是项目评价的最终成果,是反馈经验教训的重要文件。项目评价报告的编制必须坚持客观、公正和科学的原则,反映真实情况,报告的文字要准确、简练,尽可能不用过分生疏的专业化词汇;报告内容的结论、建议要和问题分析相对应,并把评价结果与将来规划和政策的制定、修改相联系。

五、建筑工程项目管理总结

1. 项目管理总结的内容

项目管理总结是全面、系统反映项目管理实施情况的综合性文件。项目管理结束后,项目管理实施责任主体或项目经理部应进行项目管理总结。项目管理总结应在项目考核评价工作完成后编制。

建筑工程项目管理总结的内容主要包括以下几个方面:

(1)项目概况。

(2)组织机构、管理体系、管理控制程序。

(3)各项经济技术指标完成情况及考核评价。

(4)主要经验及问题处理。

(5)其他需要提供的资料。

2. 项目管理总结结论

通过建筑工程项目管理总结,应当得出以下结论:

(1)合同完成情况。即是否完成了工程承包合同,以及内部承包合同责任承担的实际完成情况。

(2)施工组织设计和管理目标实现的情况。

(3)项目的质量状况。

(4)工期对比状况及工期缩短(或延误)所产生的效益(或损失)。

(5)项目的成本节约状况。

(6)项目实施和项目管理过程中提供的经验和教训。

对建筑工程项目管理中形成的所有总结及相关资料应按有关规定及时予以妥善保存。